Edward Lasker

SCHACHSTRATEGIE

EINFÜHRUNG IN DEN GEIST DER PRAKTISCHEN PARTIE

VON

EDUARD LASKER

MIT 168 DIAGRAMMEN

FÜNFTE, NEUBEARBEITETE AUFLAGE

BERLIN UND LEIPZIG 1928

WALTER DE GRUYTER & CO.

VORMALS G. J. GÖSCHEN'SCHE VERLAGSHANDLUNG :: J. GUTTENTAG, VERLAGSBUCHHANDLUNG :: GEORG REIMER :: KARL J. TRÜBNER :: VEIT & COMP.

Vorwort zur fünften Auflage

Mit den Umwälzungen, die der Weltkrieg im Wirtschaftsleben nach sich zog, ging Hand in Hand die Entstehung „moderner" Richtungen auf allen Gebieten der Kunst. Das war nicht weiter erstaunlich. Daß sich aber auch im Schach eine ganz neue Strömung bemerkbar machen würde, kam wohl sogar denen als eine Überraschung, die sich eines gewissen Zusammenhanges zwischen der schöpferischen Tätigkeit des Schachmeisters und des Künstlers bewußt waren.

Diese neue Strömung wurde zunächst — wieder ganz wie in der Kunst — als ein grotesker Auswuchs betrachtet und als ein bewußtes, affektiertes „Andersseinwollen" belächelt und verurteilt. Aber bald mußten selbst die Vorurteilsvollsten zugeben, daß die Ideen der Jungen — eines Aljechin und eines Réti zum Beispiel — die ganz neue Spieleröffnungen einführten, nicht mit einer leichten Geste abgetan werden konnten, und sie mußten sich dazu verstehen, dieses von seinem witzigsten Vertreter, Tartakower, „hypermodern" genannte Schach ernstlich zu studieren, um mit der „Schacherkenntnis" der Neuzeit Schritt zu halten.

Damit will ich nicht etwa sagen, daß das hypermoderne Schach — wie es hier und da einer seiner Vertreter behauptet hat — nicht denselben allgemeinen strategischen Gesetzen unterliegt, die das klassische Schach beherrschen. Wer die logische Notwendigkeit des ausnahmslosen Geltens dieser strategischen Gesetze nicht erkennt, zeigt nur einen gewissen Mangel an Verständnis wissenschaftlicher Abstraktionen.

Das hypermoderne Schach ist nichts als ein neuer Stil, der sich aus dem feineren Verständnis des Problems der Zentrumsbildung entwickelt hat. Daß dieser neue Stil zu Spielweisen führt, in denen die richtige Auslegung der allgemeinen strategischen Gesetze weniger klar ist als in den klassischen Eröffnungen, ist nicht zu leugnen. Ich habe diesbezüglich selbst einige traurige Erfahrungen im New Yorker Weltturnier von 1924 gemacht. Aber die vereinte Forschungsarbeit der Meister hat, wie es vorauszusehen war, doch schließlich das neue Problem geklärt, und im Weltmeisterschaftskampf zwischen Aljechin und Capablanca sind klassische Spielweisen wieder zu Ehren gekommen.

Seit dem New Yorker Turnier dachte ich oft daran, mein Buch „Schachstrategie" unter Berücksichtigung des hypermodernen Schachs umzuarbeiten; doch konnte ich mich lange nicht entschließen, wirklich an die Arbeit heranzugehen. Zwar hatte kein Geringerer als Schlechter beim ersten Erscheinen des Buches eine überaus lobende Besprechung geschrieben und der Hoffnung Ausdruck gegeben, daß die von mir versuchte systematische Durchführung einer synthetischen Lehrmethode von den Verfassern zukünftiger Schachlehrbücher an Stelle der gebräuchlichen analytischen Methode beibehalten würde; doch haben seitdem einige der stärksten Meister solche Lehrbücher geschrieben, die sich mehr oder weniger an meinen Plan anlehnen, und da diese Meister mir im praktischen Spiel zweifellos überlegen sind, glaubte ich schon, mir die Arbeit der Modernisierung meines Buches mit der Begründung ersparen zu können, daß sie von Würdigeren übernommen worden sei.

Leider mußte ich mich jedoch bei näherer Betrachtung der in den letzten Jahren von meinen verehrten Kollegen der Schachmeisterzunft verfaßten Lehrbücher davon überzeugen, daß Schachspielstärke, pädagogische Begabung und literarischer Geschmack nicht unzertrennlich sind. Diese Bücher, wenn auch dem Studium des Schachfreundes recht empfehlenswert, bleiben doch teils aus pädagogischen, teils aus ästhetischen Gründen weit hinter dem Ziel des „idealen" Schachbuches zurück, das mir ursprünglich vorschwebte; ein erneuter Versuch, sich diesem Ziele zu nähern, erscheint daher gerechtfertigt.

Woran liegt es eigentlich, daß die stärksten Schachmeister selten gute Lehrbücher schreiben? Die Erklärung ist wohl darin zu finden, daß die Schachgenies, die sich dem Turnierspiel widmen, unter demselben Handikap leiden wie die Musikgenies und die Malgenies, die ihre Kunst als Lebenszweck ausüben. Sie sind gezwungen, sich derart auf die Vervollkommnung ihrer Technik zu konzentrieren, daß sie hochgradig einseitig werden und in der Entwicklung anderer Eigenschaften zurückbleiben, die die notwendige Grundlage für die Abfassung eines guten Lehrbuches bilden. Da ein solches Buch sich an Schüler und nicht an Meister wendet, ist sogar — solange nur der Autor selbst ein Meister ist — die Spielstärke am wenigsten wichtig; denn alle Meister stehen so hoch über den Spielern, für die die Lehrbücher geschrieben sind, daß die Nuancen, die den Unterschied der Spielstärke unter den Meistern ausmachen, für den Lernenden ganz belanglos sind. Die Hauptsache ist die pädagogische Begabung des

Lehrers; sonst lernt der Schüler nicht viel, gleichgültig wieviel Richtiges und Lernenswertes in dem Buch enthalten ist. Dann kommt wissenschaftliches Denken, das eine übersichtliche und ökonomische Anordnung des Stoffes gewährleistet, ohne die dem Schüler viel Zeit geraubt wird, die er auf andere Studien als Schach verwenden könnte — und sollte. Und ebenso unerläßlich ist ein gewisses literarisches Feingefühl, das Selbstverherrlichung, billige Witzeleien und andere Geschmacklosigkeiten vermeidet; sonst wird der intelligentere Leser abgestoßen, und er legt das Buch beiseite, aus dem er viel Wissenswertes hätte schöpfen können.

In der im Anhang gegebenen Bibliographie habe ich diese Gesichtspunkte der kurzen kritischen Besprechung der von den führenden Meistern geschriebenen Lehrbücher zugrunde gelegt, um dem Lernenden einen Anhalt für die Auswahl der für weiteres Studium empfehlenswerten Bücher zu bieten.

Vom Studieren von Schachbüchern allein wird natürlich niemand ein Meister. Dazu gehört außerdem nicht nur langjährige Erfahrung, sondern auch jene mysteriöse „Schachbegabung", die die praktische Erfahrung schneller in „Schachinstinkt" verwandelt, als dies bei der Mehrzahl der Schachjünger der Fall ist. Schachbegabung wird oft mit allgemeiner geistiger Begabung verwechselt, und zwar nicht nur von Schachmeistern. Doch ist geistige Begabung keineswegs öfter mit schachlichem Talent verbunden, als etwa mit künstlerischem. Auch wissenschaftliches Denken geht oft nicht Hand in Hand mit präzisem Schachdenken. Ich kenne große Wissenschaftler und große Künstler, die leidenschaftlich und viel Schach spielen, und trotzdem nie über ein mittelmäßiges Niveau hinauskommen. Deshalb finde ich es auch umgekehrt auch nicht erstaunlich, daß manche große Schachmeister, abgesehen vom Schach, nur eine mittelmäßige Begabung auf geistigen Gebieten zeigen. Schachtalent scheint eine Mischung von wissenschaftlicher und künstlerischer Begabung zu sein. Wie bei den meisten Mischungen kommt es eben auf die richtige Dosierung an.

Bei der Abfassung dieser Neubearbeitung meines Buches habe ich, wie auch bei den früheren Auflagen, natürlich weniger diejenigen besonders schachbegabten Leser im Auge gehabt, die sich später vielleicht zu Meistern ausbilden, und daher die verschiedenen Phasen der Partie viel eingehender studieren müssen, als sie im Rahmen dieses Buches behandelt werden können. Ich habe vielmehr hauptsächlich danach getrachtet, dem Leser das Verständnis für das Meisterschach zu vermitteln, und ihm damit die Möglichkeit zu einem Genusse zu schaffen, der ihn aus der Menge der Durchschnittsspieler heraushebt, nämlich zum ästhetischen Genusse der Feinheiten der Meisterpartie.

In der Anordnung unterscheidet sich die vorliegende Neuauflage von den früheren dadurch, daß die für Anfänger und Fortgeschrittene bestimmten Kapitel in getrennten Abschnitten behandelt sind. Im ersten, den Anfängern gewidmeten Abschnitt, sind die Spielregeln zugefügt, um das Buch zu einem vollständigen Lehrbuch zu machen, in dem der Stoff von Grund aus studiert werden kann. Im zweiten, für Fortgeschrittene bestimmten Abschnitt, ist das moderne Positionsspiel berücksichtigt und Partien aus der neuesten Zeit haben die älteren ersetzt.

Da ich in den letzten Jahren öfter Gelegenheit hatte, die Klinge mit den führenden Meistern zu kreuzen, habe ich meine eigenen Partien gebracht, wenn immer sie sich zur Illustration des Themas eigneten; denn man sammelt in seinen eigenen, schwer durchkämpften Partien immer reichere Erfahrungen als in Analysen der Partien anderer.

New York, im Mai 1928.

Eduard Lasker

Inhalt

Seite

Vorwort III

Einleitung 1

Erster Abschnitt. Elementares 4

I. Einführung 4
1. Spielregeln 4
2. Bezeichnung der Felder und Züge 8

II. Vorschulung für Anfänger 9

1. Fundamentale Endspiele 10
König und Figuren gegen König 10
König und Springer gegen König und Bauer 13
König und Dame gegen König und Turm 14
König und Turm gegen König und Läufer 15
König und Turm gegen König und Springer 16
König und Bauer gegen König 17
Die Opposition 17
Zwei Bauern gegen einen Bauern 22

2. Fundamentale Mittelspielkombinationen 23
Relative Stärke der Figuren 24
Doppelangriff 25
Abzugsangriff 26
Häufung von Angriffsmaterial 27
Abzählungsregel 28
Opferkombinationen 29
Nebendrohungen 30
Fesselung 33
Matkombinationen 34

3. Elementare Strategie der Eröffnung 39
Äquivalenz der Streitkräfte 39
Figurenbeweglichkeit 39
Schnelle Mobilisierung 41
Tempoverluste 41
Offene Spiele und geschlossene Spiele 46
Bauerngerippe 47
Zentrumsbeherrschung 48

4. Gebräuchliche Eröffnungen 49
A. Königsbauerspiele 50
Königsgambit 51
Mittelgambit 54
Schottische Partie 54
Falkbeergambit 55

Seite

Wiener Partie 55
Spanische Partie 56
Französische Partie 62
Caro-Kann 62
Aljechins Eröffnung 69

B. Damenbauerspiele 70
Damengambit 72
Rubinsteins System 74
Stonewall 75
Nimzowitschs System 78
Holländische Partie 78

C. Unregelmäßige Eröffnungen 79
Fianchettos 79
Rétis System 80
Indische Verteidigung 82

III. Leichtere Beispielpartien 83

Partie Nr.	1.	Réti—Tartakower	Caro-Kann	83
„ „	2.	Eduard Lasker—Sir Thomas	Holländisch	85
„ „	3.	Capablanca—Blanco	Französisch	87
„ „	4.	Eduard Lasker—Englund	Vierspringerspiel . . .	89
„ „	5.	Forgacz—Erich Cohn	Damengambit	91
„ „	6.	Eduard Lasker—Whitaker	Französisch	94
„ „	7.	Eduard Lasker—Mieses	Damenbauer g. Königsb.	96
„ „	8.	Eduard Lasker—Marshall	Damengambit	98
„ „	9.	Rotlewi—Rubinstein	Damengambit	101
„ „	10.	Alapin—Rubinstein	Sizilianisch	104
„ „	11.	Salwe—Marshall	Zweispringerspiel	107
„ „	12.	Forgacz—Tartakower	Französisch	111

Zweiter Abschnitt. Schule des Positionsspiels 113

I. Einführung 113

1. Bauernendspiele 114
Entfernter Freibauer 114
Abzählungsregel 115
Entfernte Opposition 116
Terrainbeherrschung des Königs 117
Vereinzelte Bauern 118
Doppelbauern 119
Bemerkenswerte Sonderfälle 121

2. Gemischte Endspiele 123
Läufer gegen Läufer 123
Turm gegen Läufer 125
Läufer gegen Springer 125
Tempomanöver 126
Ungleiche Läufer 128
Turm und Bauer gegen Turm 130

3. Beispiele aus Meisterpartien 133
I. Teichmann—Blackburne 134
II. Eduard Lasker—Rotlewi 136
III. Blackburne—Schlechter 138
IV. Bird—Janowski 141
V. Steiner—Forgacz 142
VI. Charousek—Heinrichsen 143

Seite

II. Das Mittelspiel 145
Angriffsobjekte 146
Fesselung 148
Aufreißung der Königsstellung 151
Schwächende Bauernzüge 152
Felderbeherrschung durch Bauern 155
Angriff mit Bauernsturm 157
Terrainbeherrschung 158
Provozierung schwächender Züge 160
Doppelbauern und isolierte Bauern 164
Isolierte Flügelbauern 166
Isolierte Zentrumsbauern 168
Resümee 169

III. Partien aus der Meisterturnierpraxis 171

1. Klassische Eröffnungen 171

Partie Nr. 13.	Emanuel Lasker—Capablanca	Spanisch	171
„ „ 14.	Capablanca—Aljechin	Französisch . .	175
„ „ 15.	Nimzowitsch—Tarrasch	Damengambit .	178
„ „ 16.	Eduard Lasker—Marshall	Damengambit .	180
„ „ 17.	Grünfeld--Tartakower	Damengambit .	188
„ „ 18.	Marshall—Eduard Lasker	Wiener Partie .	191

2. Moderne Eröffnungen 196

Partie Nr. 19.	Aljechin—Capablanca	Damenbauerspiel	196
„ „ 20.	Capablanca—Aljechin	Damenbauerspiel	199
„ „ 21.	Réti—Eduard Lasker	Rétis Eröffnung	201
„ „ 22.	Aljechin—Eduard Lasker	Indisch	206
„ „ 23.	Torre—Eduard Lasker	Rétis Eröffnung	211

Register 220

Einleitung

Der Werdegang eines jeden Schachspielers ist ein allmähliches Durchringen vom Wüsten, Phantastischen zum Abgeklärten, zum Soliden. Die Zeitdauer dieses Werdegangs ist natürlich mitbedingt durch die größere oder geringere spezielle Begabung des Lernenden für das Schachspiel, doch hängt sie in der Hauptsache von der angewandten Lehrmethode ab. Ist der Schüler Autodidakt, so hält er sich meist überhaupt nicht an irgendeinen methodischen Unterrichtsplan, zumal in den Lehrbüchern selten ein solcher angedeutet ist, sondern er stürzt sich, nachdem er kaum die Gangart der Figuren und die Regeln des Spiels beherrscht, sofort ins Kampfgetümmel der praktischen Partie.

Daß dabei nicht viel Vernünftiges herauskommt, liegt auf der Hand. Das Spiel des Anfängers ist planlos, weil er zu viele Pläne macht. Es fehlt ihm eben noch vollkommen die Fähigkeit, einen leitenden Gedanken zu fassen, dem er alle seine Kombinationen unterordnet. Allerdings läßt sich bei näherer Beobachtung eine gewisse Methode der Spielführung nicht verkennen, die sich allen Anfängern als ganz natürlich aufzudrängen scheint. Man bemerkt nämlich zunächst stets ein stürmisches Vorwärtsdrängen mit den Bauern. Dies erklärt sich wohl daraus, daß das Verständnis für die Kampfkraft der Offiziere noch nicht gereift ist. Aus der Erkenntnis der Minderwertigkeit der Bauern zieht der Anfänger nicht den Schluß, daß es vorteilhafter ist, mit den eigenen Figuren zu spielen, sondern er ist nur bestrebt, feindliche Figuren mit Bauern anzugreifen und zu erobern. Es versucht also nicht, die eigene Kraft auszunutzen, sondern nur die des Gegners zu vermindern. Er macht auch meist nur Kombinationen in der Hoffnung, daß der Gegner sie nicht sieht, und kümmert sich seinerseits herzlich wenig um die gegnerischen Züge. Hat er die Mehrzahl der Bauern eingebüßt, dann erst kommen die Figuren an die Reihe. Am sympathischsten sind ihm die Dame und der Springer: die Dame wegen ihrer kolossalen Beweglichkeit, der Springer wegen seiner merkwürdigen Gangart, die besonders geeignet erscheint, den Feind zu überraschen. Daher sieht man häufig bei Anfängern ein dauerndes Umherziehen mit der Dame und verwegene Ritte mit dem Springer ins feindliche Lager. Kommen gar erst noch die andern Figuren ins Gefecht, dann jagt in chaotischem Durcheinander eine phantastische Kombination die andere. Bald wird Figurenraub geplant, bald werden Matnetze gesponnen, etwa mit zwei Figuren gegen den mit fünf Figuren gedeckten König, usw. Diese Unstetigkeit erschwert im ersten kindlichen Stadium dem Anfänger außerordentlich den Überblick über das Brett. Aber gerade die Überraschungen, die bei jedem Zuge eintreten, gewähren ihm einen hohen Genuß.

Einige Dutzend Partien des geschilderten Genres sind ihm übrigens insofern ganz nützlich, als er sich, nachdem ihm soundso oft bestimmte Figurenkonstellationen verderblich geworden sind, den Blick für die Drohung aneignet. Er sieht die Gefahren schon ein bis zwei Züge vorher und tritt damit in das zweite Stadium der Entwicklung, das gekennzeichnet ist durch das immer richtigere Kombinieren, durch das bessere Abschätzen des Wertes der Figuren und durch das daraus sich ergebende bessere Haushalten mit dem Figurenmaterial, ja sogar mit den Bauern. In diesem zweiten Stadium wird durch Übung die Spielstärke ständig gehoben, aber — hier ist der wunde Punkt — nur die Kombinationskraft. Was der Lernende auf dem beschriebenen Wege, sofern er nicht ganz außergewöhnlich begabt ist, sich erst nach jahrelanger Übung aneignet, wenn er überhaupt jemals dazu gelangt, das ist die Anlage der Eröffnung so, daß für das Mittelspiel eine günstige Grundlage geschaffen wird, und die Führung des Mittelspiels so, daß das kommende Endspiel die erforderliche Berücksichtigung findet, kurz das, was man Positionsspiel nennt. Und hiermit komme ich zu meinem Thema. Es ist das Verständnis für das gesunde Positionsspiel, zu dem ich meine Leser heranbilden will, und zwar nach Möglichkeit durch Aufstellung allgemeingültiger Lehren, deren Anwendung auf die vorkommenden Fälle der praktischen Partie sich ohne Schwierigkeit ergibt.

Nun wollte ich, indem ich diese Lehren mit dem Titel „Schachstrategie" belegte, durchaus nicht auf eine besonders weitgehende Ähnlichkeit der Manöver auf dem Schachbrett mit denen des Krieges hinweisen. Auf der Suche nach einer solchen besteht viel eher die Gefahr, daß wir uns in Haarspaltereien verlieren, als die Aussicht, für die praktische Partie nützliche Gesichtspunkte zu finden, auf die wir nicht auch lediglich mit Hilfe des gesunden Menschenverstands kommen könnten.

Man definiert gewöhnlich: Die Strategie stellt die Gesamtheit der Aufgaben fest, die im Kriege zur Erreichung des gesteckten Zieles zu lösen sind, die Taktik löst die Aufgaben, und zwar in verschiedener, den jeweilig vorliegenden Bedingungen entsprechender Weise.

Richtige Strategie muß bei Stellung der Aufgabe stets die taktische Durchführbarkeit im Auge haben, und nur die gründliche Kenntnis der taktischen Hilfsmittel ermöglicht daher eine gesunde Strategie. Nun wollen wir also beileibe nicht etwa aus äußerlichen Ähnlichkeiten der Kampfmittel die Berechtigung herleiten, die Lehren der Kriegsstrategie und Kriegstaktik auf das Schach zu übertragen. Es ist ja ganz hübsch, zu vergleichen: Das Schach ist ein Kriegsspiel; die verschiedenen Figuren stellen die verschiedenen Soldatengattungen dar; die Bauern entsprechen der schwerfälligen Infanterie, die Springer der Kavallerie, die Türme der weite Linien bestreichenden Artillerie, die verschiedene Gangart der Figuren der durch das Terrain bedingten verschiedenen Zugänglichkeit der Kampfplätze usw. Aber es ist ganz unberechtigt, daraus zu schließen, daß die Springer etwa den „Aufklärungsdienst" zu versehen, die Türme als schweres Geschütz im Hintergrunde zu bleiben hätten und so fort. Selbst wenn solche in vager Form gehaltenen Lehren richtig wären, könnte man aus ihnen nicht die geringste praktische Folgerung ziehen. Sollte bei der Aufstellung der Lehren der Schachstrategie sich hier und da ein Resultat ergeben, das ein Analogon im Kriege hat, so können wir zwar der Befriedigung Raum geben, in unserer Beschäftigung ein Gleichnis mit Dingen gefunden zu haben, die mit dem Leben in inniger Berührung sind, aber wir dürfen nimmermehr solche Zufallsübereinstimmungen in die Form eines Gesetzes gießen.

Was wir übernehmen ist lediglich die Definition. Die Schachstrategie stellt die Gesamtheit der Aufgaben fest, die in jeder Partie zur Erreichung des gesteckten Zieles zu lösen sind; die Schachtaktik löst die Aufgaben, und zwar wieder in verschiedener, oft vom individuellen Spieltypus abhängender Weise. Die meisten Regeln gesunder Schachtaktik ergeben sich nun in einfacher Weise aus den allgemeineren schachstrategischen Gesetzen, und ich habe daher das ganze Lehrsystem unter dem Titel Schachstrategie zusammengefaßt.

Erster Abschnitt. Elementares

I. Einführung.

1. Die Spielregeln.

Eine Schachpartie wird von zwei Gegnern auf einem quadratischen Brett von 64 abwechselnd weißen und schwarzen Feldern gespielt. Die Streitkräfte bestehen auf jeder Seite aus 16 Steinen, nämlich einem König, einer Dame oder Königin, zwei Türmen, zwei Läufern, zwei Springern und acht Bauern. Die verschiedenen Steine werden nach verschiedenen Gesetzen bewegt, und der Unterschied in der Beweglichkeit ist ein Kriterium der relativen Kampfkraft, die die Steine zur Erreichung des Endzwecks des Spieles beitragen, nämlich zur Gefangennahme des feindlichen Königs. Bevor ich erklären kann, was unter Gefangennahme des Königs zu verstehen ist, muß ich die Spielregeln im einzelnen darlegen.

Diagramm 1 zeigt die Aufstellung der Streitkräfte beim Beginn des Kampfes. Das Brett wird so aufgestellt, daß beide Spieler zur Rechten ein weißes Feld haben. In den Ecken stehen die Türme, neben ihnen die Springer, dann die Läufer, und in der Brettmitte stehen die Könige und Damen, die weiße Dame auf Weiß und die schwarze Dame auf Schwarz. Die acht Bauern werden in die Reihe unmittelbar vor den genannten Steinen gestellt, die auch im Gegensatz zu den Bauern entweder „Figuren" oder „Offiziere" genannt werden. Von dieser Grundstellung aus beginnt Weiß das Spiel, und die Spieler müssen abwechselnd je einen Zug machen.

Die Steine ziehen nach folgenden Regeln: Der Turm bewegt sich von dem Felde, auf dem er gerade steht, nach irgendeinem Felde, das sich in gerader Linie — senkrecht oder wagerecht — von ihm befindet, falls kein anderer Stein im Wege steht. Steht ein Stein seiner eigenen Farbe im Wege, so kann er nur bis an diesen Stein heranrücken. Steht ein feindlicher Stein im Wege, so kann er bis auf das Standfeld des feindlichen Steines rücken, den er dabei gleichzeitig vom Brett entfernt, ihn „schlägt". Der Läufer kann sich nur auf den Diagonalen bewegen, deren Schnittpunkt sein jeweiliger Standort bildet. Daher kann ein Läufer von einem weißen Felde niemals auf ein schwarzes Feld gelangen.

Die Dame kann sowohl in gerader als auch in schräger Linie gehen, muß sich aber jedesmal, wenn sie zieht, für die eine oder andere Richtung entscheiden, kann also nie einen Zug machen, der aus gerader und schräger Bewegung besteht.

Der König zieht, wie die Dame, in allen Richtungen, darf aber immer nur einen Schritt gehen, so daß er immer nur die Felder beherrscht, die seinem Standort direkt benachbart sind.

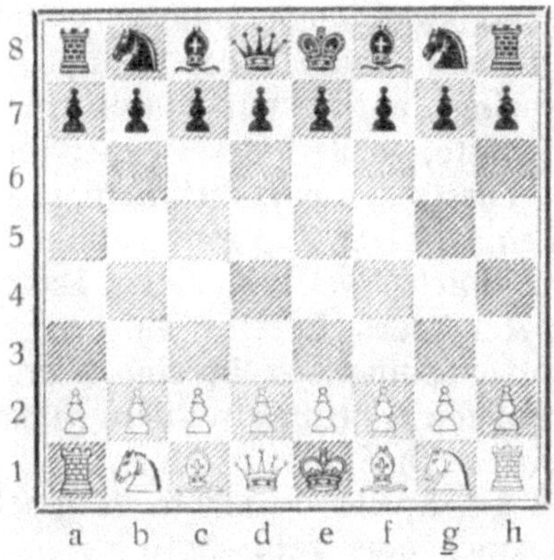

1

Der Springer zieht und schlägt immer nach einem Felde verschiedener Farbe, das zwei Schritte von seinem Standort entfernt ist. Man kann sich daher den Springerzug (Rösselsprung) immer in einen geraden und einen schrägen Schritt zerlegen, wenn man unter einem Schritt die Entfernung benachbarter Felder versteht. Diagramm 2 illustriert die Gangart des Springers. Der Anfänger

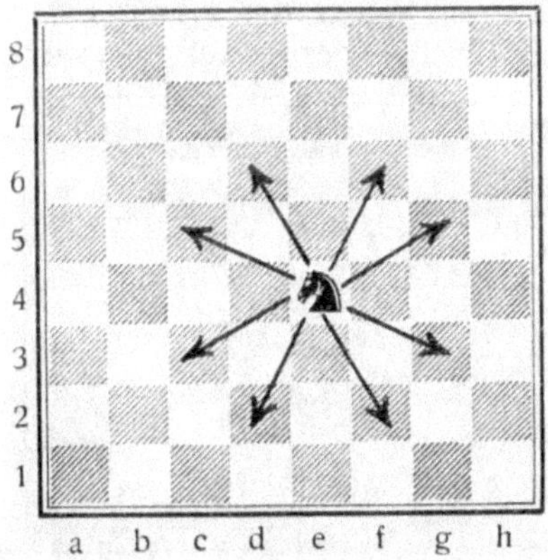

2

muß sich daran gewöhnen, die zwischen dem Standort und dem Ziel des Springerzuges liegenden Felder gewissermaßen als für den Springer nicht existierend zu denken. Es kommt also gar nicht darauf an, ob Steine auf den Zwischenfeldern stehen oder nicht. Solche Steine würden den Springerzug in keiner Weise hemmen. Die Zwischenfelder werden nicht als in direkter Linie des Zuges liegend angesehen.

Die Bauern sind die einzigen Steine, die nur vorwärts ziehen, und zwar immer nur ein Feld mit jedem Zuge, außer dem ersten Zuge, den sie tun, bei dem sie einen Doppelschritt machen dürfen. Die Bauern sind auch die einzigen Steine, die nicht in derselben Richtung schlagen, in der sie ziehen. Sie dürfen nur in schräger Richtung schlagen, und zwar wieder nur vorwärts, und immer nur einen Schritt. Wenn ein Bauer einen Doppelschritt macht und dabei ein Feld überspringt, auf dem er von einem feindlichen Bauern geschlagen werden könnte, so darf der Gegner ihn ein Feld zurückstellen und schlagen. Dieses „en-passant"-Schlagen muß jedoch sofort erfolgen. Es darf kein anderer Zug zwischendurch gemacht werden.

Wenn es einem Spieler gelingt, einen Bauern bis nach dem gegenüberliegenden Rand des Brettes zu bringen, so verwandelt er den Bauern damit automatisch in eine Figur, und zwar kann er irgendeine Figur außer dem König wählen, selbst wenn die andern Figuren derselben Art noch auf dem Brett sind. Theoretisch wäre es also möglich, daß ein Spieler in einem vorgeschrittenen Stadium einer Partie neun Damen oder zehn Springer hat.

Jeder Zug besteht in der Bewegung eines Steines, mit einer Ausnahme, die „die Rochade" genannt wird, und bei der gleichzeitig der König und einer der Türme bewegt wird. Man rochiert, indem man mit dem König einen Doppelschritt seitwärts macht und den Turm, in dessen Richtung der König sich bewegt hat, auf das vom König übersprungene Feld stellt. Die Rochade ist nur dann gestattet, wenn weder der König noch der in Frage kommende Turm bereits vorher gezogen haben, und wenn kein Stein

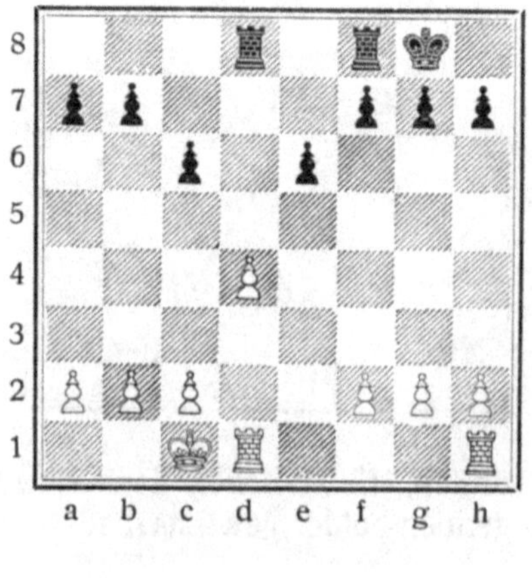

3

zwischen dem König und dem Turm steht. In der Stellung des Diagramm 3 hat Weiß „lang rochiert" und Schwarz hat „kurz rochiert". Die Rochade ist nicht gestattet, wenn entweder der König oder eins der vom König während des Rochierens betretenen Felder von einem feindlichen Stein angegriffen ist. Man nennt einen Stein „angegriffen", wenn er im nächsten Zuge von einem feindlichen Steine geschlagen werden könnte. Ein Feld ist angegriffen, wenn es im nächsten Zuge von einem feindlichen Steine betreten werden könnte. Ein Feld ist gedeckt, wenn der angreifende feindliche Stein auf ihm selbst geschlagen werden könnte.

Wenn man den König angreift, macht man gewöhnlich den Gegner darauf aufmerksam, indem man „Schach" sagt; denn der Angriff auf den König muß in irgendeiner Weise zunichte gemacht werden. Dies kann entweder dadurch geschehen, daß man den angreifenden Stein schlägt, oder daß man den König auf ein Feld zieht, auf dem er nicht angegriffen ist, oder daß man einen Stein zwischen den König und den Angreifer stellt. Das letztere geht natürlich nicht, wenn der Angreifer ein Springer oder ein Bauer ist. Wenn das Schach auf keine der drei angegebenen Weisen pariert werden kann, ist der König „mat" und die Partie ist verloren. Es kommt also niemals dazu, daß der König tatsächlich geschlagen wird. Die Partie ist bereits zu Ende, wenn der König sich auf keine Weise dem Schach entziehen kann.

Wenn ein Spieler, dessen König nicht im Schach steht, am Zuge ist und keinen Zug machen kann, der seinen König nicht ins Schach bringen würde, so ist er „pat", und die Partie gilt als unentschieden.

Wenn ein Spieler aufgibt, ehe er wirklich matgesetzt ist, so gibt er damit zu, daß er letzten Endes das Mat nicht abwenden kann, und die Partie wird ihm verloren gerechnet.

Eine Partie, in der das Brett oder einer der Steine falsch aufgestellt war, ist ungültig, ebenso eine Partie, in der ein gesetzwidriger Zug gemacht wurde und in der die Stellung nicht rekonstruiert werden kann, in der der Irrtum geschah.

Ein Spieler am Zuge muß mit dem Stein ziehen, den er anfaßt, wenn mit diesem Stein ein gesetzmäßiger Zug möglich ist. Faßt er zwei Steine gleichzeitig an, so kann sich der Gegner aussuchen, welchen Stein er gezogen haben will. Faßt der Spieler einen gegnerischen Stein an, so muß er ihn schlagen, falls dies nach den Spielregeln möglich ist. Wenn ein Spieler rochiert, obwohl dies nach den Regeln nicht zulässig ist, so muß er König und Turm wieder zurückstellen und einen Zug mit dem König machen, falls dies möglich ist. Im Falle der Spieler einen gesetzwidrigen Zug macht, muß er ihn zurücknehmen und einen andern Zug mit demselben

Steine machen, falls dies nach den Regeln möglich ist. Wenn ein Spieler rochieren will, ist es ratsam, daß er erst den König und dann den Turm zieht. Wenn erst der Turm zieht und der Königszug nicht unmittelbar darauf folgt, könnte vielleicht ein Zweifel entstehen, ob der Spieler rochieren oder nur den Turm ziehen wollte.

Solange die Hand des Spielers einen Stein berührt, kann er ihn auf irgendein Feld stellen, das ihm nach den Spielregeln zugänglich ist. Es ist ein Gebot des Anstands, einen Stein erst zu berühren, nachdem man beschlossen hat, auf welches Feld man ihn stellen will.

Wenn ein Spieler nicht Schach ansagt und der Gegner einen Zug macht, der das Schach nicht deckt, so kann der Spieler nur verlangen, daß der Gegner den Zug zurücknimmt und das Schach auf irgendeine mögliche Weise deckt. Er kann nicht verlangen, daß der Gegner das Schach mit dem Steine deckt, den er gezogen hatte, weil er nicht wahrnahm, daß er im Schach stand.

Wenn ein Spieler einen Stein anfassen will, um ihn zurechtzurücken, so muß er dies ankündigen, ehe er den Stein anfaßt. Gewöhnlich sagt man in diesem Falle „J'adoube".

2. Die Bezeichnung der Felder und Züge.

Um die Züge der Schachfiguren und die Felder des Brettes kurz beschreiben zu können, sind von Zeit zu Zeit verschiedene Symbole vorgeschlagen worden. Eingebürgert haben sich nur zwei von diesen Systemen, die ältere beschreibende und die neuere algebraische Notation.

In der beschreibenden Notation werden die Längsreihen des Brettes nach den Figuren benannt, die bei der ursprünglichen Stellung der Steine auf ihnen stehen, und jeder Spieler zählt die Querreihen von seiner Seite aus von 1 bis 8. Diese Bezeichnungsart ist sehr umständlich, weil jedes Feld zwei Namen hat, je nachdem es von Weiß oder Schwarz bezeichnet wird.

In der algebraischen Notation werden alle Felder eindeutig von Weiß aus bezeichnet. Die Reihe, auf der die weißen Figuren ursprünglich stehen, heißt die erste, die Reihe der weißen Bauern die zweite, die Reihe der schwarzen Bauern die siebente, die der schwarzen Figuren die achte. Die Längsreihen werden durch die Buchstaben a bis h bezeichnet, und zwar ist die a-Reihe die Reihe des linken weißen Turms, des Damenturms, die b-Reihe ist die des Damenspringers, usw. Die Figuren werden durch ihre Anfangsbuchstaben bezeichnet: T bedeutet Turm, S Springer, L Läufer, D Dame und K König. Der Bauer wird nicht besonders bezeichnet.

Um z. B. den Zug des Königsspringers von seinem ursprünglichen Felde nach dem in der Läuferreihe liegenden Felde zu beschreiben, würde man Sg1—f3 schreiben, oder kurz Sf3, falls der andere Springer in der in Frage kommenden Stellung nicht auch nach f3 gehen könnte. In diesem Falle würde man der Eindeutigkeit wegen Sgf3 schreiben. Steht auf f3 ein schwarzer Stein, den der Springer schlägt, so schreibt man entweder Sg1 ×f3, oder kurz Sf3:. Die kurze Rochade wird mit 0—0 und die lange mit 0—0—0 bezeichnet. † bedeutet Schach und e. p. en passant. Wenn ein Bauer einen andern schlägt, werden manchmal der Einfachheit halber nur die Längsreihen genannt. Statt e4 ×d5 z. B. wird nur ed geschrieben.

Die algebraische Notation wird in allen Ländern, außer englisch, französisch und spanisch sprechenden Ländern, benutzt. Doch sind auch in letzteren die Problemkomponisten bereits zur Annahme der einfacheren algebraischen Notation gekommen.

Ich halte es für fraglich, ob die umständliche beschreibende Notation je ganz aufgegeben werden wird, da alle älteren Schachbücher in den betreffenden Ländern dann gewissermaßen nutzlos werden würden. Der Fall ist ähnlich dem, der im Maß- und Geldsystem vorliegt. In England und Amerika wird immer noch nicht das Dezimalsystem durchgängig benutzt, und eine ungeheuerliche Zeitvergeudung in technischen Berechnungen ist die unvermeidliche Folge. Aber man will sich eben nicht dazu entschließen, alle Schulbücher und Nachschlagwerke umzudrucken.

Im Schach wäre die Sache nicht so schlimm, denn die lesenswerten Schachbücher sind an den Fingern abzuzählen.

II. Vorschulung für Anfänger

Der Anfänger, der glaubt, daß er eine Partie spielen kann, nachdem er weiß, wie die Figuren ziehen, täuscht sich ebenso wie der Soldat, der glaubt, er könne eine Armee leiten, nachdem er zu marschieren gelernt hat.

Er mag große strategische Begabung besitzen, wird aber nicht imstande sein, sie auszunutzen, wenn er nicht genau mit den taktischen Möglichkeiten vertraut ist, die sich aus dem Zusammenwirken der verschiedenen Heeresteile und der topographischen Beschaffenheit des Schlachtfeldes ergeben.

Die topographischen Verschiedenheiten, die im Kriege manche Stellungen der Infanterie besser zugänglich machen als der Kavallerie oder Artillerie und umgekehrt, entsprechen auf dem Schachbrett der verschiedenen Gangart der Steine, die manchen von ihnen Felder zugänglich machen, die andere nicht erreichen können.

Das Erste, was der Anfänger tun muß, ist daher die charakteristischen Eigenschaften jedes einzelnen Steines zu studieren, so daß er sich ein ungefähres Bild davon machen kann, was er von ihm erwarten darf. Die beste Methode für diesen Zweck ist das Studium elementarer Endspiele und solcher Mittelspielstellungen, in denen durch Zusammenwirken mehrerer Figuren ein Matangriff entsteht.

1. Fundamentale Endspiele

Da der Endzweck der Partie das Matsetzen des Königs ist, muß der Schüler zunächst lernen, in welcher Art von Stellungen das Mat gegen jede Verteidigung erzwungen werden kann. Die erste Frage, die sich aufdrängt, ist, welches Minimum von Streitkräften nötig ist, um den alleinstehenden König mat zu setzen.

Um das Mat erzwingen zu können, muß man imstande sein, dem König mindestens vier Felder zu nehmen, nämlich die vier Felder, die ihm in einer Ecke des Bretts zur Verfügung stehen. Wie man den König in die Ecke treibt, ist weiter unten erläutert.

Betrachten wir z. B. die Ecke a1. Mit dem eigenen König kann man dem feindlichen zwei Felder verschiedener Farbe abschneiden, z. B. a2 und b2. Folglich muß man noch so viel Truppen haben, daß man mindestens zwei weitere Felder verschiedener Farbe beherrschen kann, in unserm Falle a1 und b1. Dazu sind, wie leicht ersichtlich, mindestens nötig entweder die Dame oder ein Turm oder Läufer und Springer oder zwei Springer. Ein Läufer oder Springer oder Bauer genügt offenbar nicht, sondern es ist die Kombination zweier dieser Steine nötig, oder die Umwandlung des Bauern in eine Figur. Von den möglichen Kombinationen sind, wie wir sehen werden, nur zwei Läufer oder ein Läufer und ein Springer stark genug, das Mat zu erzwingen. Die Matführung mit der Dame oder dem Turm oder zwei Läufern ist so einfach, daß die folgenden Beispiele ohne weitere Erläuterungen verständlich sind.

4

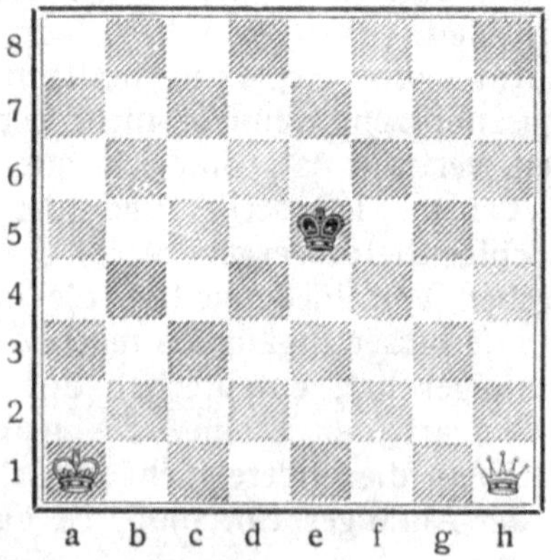

1. Ka1—b2, Ke5—d4; 2. Kb2—b3, Kd4—e5; 3. Kb3—c4, Ke5—d6; 4. Dh1—e4, Kd6—d7; 5. Kc4—c5, Kd7—c8; 6. Kc5—c6, Kc8—b8; 7. De4—a4, oder b4† oder e7 oder h7 nebst Mat im nächsten Zuge.

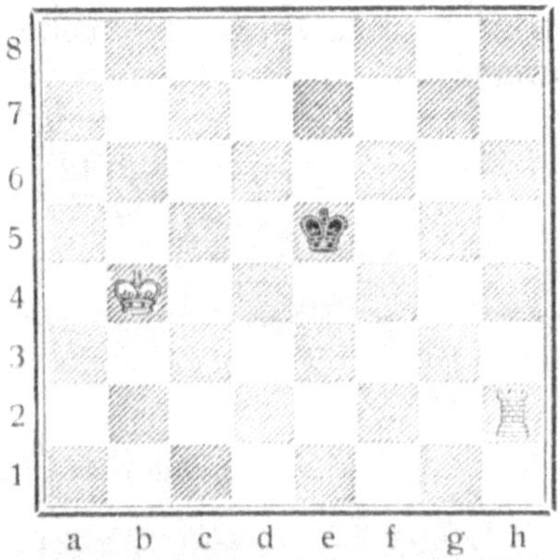

5

1. Kb4—c4, Ke5—d6; 2. Th2—e2, Kd6—c6; 3. Te2—e6†, Kc6—d7; 4. Kc4—d5, Kd7—c7; 5. Kd5—c5, Kc7—d7; 6. Te6—e1, Kd7—c7; 7. Te1—e7†, Kc7—d8; 8. Kc5—d6, Kd8—c8; 9. Kd6—c6, Kc8—b8; 10. Te7—e1, Kb8—a7; 11. Te1—e8, Ka7—a6; 12. Te8—a8 mat.

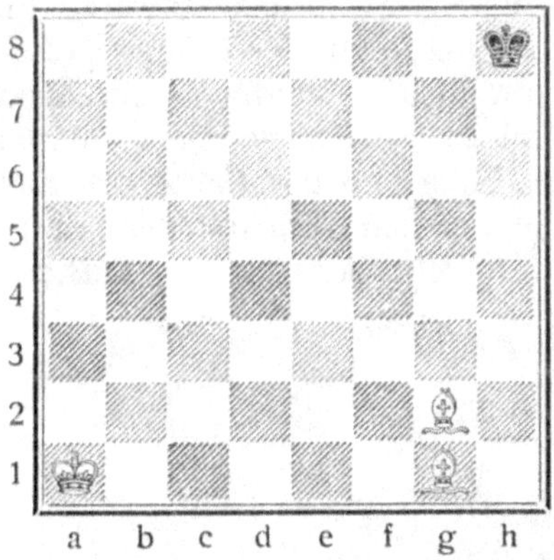

6

1. Ka1—b2, Kh8—g7; 2. Kb2—c3, Kg7—f6; 3. Kc3—d4, Kf6—e6; 4. Lg1—h2, Ke6—f6; 5. Kd4—d5, Kf6—f5; 6. Lh2—e5, Kf5—g5; 7. Kd5—e6, Kg5—g4; 8. Lg2—a8, Kg4—g5; 9. La8—f3, Kg5—g6; 10. Le5—f6, Kg6—h6; 11. Ke6—f7, Kh6—h7; 12. Lf6—g5, Kh7—h8; 13. Lf3—d1, Kh8—h7; 14. Ld1—c2†, Kh7—h8; 15. Lg5—f6 mat.

Etwas schwieriger ist die Matführung mit König, Springer und Läufer gegen König. Daß in diesem Falle das Mat nur in einer Ecke von der Farbe des Läufers zu erzwingen ist, zeigt folgende Überlegung: Eine Matstellung in einer Ecke, die der Läufer **nicht** beherrscht, müßte von der im Diagramm 7 dargestellten Form sein. Hier bestreicht der Läufer weiße Felder, also muß der Springer, der dem König das schwarze Eckfeld zu nehmen hat, matsetzend ein

7

weißes Feld betreten, d. h. er muß von einem **schwarzen** Felde herkommen. Folglich konnte er in der einen Zug zurückliegenden Stellung, in der der Läufer schachbietend den König von dem weißen Felde vertrieb, dem König nicht das schwarze Fluchtfeld nehmen, das ihm außer dem Eckfelde zur Verfügung gestanden haben muß. Der König war mithin nicht gezwungen, das Eckfeld zu betreten; er wird nur infolge eines **Fehlzugs** mat. Man erzwingt dagegen leicht das Mat in der Ecke von der Farbe des Läufers. Man treibt den König dorthin, indem man ihm mit dem Springer solche Felder nimmt, die der Läufer nicht beherrscht. Z. B.:

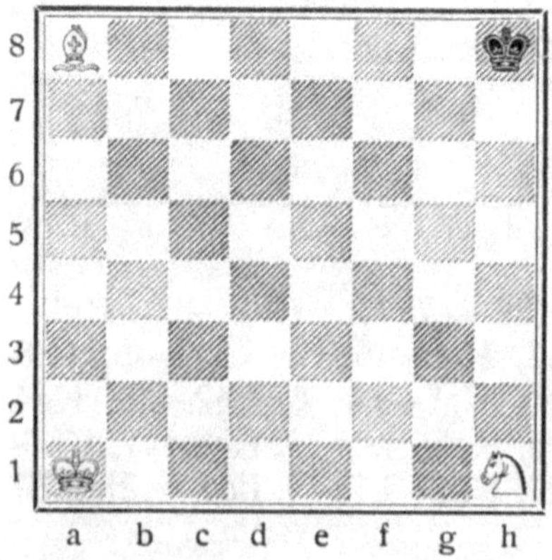

8

1. Ka1—b2, Kh8—g7; 2. Kb2—c3, Kg7—f6; 3. Kc3—d4, Kf6—e6; 4. Sh1—g3, Ke6—f6; 5. La8—f3, Kf6—g5; 6. Kd4—e5, Kg5—g6; 7. Sg3—e4, Kg6—g7; 8. Ke5—f5, Kg7—h8; 9. Kf5—f6, Kh8—g8; 10. Se4—g5, Kg8—h8; 11. Sg5—f7†, Kh8—g8; 12. Lf3—e4, Kg8—f8; 13. Le4—h7, Kf8—e8; 14. Sf7—e5, Ke8—d8; 15. Se5—c4, Kd8—c7; 16. Lh7—e4, Kc7—d7; 17. Kf6—f7, Kd7—c7; 18. Kf7—e7, Kc7—c8; 19. Ke7—d6, Kc8—d8; 20. Le4—g6, Kd8—c8; 21. Sc4—a5, Kc8—d8; 22. Sa5—b7†, Kd8—c8; 23. Kd6—c6, Kc8—b8; 24. Kc6—b6, Kb8—c8; 25. Lg6—f5†, Kc8—b8; 26. Sb7—c5, Kb8—a8; 27. Lf5—e6, Ka8—b8; 28. Sc5—a6†, Kb8—a8; 29. Le6—d5 mat.

Mit König und zwei Springern ist das Mat aus denselben Gründen, wie ich sie bei der Stellung des Diagramm 7 erörterte, nur bei einem Fehlzuge des Königs erreichbar. Jedoch wird das Mat erzwingbar, falls der belagerte König noch einen Bauern übrig hat, der ziehen kann, so daß das Pat verhindert wird; z. B. Diagramm 9.

9

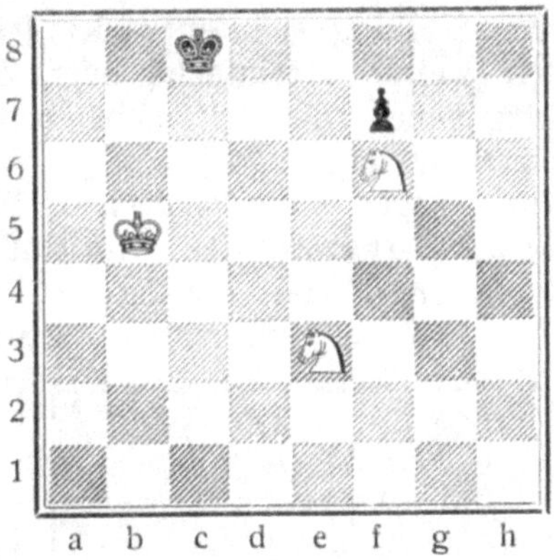

1. Se3—d5, Kc8—b7; 2. Kb5—c5, Kb7—a6; 3. Kc5—b4, Ka6—b7; 4. Kb4—b5, Kb7—a7; 5. Sd5—c7, Ka7—b7; 6. Sc7—e8, Kb7—a7; 7. Se8—d6, Ka7—b8; 8. Kb5—b6, Kb8—a8; 9. Sf6—d7, f7—f5; 10. Sd6—b5, f5—f4; 11. Sb5—c7‡.

In einigen außergewöhnlichen Stellungen kann sogar ein Springer allein das Mat erzwingen, wenn der gegnerische König noch einen Bauern übrig hat. Diagramm 10 zeigt einen solchen Fall. 1. Sa6—c5, Kh2—h1; 2. Sc5—e4. Jetzt kann Schwarz nicht h3—h2 spielen, weil Weiß auf g3 matsetzen würde. Daher muß er Kh1—h2 spielen und Weiß stellt nun den Springer so, daß er h2 dem König streitig macht und gleichzeitig g3 beherrscht: 3. Se4—d2, Kh2—h1; 4. Sd2—f1, h3—h2; 5. Sf1—g3‡.

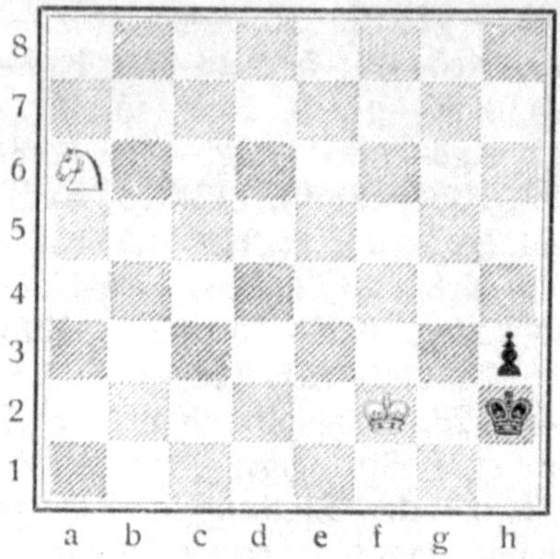

10

Wir wenden uns jetzt zu den einfachsten Endspielen, in denen noch auf beiden Seiten Figuren vorhanden sind, und zwar beschränken wir uns auf die Fälle, in denen eine stärkere Figur gegen eine schwächere spielt, da bei Endspielen mit mehr als einer Figur auf beiden Seiten die Stellung sich entweder früher oder später doch durch Abtausch weiter vereinfacht oder Zufälligkeiten der Stellung den Ausschlag geben, die sich nicht mehr durch typische Beispiele charakterisieren lassen.

Die Dame gewinnt gegen jede schwächere Figur. Schwierigkeiten kann dabei nur der Turm bereiten. Im Endspiel Dame gegen Turm ist für die schwächere Partei eine der günstigsten Stellungen die im Diagramm 11 angegebene, die ich als Beispiel ausführe.

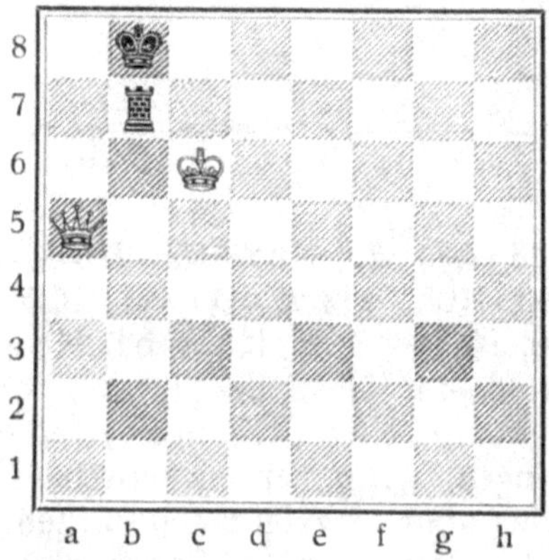

11

1. Da5—a6 führt zu nichts, da Tb7—c7† folgt und auf 2. Kc6—b6, Tc7—c6†; 3. Kb6×c6 patsetzt. Man muß in der Diagrammstellung ein Tempo gewinnen, d. h. man muß zu erreichen suchen, daß der Zugzwang auf Schwarz übergeht. Dann geht

nämlich der Turm durch etliche Schachs verloren, wenn er sich vom König entfernt, oder durch Da4—a6, wenn der König nach c8 zieht. Man spielt daher 1. Da5—e5†, Kb8—a8; 2. De5—a1†, Ka8—b8; 3. Da1—a5 und gewinnt. Zum Beispiel 3. ...., Tb7—f7; 4. Da5—e5†, Kb8—a7; 5. De5—e3†, Ka7—a8; 6. De3—e8† nebst 7. De8×f7.

Der Turm kann gegen eine kleine Figur nur in Ausnahmestellungen gewinnen. Im Endspiel Turm gegen Läufer muß der König der schwächeren Partei in die Ecke flüchten, die nicht von der Farbe des Läufers ist. Z. B. Diagramm 12.

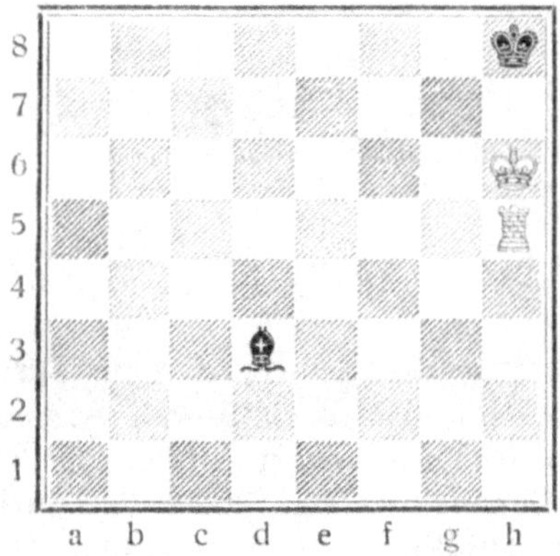

12

1. Th5—d5, Ld3—c4 (oder h7); 2. Td5—d8†, Lc4—g8 und Schwarz ist pat, falls der weiße Turm nicht die achte Reihe verläßt. Gefährlich dagegen ist für den König jedes andere Randfeld, das nicht von der Farbe des Läufers ist. Denken wir uns etwa in Diagramm 12 die Figuren um zwei Reihen verschoben, so daß Diagramm 13 entsteht, dann gewinnt Weiß durch 1. Tf5—b5, Lb3—a4; 2. Tb5—b8†, La4—e8; 3. Tb8—a8. Der Läufer ist verloren, da Schwarz den König ziehen muß.

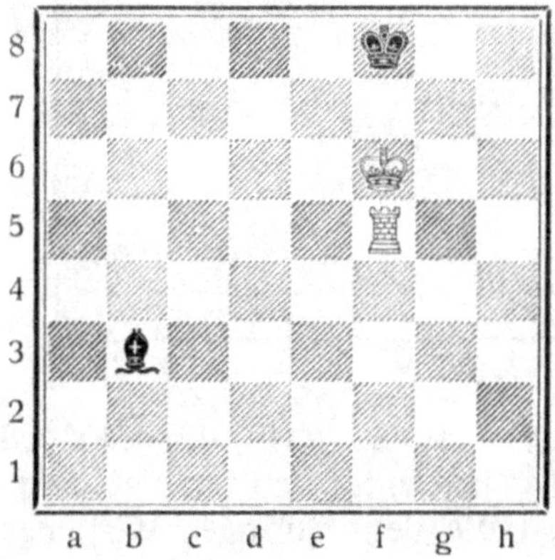

13

Im Endspiel Turm gegen Springer verliert die schwächere Partei, wenn dem Springer die Verbindung mit dem König abgeschnitten ist. Z. B. Diagramm 14. 1. Tc5—d5! In dieser

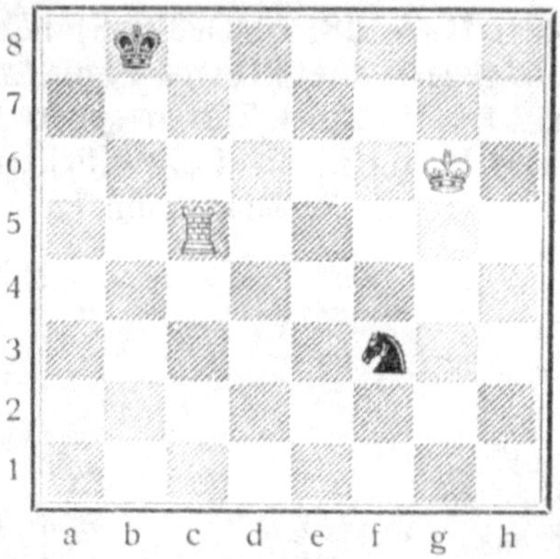
14

„schrägen Opposition" nimmt der Turm dem Springer vier Felder. Sf3—e1; 2. Kg6—f5, Se1—c2; 3. Kf5—e4, Sc2—a3. Auf b4 geht der Springer durch Tb5† verloren. In diesem Endspiel gibt es stets irgendwo so ein verderbliches Schach, so daß nicht etwa die Diagrammstellung eine zufällige Gewinnstellung ist. 4. Ke4—d3, Kb8—c7; 5. Td5—a5, Sa3—b1; 6. Ta5—a1 und gewinnt.

Sobald der Springer sich dagegen in Deckung durch den König begeben kann, bleibt das Spiel unentschieden, selbst wenn der König bereits auf den Rand gedrängt ist.

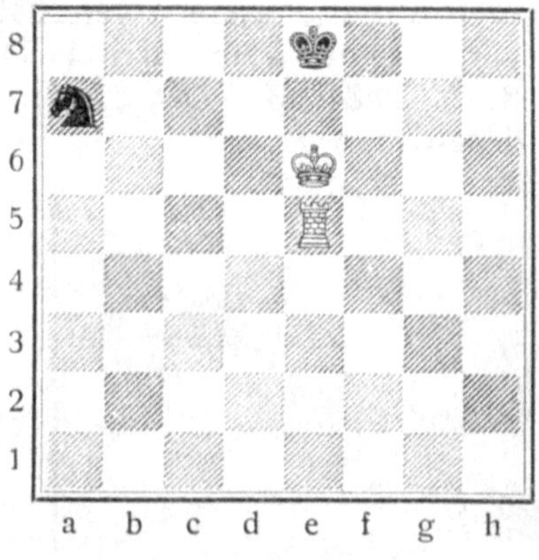
15

1. Te5—c5, Ke8—d8; 2. Ke6—d6, Sa7—c8†; 3. Kd6—c6, Sc8—e7† remis. Die Eckfelder muß der König vermeiden, weil der Rand in diesem Falle dem Springer Wirkungskraft raubt.

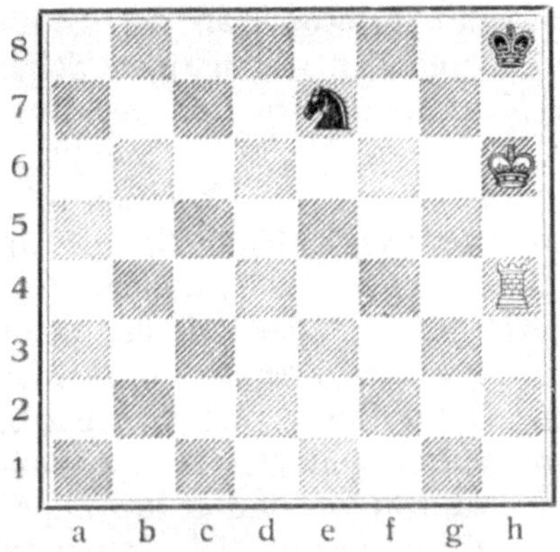

16

1. Th4—e4, Se7—g8†; 2. Kh6—g6 und gewinnt.

Wir kommen jetzt zu dem interessanteren Teile der Elementar-Endstellungen, zu den reinen Bauernendspielen. Hier haben wir erstens zu untersuchen, wie man ein Übergewicht an Bauernmaterial zur Geltung bringt, und zweitens haben wir die Merkmale von Positionen festzustellen, in denen auch bei gleicher oder gar geringerer Bauernzahl der Sieg möglich ist.

Betrachten wir zunächst den einfachsten und zugleich wichtigsten Schulfall, das Endspiel König und ein Bauer gegen König. Natürlich versucht die stärkere Partei, den Bauern zur Dame zu führen. Im allgemeinen ist dies jedoch nicht möglich, wenn das Verwandlungsfeld des Bauern vom feindlichen König beherrscht wird. Allerdings muß eine wichtige Bedingung erfüllt sein, die für fast alle Bauernendspiele charakteristisch ist: der König der schwächeren Partei muß dem der stärkeren in „Opposition“ treten

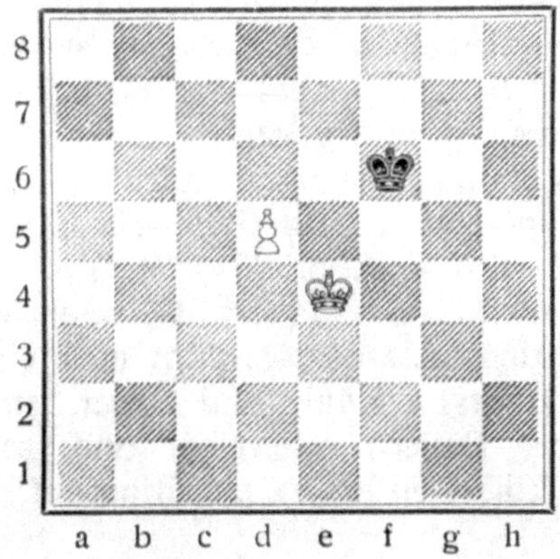

17

können. Es ist unbedingt nötig, daß der Schüler sich mit dem Begriff der Opposition und den zugehörigen Schulfällen genau vertraut macht. Ihre Kenntnis ist im Endspiel unerläßlich.

Nehmen wir an, Weiß versucht in der Stellung des Diagramms 17 den Bauern zur Dame zu führen. 1. Ke4—d4, Kf6—e7; 2. Kd4—e5. Mit diesem Zuge tritt der weiße König in die Opposition, d. h. er betritt die Felderreihe, in der der feindliche König sich befindet, um ein Feld von ihm getrennt, so daß die Felder, auf denen die Könige stehen, von gleicher Farbe sind. Man sagt in diesem Falle: „Weiß hat die Opposition." Wir werden bald sehen, daß es dem Schwarzen nur dadurch gelingt, remis zu halten, daß er selbst die Opposition erlangt (d. h. also, daß er am Zuge in die Opposition tritt). 2. ...., Ke7—d7; 3. d5—d6 (Diagramm 18). Dieser Augen-

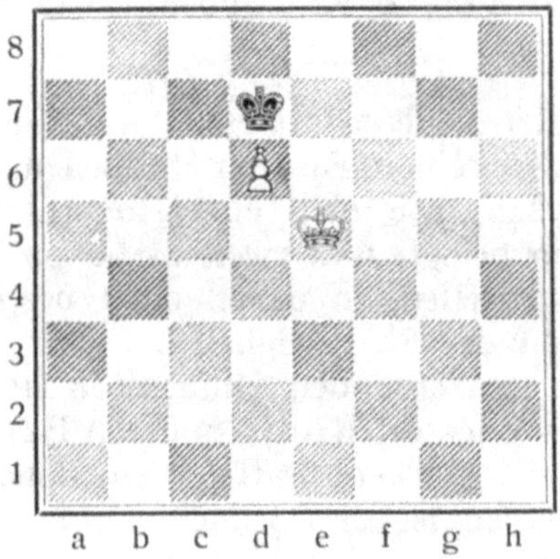
18

blick, in dem der Bauer die sechste Reihe betritt, ist maßgebend. Zieht jetzt der schwarze König nach e8, so daß Weiß mit 4. Ke5—e6 die Opposition gewinnt, so ist das Spiel für Schwarz verloren, weil er nach 4. ...., Ke8—d8; 5. d6—d7 gezwungen ist, dem weißen König das Feld e7 freizugeben, von wo aus er das Verwandlungsfeld d8 beherrscht. 5. ...., Kd8—c7; 6. Ke6—e7, K beliebig; 7. d7—d8 wird Dame. Schwarz kann jedoch in der Stellung des Diagramm 18 remis halten, indem er spielt: 3. ...., Kd7—d8!!!!. Jetzt nämlich behauptet er nach 4. Ke5—e6 durch Kd8—e8 selbst die Opposition und wird nach 5. d6—d7†, Ke8—d8; 6. Ke6—d6 patgesetzt oder er schlägt den Bauern d7, wenn Weiß im sechsten Zuge anders spielt. Ich fasse das Resultat noch einmal zusammen:

„Der König hält gegen König und Bauer remis, wenn er das Verwandlungsfeld des Bauern beherrscht und, sobald der Bauer auf der sechsten Reihe steht, die Opposition auf der achten Reihe behauptet."

Daß der Bauer bereits auf der sechsten Reihe steht, ist durchaus wichtig, denn ist er noch weiter zurück, dann hilft die Opposition auf der achten Reihe nichts. Nehmen wir als Beispiel die Stellung des Diagramm 19 an. Weiß am Zuge würde mit 1. c4—c5

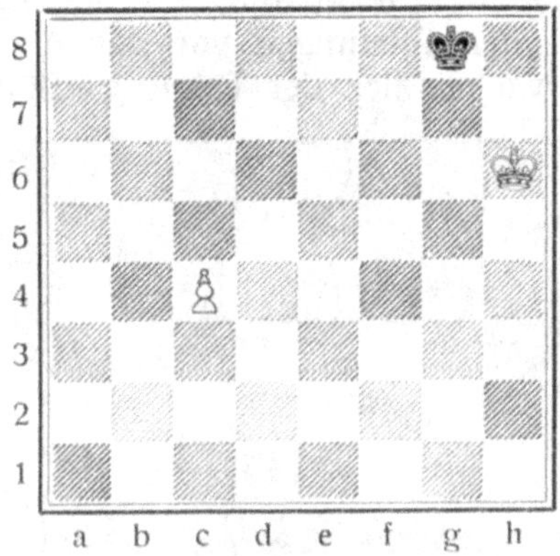

19

nur remis machen, da dann Schwarz durch Kg8—f7 den Bauern erobert. Weiß gewinnt jedoch wie folgt:

1. Kh6—g6, Kg8—f8; 2. Kg6—f6, Kf8—e8; 3. Kf6—e6, Ke8—d8; 4. Ke6—d6, Kd8—c8; 5. c4—c5, Kc8—d8.

Wir sehen: Schwarz ist zwar soeben in Opposition getreten, aber der Bauer steht noch nicht in der sechsten Reihe; und dadurch, daß Weiß 6. c5—c6 spielt, zwingt er den Schwarzen, die Opposition wieder aufzugeben (Diagramm 20).

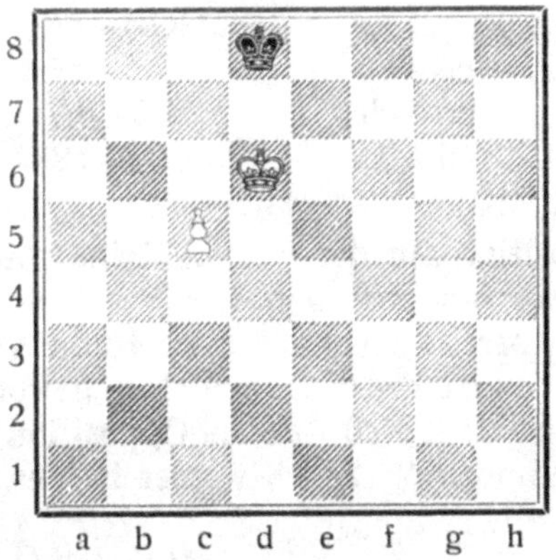

20

Vielleicht kann ich verständlicher sagen: Mit c5—c6 tritt Weiß in Opposition, indem er nämlich mit dem König in der sechsten Reihe eine Oppositionsstellung herbeiführt, in der Schwarz am Zuge ist. Das Spiel ist somit für Weiß gewonnen. Da also, wenn der Bauer die sechste Reihe noch nicht erreicht hat, die Opposition auf der achten Reihe zum Remis nicht mehr genügt, muß die schwächere Partei stets versuchen, den feindlichen König so lange von der sechsten Reihe fernzuhalten, bis der Bauer diese Reihe betritt. Das ist in allen Stellungen von der Art möglich, wie sie Diagramm 21 zeigt, wo nämlich der König höchstens eine Reihe

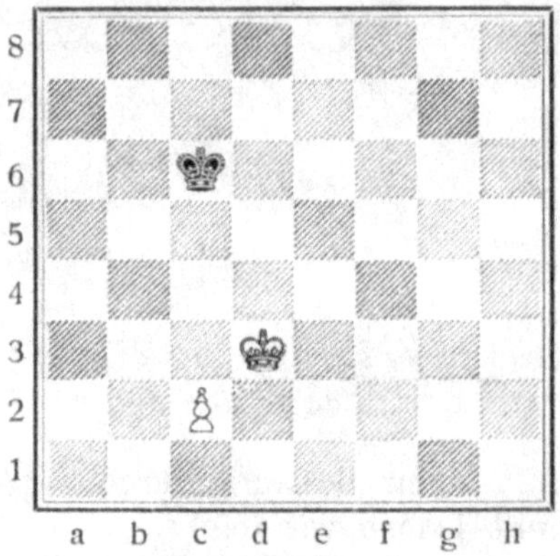

21

vor seinem Bauer steht und der andere König in Opposition treten kann. In der Diagrammstellung spielt Schwarz Kc6—d5 und bleibt so lange in Opposition, bis der Bauer zieht. Dann entsteht der bei Diagramm 18 behandelte Typ der Bauernendspiele.

Weiß am Zuge dagegen gewinnt leicht durch 1. Kd3—c4, nämlich:

1.	....	Kc6—d6
2.	Kc4—b5	Kd6—c7
3.	Kb5—c5	Kc7—b7
4.	Kc5—d6	Kb7—c8
5.	Kd6—c6	....

und es besteht Opposition auf der achten Reihe, während der Bauer noch nicht die sechste beschritten hat.

Steht der König bereits mehr als eine Reihe vor seinem Bauer, wie in Diagramm 31, so ist das Endspiel stets gewonnen, denn wenn hier Schwarz am Zuge mit Kc6—d6 in Opposition geht, treibt ihn Weiß durch den „Tempozug" c2—c3 wieder heraus, und es entsteht der vorhergehende Fall.

1.	....	Kc6—d6
2.	c2—c3	Kd6—c6
3.	Kd4—c4 und gewinnt.	

Damit sind die Typen des Endspiels: König und Bauer gegen

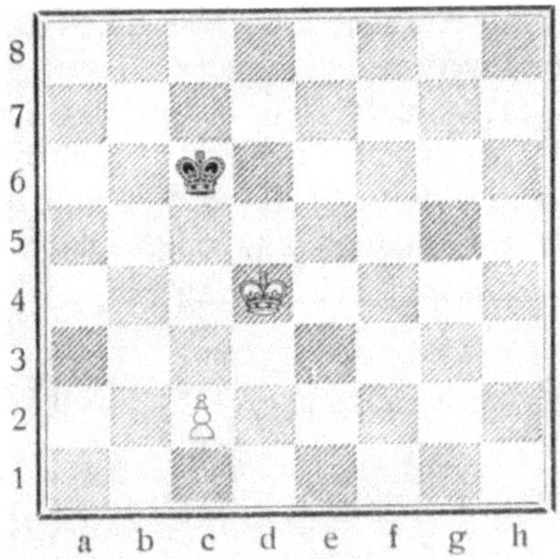

22

König erledigt. Für alle aufgestellten Regeln bilden jedoch eine Ausnahme die Eckbauern. Hier macht der alleinstehende König stets remis, wenn es ihm gelingt, die Ecke zu erreichen, in der der Bauer sich verwandeln will, da er aus ihr nicht vertrieben werden kann. Zur Illustration einer weiteren Remischance, die der Eckbauer der schwächeren Partei gewährt, diene die Stellung des Diagramm 23, die in praktischen Partien sehr häufig vorkommt. Hier macht Schwarz am Zuge durch 1. ...., Kd3—c4 remis. Da er den Bauern zu erobern droht, wird Weiß 2. a2—a4 ziehen. Nach der Antwort Kc4—c5 kann Weiß dem König nicht durch Ka6—b7 die Ecke

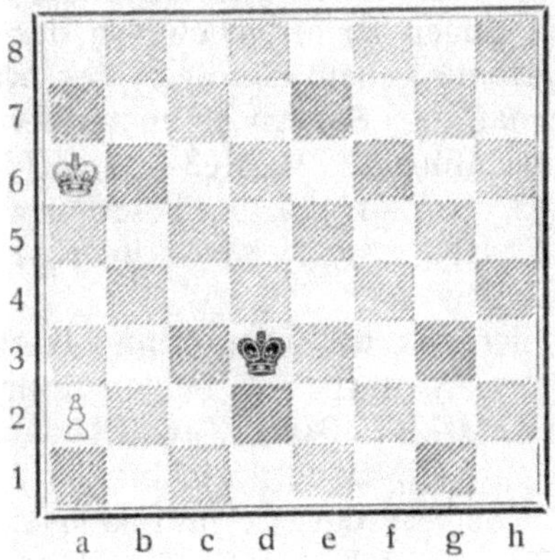

23

streitig machen, da immer noch Bauerngewinn durch Kc5—b4 droht. Und nach 3. a4—a5 erreicht Schwarz die für diesen Endspieltyp charakteristische Stellung, nämlich die Opposition gegen den auf einem Randfelde befindlichen König. Letzterer kommt jetzt vom Rande nicht mehr weg, ohne die Ecke freizugeben, und das Spiel bleibt remis durch die Fortsetzung 3. ...., Kc5—c6; 4. Ka6—a7,

Kc6—c7; 5. Ka7—a8, Kc7—c8; 6. a5—a6, Kc8—c7; 7. a6—a7, Kc7—c8, worauf Weiß pat ist.

Bedeutend einfacher als in den bisher betrachteten Fällen gestalten sich die Bauernendspiele mit einem Mehrbauern, wenn noch beiderseits Bauern auf dem Brett sind. Eine typische Stellung, auf die solche Spiele sich reduzieren, zeigt Diagramm 24.

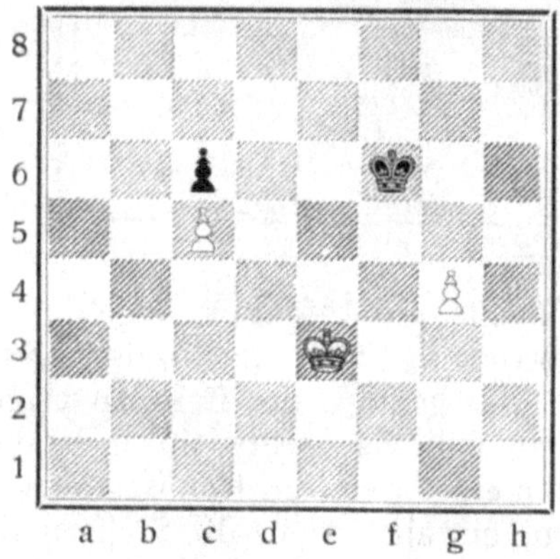

24

Hier braucht Weiß gar nicht den Freibauern zur Dame zu führen, sondern die Drohung schon schafft ihm den Gewinn. Der Freibauer g4 nämlich schränkt die Beweglichkeit des schwarzen Königs insofern ein, als dieser stets bereit sein muß, das Verwandlungsfeld g8 in ebensoviel Zügen zu erreichen wie der Bauer, der sonst ungehindert in die Dame gehen könnte. Der weiße König kann daher in aller Ruhe auf den Bauern c6 marschieren und dann den Bauern c5 zur Dame führen. 1. Ke3—e4, Kf6—e6; 2. g4—g5, Ke6—e7; 3. Ke4—e5, Ke7—f7; 4. Ke5—d6 usw. Oder 1. ...., Kf6—g5; 2. Ke4—e5; Kg5×g4; 3. Ke5—d6, Kg4—f5; 4. Kd6×c6, Kf5—e6; 5. Kc6—b7 usw.

Stellungen von der Art des Diagramm 24 ergeben sich, wenn bei Beginn des Endspiels noch auf beiden Flügeln Bauern vorhanden waren. Die stärkere Partei tauscht dann auf der Seite, wo der Mehrbauer steht, alle Bauern ab, bis der Mehrbauer frei ist.

Etwas umständlicher ist das Gewinnmanöver, wenn nur noch auf einem Flügel Bauern stehen, weil der Abtausch aller Bauern nur dann etwas nützt, wenn der König vor dem übrigbleibenden Bauern in Opposition treten kann (vgl. das zu Diagramm 21 Gesagte).

In der Stellung des Diagramm 25 z. B. darf daher Weiß nicht c2—c4 ziehen. Er kann mithin nur gewinnen, wenn er den Bauern b5 erobert, wenn er also den König nach c5 bringen kann. Dies

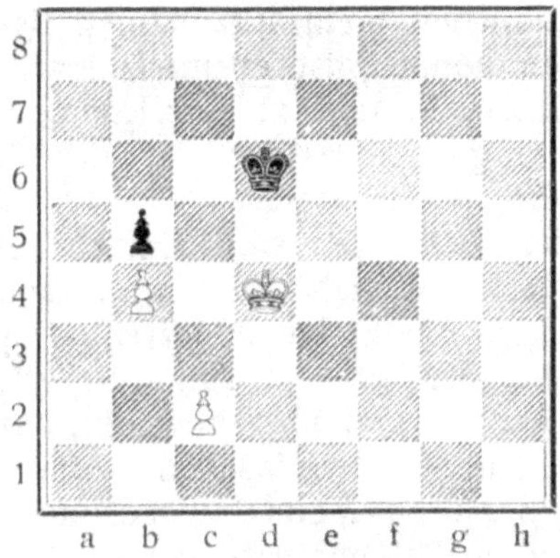

25

erreicht er dadurch, daß er mit 1. c2—c3 den feindlichen König aus der Opposition treibt. 1. ...., Kd6—c6; 2. Kd4—e5, Kc6—b7; 3. Ke5—d6, Kb7—b6; 4. Kd6—d5, Kb6—b7; 5. Kd5—c5, Kb7—a6; 6. Kc5—c6 und gewinnt, da Schwarz die Deckung des Bauern aufgeben muß.

Das eben angegebene Verfahren ist wegen seiner häufigen Anwendbarkeit überaus wichtig. Ich empfehle daher die Stellung zum eingehenden Studium der Verwertung der Opposition.

Wir verlassen hiermit das Thema der fundamentalen Endspiele und wenden uns zu elementaren Mittelspielkombinationen.

2. Fundamentale Mittelspielkombinationen.

Wir können zwei elementare Arten von Angriffen unterscheiden. Die eine, bei der ein Stein gleichzeitig zwei oder mehr feindliche Steine angreift; und die andere, bei der mehr Steine einen gegnerischen angreifen als zur Verteidigung verfügbar sind.

Der Anfänger greift gewöhnlich feindliche Steine an, ohne sich erst darüber Rechenschaft zu geben, ob die angegriffenen Steine nicht einfach auf Plätze fliehen können, die für sie ebenso günstig oder vielleicht sogar günstiger sind. Es ist klar, daß das Verjagen eines Steines nur dann Vorteil bringen kann, wenn der verjagte Stein keine günstige Zufluchtsstätte hat. Allerdings sind wir noch nicht so weit vorgeschritten, daß wir entscheiden können, welche Felder für die verschiedenen Steine günstig und welche ungünstig sind, und wir müssen die Untersuchung dieser Frage bis auf weiteres verschieben.

Der Vorteil des gleichzeitigen Angriffs auf zwei Steine ist offensichtlich, da wahrscheinlich in den meisten Fällen nur der eine von beiden gerettet werden kann. Der Vorteil, mehr Steine zum Angriff gegen einen feindlichen Stein aufzuhäufen als zur Verteidigung herangebracht werden können, ist ebenfalls klar, nur ist er meist nicht mit so einfachen Mitteln zu erreichen. Beide Angriffsmethoden gleichzeitig anzuwenden, ist das Geheimnis erfolgreichen Zusammenwirkens der Steine.

In den folgenden Beispielen sind einfache typische Angriffskombinationen erläutert. Ähnliche Stellungen kommen in Anfängerpartien oft vor, weil sie die Steine unvorteilhaft placieren. Durch ihr Studium wird der Schüler sein Auge an gefährliche Konstellationen gewöhnen, und er wird imstande sein, ähnliche Drohungen in seinen eigenen Partien vorauszusehen. Dies bezieht sich besonders auf die elementaren Matstellungen, die weiter unten im Zusammenhang mit Angriffskombinationen im Mittelspiel angeführt sind. In neunzig unter hundert Fällen wird der Anfänger das Opfer solcher Angriffe, wenn er gegen einen erfahrenen Gegner spielt.

Ein notwendiger Wegweiser für alle Kombinationen, in denen es sich nicht um einen direkten Matangriff handelt, ist die Kenntnis des relativen Wertes der Figuren. Schon die besprochenen fundamentalen Endspiele ermöglichen eine rohe Abschätzung. Die Königin ist offenbar die stärkste Figur. Sie trieb den König in wenigen Zügen auf den Rand und erzwang das Mat. Von den übrigen Figuren erscheint zweifellos der Turm am stärksten, denn er kann das Mat, allein von seinem König unterstützt, erzwingen, während dies den anderen Figuren nicht möglich ist. Zwei Läufer erscheinen aus demselben Grunde stärker als zwei Springer, während wir über den relativen Wert eines Läufers und eines Springers noch nichts sagen können.

Diese Einschätzung ist, soviel wir bisher feststellen können, nur auf dem verhältnismäßig leeren Brette richtig, auf dem sich die Figuren fast ungehemmt bewegen können. Die Beweglichkeit allein begründet den Wert einer Figur, und manchmal ergeben sich Stellungen, in denen ein Läufer oder ein Springer mehr wert ist als ein Turm, oder ein Bauer mehr als ein Springer usw. Der Grund hierfür ist, daß manchmal die schwächere Figur so postiert ist, daß sie ihre volle Wirkungskraft entfalten kann, während die stärkere Figur irgendwie in ihrer Beweglichkeit gehemmt ist und die Partie entschieden ist, ehe die Hemmungen beseitigt werden können.

Eine genaue Einschätzung des relativen Wertes der Figuren in jeder Stellung ist natürlich unmöglich. Im allgemeinen wird folgende Durchschnittswertung angenommen, die, von Ausnahmefällen abgesehen, um so richtiger wird, je mehr das Spiel sich durch Abtausch vereinfacht. Die Königin ist so stark wie zwei Türme oder wie drei kleine Figuren (Läufer oder Springer). Eine kleine

Figur ist drei Bauern wert, und ein Turm ist daher gleich einer kleinen Figur und ein bis zwei Bauern. Man nennt den Wertunterschied zwischen Turm und Läufer „die Qualität". Der Wert eines Bauern wird von einem Anfänger, der die elementaren Bauernendspiele nicht beherrscht, nie richtig verstanden. Ein Bauer erscheint ihm wegen seiner geringen Beweglichkeit von so geringer Bedeutung, daß er es kaum für nötig hält, auf seine Deckung Zeit zu verschwenden, wenn er angegriffen wird, da ja scheinbar soviel wichtigere Dinge auf dem Spiele stehen. Er sollte sich jedoch frühzeitig daran gewöhnen, jeden Bauern als Dame in spe zu betrachten. Das wirkt dann etwas beruhigend auf allzu hitzige Angriffskombinationen, die fast ausnahmslos falsch sind.

Bei den folgenden einfachen Kombinationsbeispielen wollen wir zunächst also die oben gegebene Wertung der Steine zugrunde legen.

In der Stellung des Diagramm 26 gewinnt Weiß die Qualität, indem er 1. Sc3—d5 spielt. Dieser Zug greift gleichzeitig die Dame, den Läufer und die Bauern b6 und c7 an. Der Angriff auf den Läufer und den Bauern b6 ist keine Drohung, denn Springer und

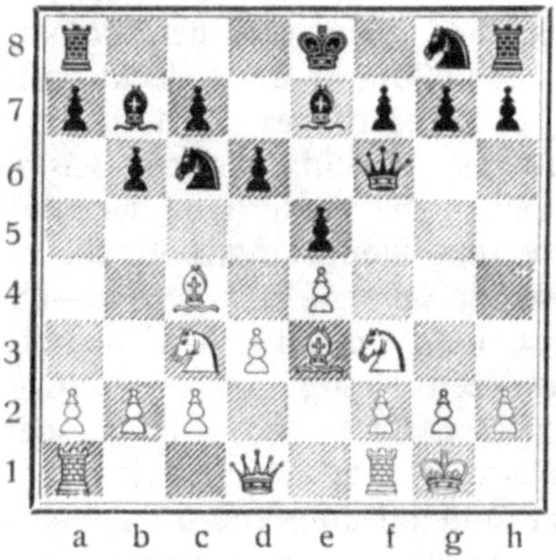

26

Läufer sind gleichwertig, und der Bauer b6 ist gedeckt. Dagegen ist der Angriff auf den Bauern c7 eine Drohung nicht nur wegen des Bauern, den Schwarz verliert, da er ja die Dame wegziehen muß, sondern wegen des Doppelangriffs auf König und Turm, den der Springer von c7 aus macht. Der König muß dann ziehen, der Springer schlägt den Turm, und wenn auch Schwarz später den Springer gewinnt, der aus der Ecke nicht mehr entfliehen kann, so hat die Doppeldrohung Sc3—d5 doch bereits die Partie entschieden, denn wir werden später sehen, daß ceteris paribus das Übergewicht Turm und Bauer gegen Springer den Sieg entscheidet.

Manchmal wird der Doppelangriff von zwei Figuren statt einer ausgeführt, wenn nämlich die ziehende Figur die Angriffslinie eines Läufers oder eines Turmes oder der Dame aufdeckt.

In der Stellung des Diagramm 27 z. B. muß Schwarz am Zuge etwas gegen die Drohung Sc3—d5 unternehmen, da dann gleich-

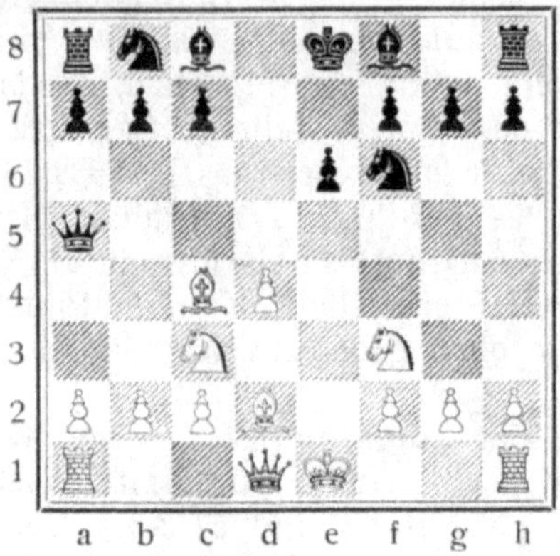

27

zeitig die Dame durch den Läufer und der Bauer c7 durch den Springer angegriffen wäre, ohne daß der Dame ein Zug zur Verfügung stände, der den Bauern c7 gedeckt hält und gleichzeitig die Dame auf ein unangegriffenes Feld stellt. Übrigens würde Weiß am Zuge nicht nur wie im vorigen Beispiel den Bauern c7 und den Turm a8 gewinnen, sondern in der vorliegenden Stellung steht ihm eine Serie von Doppelangriffen zur Verfügung, die die schwarze Dame gewinnt, falls sie auf 1. Sc3—d5 sich auf a4, das einzige unangegriffene Feld, begibt. Weiß würde mit 2. Lc4—b5† gleichzeitig den schwarzen König und die Dame angreifen. Zwar ist dies ein sogenanntes „Opfer", da Schwarz den Läufer schlagen kann, aber nach Da4×b5 setzt Weiß mit 3. Sd5×c7† fort und greift damit gleichzeitig den König und die Dame an, so daß letztere verloren ist. Daher würde es für Schwarz noch am besten sein, 1. Sc3—d5 entweder mit Da5×d2†; 2. Dd1×d2, e6×d5 oder mit 1. ...., Da5×d5; 2. Lc4×d5, e6×d5 zu beantworten, da er auf diese Weise wenigstens zwei kleine Figuren für die Dame bekommt. Doch würde auch dies natürlich die Partie nicht retten, da die Dame drei kleine Figuren wert ist.

Schwarz kann der Drohung 1. Sc3—d5 auf zweifache Art begegnen. Er kann erstens entweder die Dame dem Angriff des Läufers entziehen oder den Bauern c7 decken, so daß Weiß keine Doppeldrohung, sondern nur noch eine einfache hat, und zweitens kann er einen Zug machen, der nach Ausführung der weißen Doppeldrohung der Dame ein Fluchtfeld öffnet, auf dem sie den Punkt c7 deckt (1. ...., c7—c6; 2. Sc3—d5, Da5—d8).

Doppeldrohungen wie die eben beschriebene sind besonders häufig, wenn ein Schach damit verknüpft ist (Abzugsschach). Hier sind zwei Beispiele:

Nach den Anfangszügen 1. e2—e4, e7—e5; 2. Sg1—f3, Sg8—f6; 3. Sf3×e5, Sf6×e4; 4. Dd1—e2 kann Schwarz den Springer nicht wegziehen, weil dann der schwarze König einem Anzugsschach durch Züge des Springers e4 ausgesetzt wäre. Dieser Springer könnte dann z. B. nach g6 ziehen und so gleichzeitig mit dem Schach den Turm h8 attackieren. Er könnte aber sogar die Dame durch den Abzug nach c6 gewinnen, da dann auch das Feld e7 beherrscht ist, auf dem die Dame das Schach decken kann.

In der Stellung des Diagramm 28, in der Schwarz gerade durch Lc6 den Turm e4 angegriffen hat, darf Weiß den Turm nicht wegziehen, sondern muß mit Tf1—e1 die Qualität aufgeben. Denn

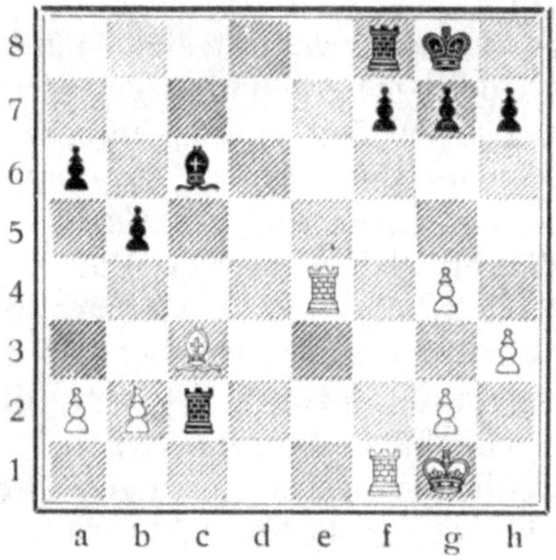

28

wenn der Turm e4 zieht, z. B. nach e1, dann folgt Tc2×g2†, Kg1—h1, und nun nimmt der Turm zunächst einmal mit Abzugsschachs alles, was sich ihm in der zweiten Linie bietet, und schließlich verzehrt er auch noch den Läufer. Nämlich: Tg2×b2†, Kh1—g1, Tb2—g2†, Kg1—h1, Tg2×a2†, Kh1—g1, Ta2—g2†, Kg1—h1, Tg2—c2† nebst Tc2×c3.

Wenden wir uns jetzt zu den Kombinationen, in denen ein Spieler dadurch in Vorteil kommt, daß er mit mehr Steinen angreift, als der Gegner zur Verteidigung heranziehen kann. Hier sei vor allem auf ein wichtiges mechanisches Hilfsmittel hingewiesen, das das Kombinieren erheblich vereinfacht. Es ist dies eine ganz elementare Abzählungsregel, durch deren Vernachlässigung der Anfänger meist schnell in materiellen Nachteil gerät.

Als Beispiel diene Diagramm 29.

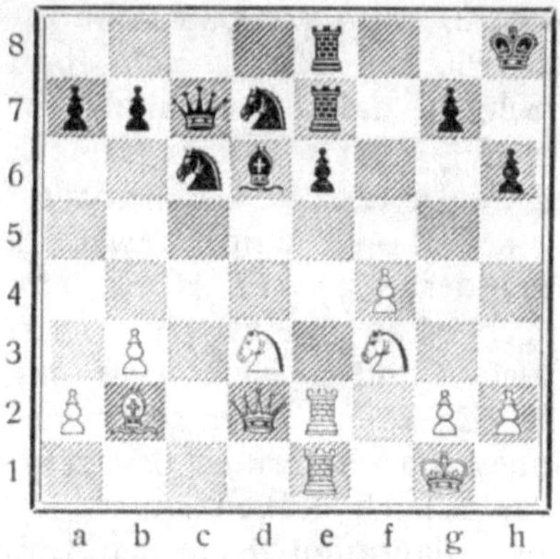

29

Nehmen wir an, Schwarz am Zuge will e6—e5 spielen. Ist er Anfänger, dann wird er etwa so kombinieren: Ich ziehe den Bauern vor, dann schlägt sein Bauer, mein Springer nimmt wieder, dann schlägt sein Springer, ich schlage mit dem Läufer usw. Das ist ganz falsch, denn es bedeutet Vergeudung von Zeit und Denkkraft.

Auf den dritten, vierten Zug vorauskombinierend, vergißt der Anfänger auch meist schon die bei der Kombination bereits verwendeten Figuren. Die Überlegung ist vielmehr ganz einfach in folgender Weise zu führen: Ich ziehe den Bauern nach e5. Dann ist er durch einen Bauern, die beiden Springer, einen Läufer und die beiden Türme angegriffen, im ganzen also sechsmal. Verteidigt ist er durch den Läufer, die beiden Springer, die beiden Türme und die Dame, also ebenfalls sechsmal. Folglich kann der Zug e6—e5 geschehen, wenn die sechs schwarzen Steine, die auf e5 geschlagen werden, keinen größeren Wert haben, als die sechs weißen, die zurückgeschlagen werden. Im vorliegenden Beispiel werden je ein Bauer, zwei Springer, ein Läufer und zwei Türme geschlagen, daher entsteht kein materieller Verlust. Nach Durchführung dieser Überlegung darf der Anfänger es ruhig riskieren, den Vorstoß nach e5 auszuführen.

Also: Bei jeder Kombination, bei der mehrere Schlagmöglichkeiten auf einen Punkt in Betracht kommen, ist eine Abzählung der Angriffs- und Verteidigungssteine und eine Vergleichung ihres Wertes vorzunehmen. Letzteres darf man natürlich nie vergessen. Wollte z. B. in der Stellung des Diagramm 30 Schwarz 1. ...., Sd6×e4 spielen, in der Überlegung, daß der Bauer e4 dreimal angegriffen und nur zweimal gedeckt ist, so wäre es offenbar ein Fehler, denn der Wert der verteidigenden Steine ist geringer als der der angreifenden.

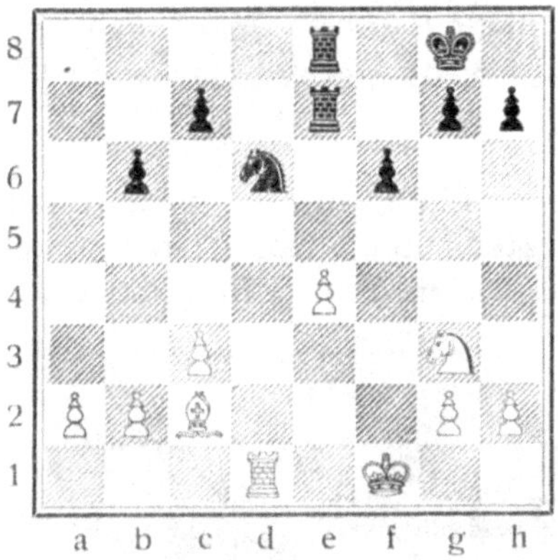

30

Leider ist das Schachspielen nicht so einfach, daß man nach der eben aufgestellten Abzählungsregel alle vorkommenden Kombinationen erschöpfend durchdenken könnte; es treten vielmehr fast immer komplizierende Nebenumstände auf.

Um dem Anfänger einen Anhalt zu geben, greife ich einige charakteristische Hauptfälle heraus.

Die einfachste Störung, die in die erörterte Abzählungsregel kommen kann, ist die, daß der Gegner eine von den in die Kombination verwickelten Figuren durch Abtausch oder selbst durch Opfer beseitigt. Als Beispiel diene die Stellung des Diagramm 31.

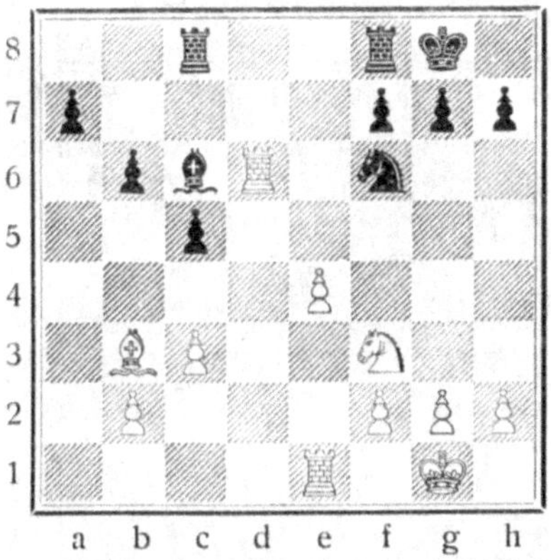

31

Hier darf weder Sf6×e4 geschehen, weil Td6×c6 dem Springer die Deckung nimmt, so daß er verlorengeht und Weiß auf diese Weise zwei kleine Figuren für den Turm erobert; noch darf der Läufer auf e4 schlagen, weil der Turm sich dann gegen den Springer opfert und so dem Läufer den Schutz entzieht. Dieser kann sich dann auch durch Schlagen auf f3 nicht aus der Schlinge ziehen, da der Turm von f6 aus zurückschlägt.

Der zweite Hauptfall unter den Störungen, die das Resultat der Abzählungsregel zunichte machen, umfaßt solche Stellungen, in denen eine deckende Figur durch eine stärkere Drohung als die Eroberung des gedeckten Steins nach einer anderen Richtung hin engagiert wird. Z. B. darf in der Stellung des Diagramm 32 Schwarz

32

nicht Se5×c4 spielen, weil Weiß durch d5—d6 den Läufer zwingen würde, auf b5 oder c8 den Bauern auf dem Wege zur Dame aufzuhalten, worauf der Springer auf c4 fällt. Ein weiteres Beispiel zum selben Thema gibt Diagramm 33. Hier ist die schwarze Dame

33

durch eine recht versteckte, im praktischen Spiel übrigens verhältnismäßig häufig vorkommende Matdrohung an die Deckung des Feldes f7 gebunden, und zählt daher nicht als Deckung des Läufers c8. Weiß gewinnt wie folgt: 1. Sb6×c8, Se7×c8; 2. Tc5×c8,

De8×c8; 3. Se5—f7†, Kh8—g8; 4. Sf7—h6††, Kg8—h8; 5. Dc4—g8†, Tf8×g8; 6. Sh6—f7‡.

Gehen wir nun einen Schritt weiter und wenden uns von den „akuten" Kombinationen zu solchen, die noch in der Luft liegen. Auch hier empfehle ich dem Anfänger dringend — der Fortgeschrittene tut es sowieso —, mit der einfachen Abzählung zu operieren, und zwar ist es jetzt an Stelle der Anzahl der angreifenden und verteidigenden Steine die der Angriffs- und Verteidigungsmöglichkeiten, die auszurechnen ist.

Betrachten wir wieder einige typische Beispiele. Spielt Schwarz in der Stellung des Diagramm 34 d5—d4, so muß er vorher den

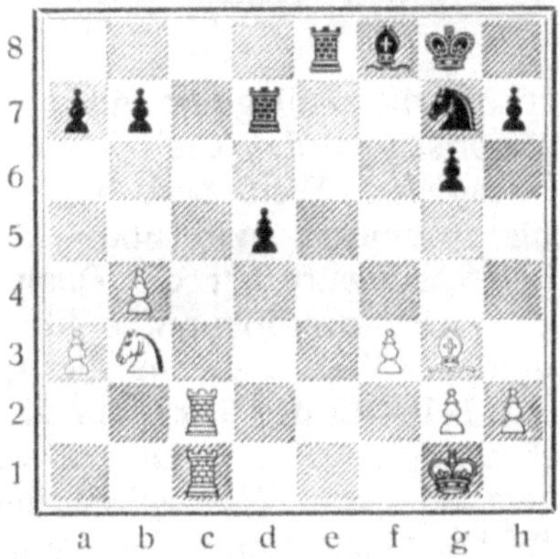

34

Zug folgender Prüfung unterworfen haben: Der Bauer kann auf d4, wo er zunächst einmal angegriffen und einmal verteidigt ist, von Weiß in drei Zügen drei weitere Male attackiert werden (1. Tc1—d1, 2. Tc2—d2, 3. Lg3—f2), aber Schwarz kann in derselben Zugzahl drei weitere Verteidigungen mobil machen (1. Sg7—e6, 2. Lf8—g7, 3. Te8—d8); also liegt eine unmittelbare Gefahr nicht vor, und es ist auch in absehbarer Zeit nichts zu befürchten, da Weiß keinen Stein mehr hat, mit dem der Bauer zum fünften Male angegriffen oder eine der deckenden Figuren vertrieben werden könnte. Falsch wäre es offenbar, den Bauern nach Tc1—d1 von d4 nach d3 zu schieben, denn dann könnte ihn Weiß mit dem andern Turm und dem Springer zwei weitere Male angreifen, während dem Schwarzen nur noch ein Deckungszug, Te8—d8, zur Verfügung steht.

Die folgenden Beispiele sind typisch für Stellungen, in denen Nebendrohungen auf Steine, die in die Kombination verwickelt sind, die richtige Abzählung komplizieren. In Diagramm 35 kann zwar das Angriffsobjekt, der Springer f6, von Schwarz ebensooft verteidigt werden, als Weiß es attackieren kann, doch kommt dabei

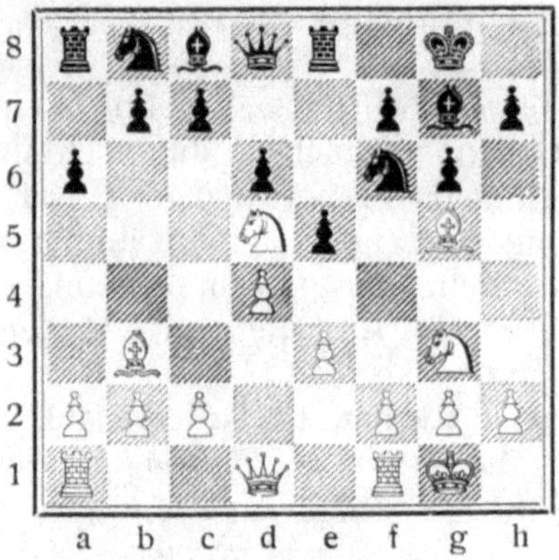

35

die eine Deckungsfigur in die Schlaglinie einer feindlichen, so daß die Deckungskraft illusorisch wird. Die Kombination würde sich hier folgendermaßen abspielen: Weiß bedroht mit 1. Sg3—e4 den Sf6 zum dritten Male. Schwarz muß Sb8—d7 antworten, denn deckte er durch Te8—e6, so würde er die Qualität verlieren, was die Vergleichung des Wertes der Figuren ergibt, die auf f6 zum Schlagen kommen würden. Weiß gewinnt die Qualität nun aber doch, indem er durch 2. Dd1—f3 den Turm zur vierten Verteidigung des Springers nach e6 zwingt, wo er in die nur vorläufig verdeckte Schlaglinie des Läufers b3 gerät. Es würde folgen: 3. Sd5×f6, Te6×f6 (S oder L×f6?? 4. Lb3×e6 und Weiß gewinnt einen ganzen Turm). 4. Lg5×f6 usw.

Einen im Grunde ähnlichen Fall zeigt Diagramm 36.

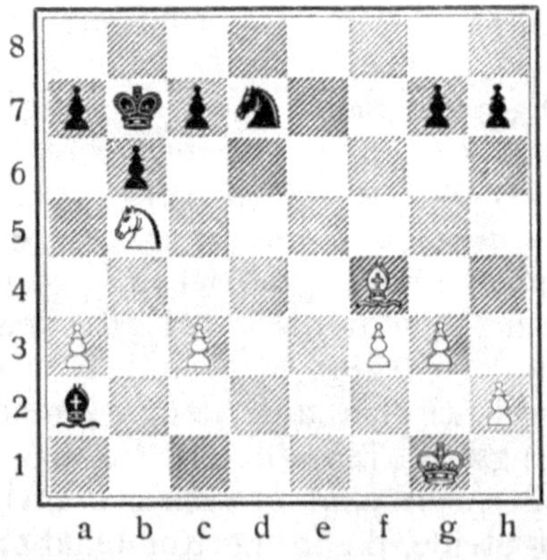

36

Auch hier hat das Resultat einfacher Abzählung der Angriffs- und Verteidigungssteine einen Haken, weil die Verteidigungssteine selbst nicht auf sicheren Füßen stehen. Ich empfehle diese Stellung

Anfängern zu besonders gründlichem Studium, da sie typisch für eine große Zahl von Fällen aus der Praxis ist.

Es erhellt ohne weiteres, daß der Läufer f4 den Bauern c7 nicht schlagen darf wegen der Antwort a7—a6. Aber auch 1. Sb5×c7 wäre ein Hereinfall, weil Schwarz nun auf den deckenden Läufer Jagd macht; 1. ...., g7—g5; 2. Lf4—d6, Kb7—c6; 3. Sc7—e8, La2—f7 und Schwarz gewinnt eine der beiden angegriffenen Figuren.

Endlich sei noch ein Beispiel betrachtet, in dem die Fesselung einer Figur die Störung ist, die das Bild der Abzählung verzerrt. In der Stellung des Diagramm 37 scheint es zunächst, als ob Schwarz

37

Sd6×e4 spielen könnte, da Weiß zwar mit Tf1—e1 den Springer fesseln und ihn dann mit dem Springer b1 noch einmal angreifen, aber Schwarz ihn mit Läufer c8 und Springer f7 ebensooft verteidigen kann. Und Zeit zur Turmverdoppelung hat Weiß nicht, weil nach Te1—e2 Schwarz den König aus der e-Reihe wegzieht und auf Ta1—e1 mit dem entfesselten Springer weglaufen kann. Aber durch eine einfache Opferkombination bringt Weiß auch noch den Turm a1 zur Wirkung: 1. ...., Sd6×e4; 2. Tf1—e1, Lc8—f5; 3. Sb1—c3, Sf7—d6; 4. Te1×e4†, Sd6×e4; 5. Ta1—e1 und Weiß gewinnt eine zweite Figur für die geopferte Qualität.

Besonders gefährlich sind natürlich Anhäufungen von Figuren gegen eine ungenügend geschützte Königstellung. In solchen Fällen gelingt es oft, auf vollem Brett einen Matangriff erfolgreich durchzuführen, und zwar wird meist durch ein Figurenopfer die entscheidende Bresche in die den König deckende Bauernkette gelegt.

Die folgenden Beispiele zeigen typische Fälle der Figurenkonstellationen, die solche Matangriffe drohen.

In der Stellung des Diagramms 38 können Matbilder durch das Zusammenwirken von Dame und Springer, oder von Dame und Läufer, oder sogar von Springer und Läufer entstehen. Der wunde Punkt der schwarzen Königstellung ist g7, den Weiß öfter

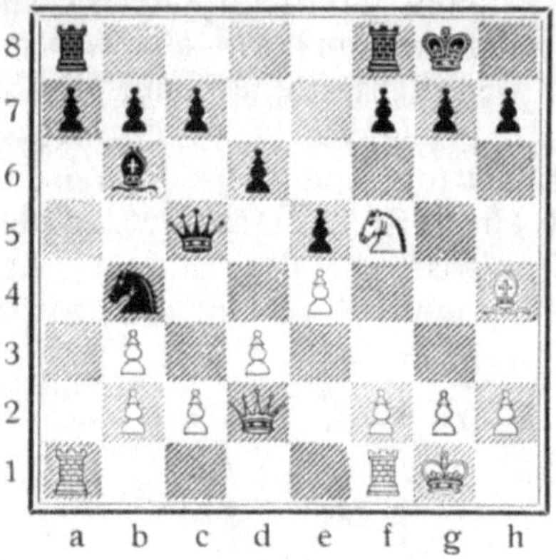

38

angreifen kann als Schwarz ihn zu verteidigen imstande ist. Weiß könnte mit Dd2—g5 beginnen. Nachdem Schwarz das Mat auf g7 durch g7—g6 deckt, erzwingt es Weiß dennoch durch 2. Dg5—h6, g6×f5; 3. Lh4—f6 nebst Dh6—g7. Weiß könnte auch 1. Lh4—f6 spielen. Schlägt Schwarz den Läufer, so folgt Dd2—h6 nebst Mat auf g7. Selbst wenn Schwarz den Läufer nicht schlägt, droht Weiß Dd2—h6 zu spielen, denn auf g7×h6 würde Sf5×h6 matsetzen. Gegen diese Drohung könnte sich Schwarz mit h7—h6 oder mit Tf8—c8 wenden, wodurch dem König ein Fluchtfeld auf h7 bzw. f8 geöffnet wird. In diesen Fällen würde die Matführung sich wie folgt abspielen: 1. Lh4—f6, Tf8—c8; 2. Dd2—g5, Kg8—f8; 3. Lf6×g7†, Kf8—e8; 4. Dg5—e7‡. Auf 3. ...., Kf8—g8 setzt der Springer auf e7 oder h6 mat. Oder: 1. ...., h7—h6; 2. Lf6×g7, f7—f6; 3. Dd2×h6, Kg8—f7; 4. Dh6—h5†, Kf7—g8; 5. Dh5—g6 nebst Mat mit dem Springer. Auch 2. Sf5×h6† würde das Mat erzwingen, da nach Kg8—h7; 3. Sh6—f5 wieder Dd2—g5 droht, worauf Tf8—g8 nichts nützt, weil 4. Dd2—g5, g7×f6; 5. Dg5—h5 matsetzen würde.

Zwei weitere Beispiele sollen typische Angriffe mit Dame, Läufer und Springer gegen den König zeigen, wenn nicht das Feld des Springerbauern, sondern das des Turmbauern oder Läuferbauern den Einbruchspunkt bietet.

In der Stellung des Diagramm 39 droht Weiß nach 1. Sf3—g5 durch Sg5—f7 die Qualität zu gewinnen. Schwarz kann diese Drohung nicht durch die Rochade decken, weil dann 2. Dd1—h5 den Bauern h7 zum zweiten Male und den Bauern f7 zum dritten Male angreift. Da auf h7 Mat droht, muß Schwarz sich das Schlagen des Bauern f7 gefallen lassen, denn er hat keinen Zug, der gleichzeitig h7 und f7 deckt. Nach h7—h6; 3. Sg5×f7 muß dann Schwarz

39

auch noch die Qualität aufgeben, denn wenn er nicht Tf8×f7, sondern Dd8—e8 zieht, folgt 4. Sf7×h6†† (Doppelschach), Kg8—h7; 5. Sh6—f7†, Kh7—g8; 6. Dh5—h8‡.

Diagramm 40 zeigt einen häufig vorkommenden Fall des Matangriffs nach Einbruch auf dem Felde des Turmbauern.

40

Mit Sf3—g5 würde Weiß hier kein unmittelbares Resultat erzielen, da Schwarz den h-Bauern durch g7—g6 oder h7—h6 verteidigen kann. Dagegen gewinnt Weiß mit dem Opfer 1. Ld3×h7†, Kg8×h7; 2. Sf3—g5†, Kh7—g8; 3. Dd1—h5, und das Mat kann durch Tf8†—e8 nur um einige Züge aufgeschoben werden, da 4. Dh5×f7†, Kg8—h8; 5. Df7—h5†, Kh8—g8; 8. Dh5—h7†, Kg8—f8; 7. Dh7—h8†, Kf8—e7 und 8. Dh8×g7 mat folgt.

Spielt Schwarz im zweiten Zuge Kh7—g6 statt g8, so gewinnt Weiß durch 3. Dd1—g4, was die schwarze Dame durch das Abzugsschach Sg5×e6 bedroht. Die Folge könnte sein 3. ...., f7—f5; 4. e5×f6 e. p., Kg6×f6; 5. Dg4×e6 mat; oder 3....., Kg6—h6; 4. Dg4—h4†, Kh6—g6; 5. Dh4—h7‡.

Selbst wenn Schwarz das im ersten Zuge angebotene Läuferopfer nicht annimmt, kann Weiß infolge der Übermacht, die er gegen den König heranbringen kann, einen Matangriff mit Erfolg durchführen. Das Spiel könnte etwa folgendermaßen fortgesetzt werden: 1. ...., Kg8—h8; 2. Sf3—g5, g7—g6; 3. Dd1—g4, Kh8—g7; 4. Sg5×e6†, f7×e6; 5. Dg4×g6†, Kg7—h8; 6. Dg6—h6, Tf8—f7; 7. Lh7—f5†, Kh8—g8; 8. Lf5×e6, Dd8—e7; 9. Tf1—f3 nebst Tf3—g3.

Das Zusammenwirken von Turm und Läufer oder Turm und Springer in einfachen Matkombinationen zeigen die folgenden Beispiele.

In der Stellung des Diagramm 41 darf Schwarz das auf g7 drohende Schach nicht durch g7—g6 abwehren, denn er würde

41

dann durch das Damenopfer 1. Dh5×h7† matgesetzt. Nach Kg8×h7; 2. Tg3—h3†, Kh7—g8; entsteht durch 3. Th3—h8 ein Mat, das ab und zu in der praktischen Partie wiederkehrt.

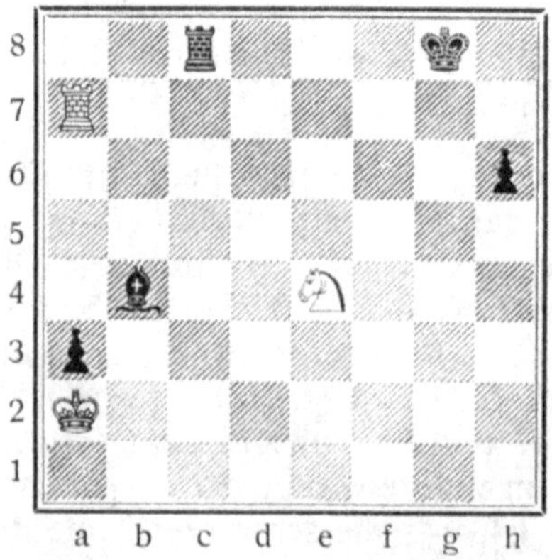

42

Häufiger kommt ein Matbild mit Turm und Springer zustande, etwa von der in Diagramm 42 illustrierten Art. Weiß kann hier die Partie nach 1. Se4—f6† durch „ewiges Schach" remis halten; denn Schwarz muß mit dem König nach f8 ausweichen, da er auf h8 durch Ta7—h7 matgesetzt werden würde. Weiß spielt dann 2. Sf6—h7† und kehrt nach Kf8—e8 wieder nach f6 zurück. Auch der schwarze König muß wieder nach f8 zurück, denn auf d8 würde er durch Ta7—d7 matgesetzt.

Eine zweite Matstellung mit Turm und Springer, in die der Anfänger manchmal hineinsteuert, ist in folgender Position möglich.

43

Weiß spielt 1. Dd1—h5, und Schwarz darf nicht den naheliegenden Zug d7—d6 machen, da darauf 2. Dh5×h7†, Kh8×h7; 3. Te5—h5‡ erfolgen würde. Übrigens ist die weiße Drohung auch nicht mit 1. ...., g7—g6 zu parieren, denn nach 2. Dh5—h6 droht 3. Te5—h5, g6×h5; 4. Dh6—f6 mat. Auch das Aufziehen des f-Bauern würde nicht helfen, weil dann Se7×g6 folgen würde.

Es bleibt noch übrig, ein typisches Beispiel für das Zusammenwirken zweier Türme zu geben. Hierfür ist die folgende Stellung geeignet, die in einer Partie zwischen Marshall und mir in Chikago 1917 entstand. Die Streitkräfte sind numerisch ziemlich gleich, da die schwarze Dame die beiden Türme aufwiegt und der schwarze Turm und Mehrbauer ungefähr so viel wert sind wie der Läufer und Springer. Der vorgerückte schwarze Bauer ist recht gefährlich, da er nur noch drei Züge braucht, um das Umwandlungsfeld zu erreichen. Dafür sind aber die weißen Türme sehr günstig für einen direkten Matangriff postiert. Ich zog 1. Sf4—d5, um die Verteidigungslinie der Dame nach f7 zu unterbrechen, und drohte damit 2. Td7×f7†; 3. Tf7×g7†, Kg8—h8 (nicht f8 wegen Tc7—f7 mat); 4. Sd5—f6 und mat auf h7. Marshall verteidigte sich mit

1. ...., Da2—a1† und a4—a3, und nach 3. Td7×f7†, Kf8—g8 konnte ich nicht mit Tf7×g7 fortsetzen, weil die Dame sich dann auf g7 gegen die beiden Türme tauschen würde. Der vorgeschrittene Freibauer würde dann die Partie leicht zugunsten von Schwarz entscheiden. Daher hielt ich wieder nach einem Zuge Umschau,

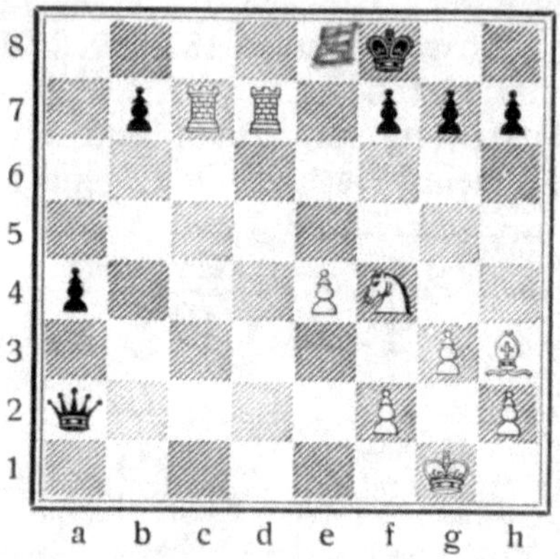
44

der die Linie der Dame nach g7 unterbricht, und so fand ich die Gewinnfortsetzung 4. Sd5—f6†. Schwarz muß nehmen, da sonst Tf7×g7 nebst Mat auf h7 folgt. Nach g7×f6 aber kommen endlich die Türme zur ungestörten Zusammenwirkung. 5. Tf7—g7†, Kg8—h8; 6. Tg7×h7†, Kh8—g8. In der Partie (vgl. S. 101) spielte ich 7. Lh3—f5, worauf Schwarz sich noch einige Züge verteidigte. Am besten war erst 7. Th7—g7†, Kg8—h8; und dann 8. Lh3—f5. Jetzt droht 9. Tg7—g4 und 10. Tc7—h7 mat, und Schwarz hat keine Verteidigung.

Die besprochenen Beispiele werden genügen, um dem Anfänger das Verständnis für die Durchrechnung von Schachkombinationen zu vermitteln. Damit wird sich die Kombinationskraft, für die die Erfahrung im praktischen Spiel die beste Ausbildung ist, schnell stärken. Sollte der Partner für die Übung fehlen, so müssen Bücher aushelfen, die hauptsächlich aus einer Sammlung von Kombinationen aus praktischen Partien bestehen. Solche Kombinationssammlungen finden sich z. B. in einigen Büchern von F. Gutmayer. Doch muß sich der Leser sehr davor hüten, seine Entwicklung durch die grundverkehrten Auffassungen Gutmayers aufhalten zu lassen. Er muß die einfachen Kombinationen, die Gutmayer aus älteren Partien entnommen hat, lediglich als Übungen elementarster Art durchspielen und keine Zeit an die Bemerkungen verschwenden, die Gutmayer zu diesen Kombinationen hinzufügt. Denn Gutmayer gehört zu der großen Klasse der Schachspieler, die nie dem kindlichen Schachstadium entwachsen sind, in dem die Opferkombination den Endzweck der Partie darstellt, und was er daher über das Schachspiel der Meister sagt, ist ebenso wertlos wie etwa ein Urteil über die Musik Bachs, Beethovens, Wagners oder Scriabines, das ein Musikfreund fällt, der gerade genug Musik gehört hat, um vereinzelte schöne Akkorde herauszugreifen, dem aber der harmonische Zusammenhang der Akkorde, die Grundlage feinerer Modulation, ein Buch mit sieben Siegeln ist.

Nachdem der Anfänger mit dem Zusammenspiel der Figuren im Nahkampf einigermaßen vertraut ist, muß er, um rasch vorwärts zu kommen, unbedingt zunächst die elementaren strategischen Gesetze zu verstehen trachten, die die Eröffnung und das frühe Mittelspiel beherrschen, die beiden Phasen der Partie, die dem Nahkampf vorausgehen. Daher wollen wir im nächsten Kapitel diese strategischen Gesetze formulieren, und zwar zunächst die Gesetze, die die Grundlage für vernünftiges Spiel in der Eröffnung bilden.

3. Elementare Strategie der Eröffnung

Schon bei den speziellen Fällen elementarer Kombinationen, wie wir sie in den vorangehenden Kapiteln betrachtet haben, sahen wir die wichtige Rolle, die bei jedem Handgemenge die Äquivalenz des Angriffs- und Verteidigungsmaterials bildet. Und der gesunde Menschenverstand sagt uns, daß auch ganz allgemein gesprochen die Aufrechterhaltung dieser Äquivalenz eine Hauptforderung bei allen Manövern auf dem Schachbrett da sein wird, wo man sich verteidigt, und daß Angriffe nur dann am Platze sind, wenn man in der Lage ist, mehr Streitkräfte auf dem Kampfplatz anzuhäufen, als der Gegner zur Verteidigung heranziehen kann. Hier darf allerdings ein Punkt nicht außer acht gelassen werden, den ich bei der Besprechung der elementaren Kombinationen absichtlich nicht berührte, um den Anfänger noch nicht durch Komplikationen zu verwirren. Nämlich die Äquivalenz der Streitkräfte ist durchaus noch nicht dadurch gesichert, daß Angriffs- und Verteidigungsmaterial numerisch gleichwertig sind. Vielmehr ist die Bewegungsfähigkeit der Figuren ein Hauptfaktor, den wir beachten müssen, sobald es sich nicht mehr um einfache Kombinationen handelt, bei denen gerade nur die Anzahl der Schlagfälle auszurechnen ist, sondern wenn allgemeiner abzuschätzen ist, ob eine Stellung gegen einen Angriff, den der Gegner vorbereitet, wird verteidigt werden können, oder ob ein Angriff, den man selber einzuleiten beabsichtigt, Aussicht auf Erfolg hat. Daß die Bewegungsfähigkeit Hauptsache ist, müssen wir uns eigentlich schon von vornherein deshalb sagen, weil ja der relative Wert der Figuren einzig und allein durch ihre größere oder geringere Beweglichkeit sich bemerkbar macht.

Ein Turm ist an und für sich betrachtet, d. h. abgesehen von Besonderheiten, die bestimmte Figurenkonstellationen hervorrufen können, deshalb stärker als ein Läufer, weil ihm alle Felder des Brettes zugänglich sind, während der Läufer an die Felder seiner Farbe gebunden ist. Springer und Läufer werden als gleichwertig erachtet, weil der Vorteil, daß der Springer von der Farbe der Felder unabhängig ist, dadurch ausgeglichen erscheint, daß der Läufer lange Linien beherrscht. Zwei Läufer sind zwei Springern meistens vorzuziehen, weil der Besitz ersterer die Wirkung auf die Felder beider Farben sichert, und daher die Bestreichung langer Linien als nahezu ungeschmälerter Vorteil übrigbleibt.

Diese ganze Wertung wird jedoch hinfällig, wenn die Beweglichkeit der Figuren durch Besonderheiten der Stellung an der Entfaltung gehindert ist. In der Stellung des Diagramm 45 z. B. nützt dem Weißen der Mehrbesitz der Qualität gar nichts; der Turm hat

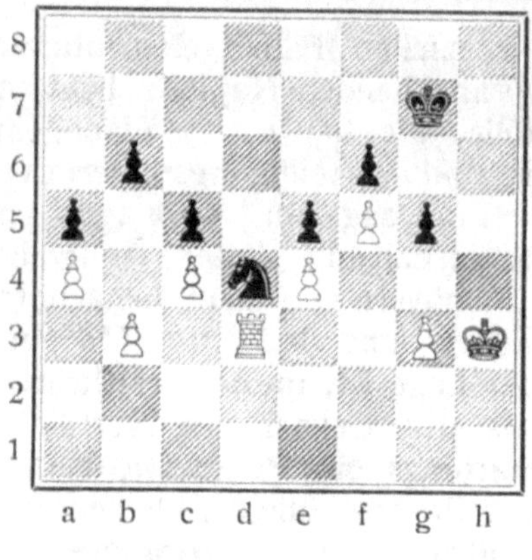

45

keine Linie, die er zum Einbruch ins schwarze Lager benutzen könnte, und die Partie ist daher für Weiß nicht zu gewinnen.

In der Stellung des Diagramm 46 kann die numerische Äquivalenz der Streitkräfte dem Schwarzen nicht helfen, denn seine Figuren sind durch falsche Aufstellung derart ihrer Beweglichkeit beraubt, daß er keine Chance hat, einem Angriff, den Weiß — hier am besten durch einen Sturm auf dem Damenflügel, wo der schwarze König steht — inszeniert, schnell genug durch Konzentration der Truppen auf den Kampfplatz begegnen zu können.

Also: Die Bewegungsfähigkeit der Figuren ist das bestimmende Moment für ihre Stärke, und die Erhöhung der Figurenbeweg-

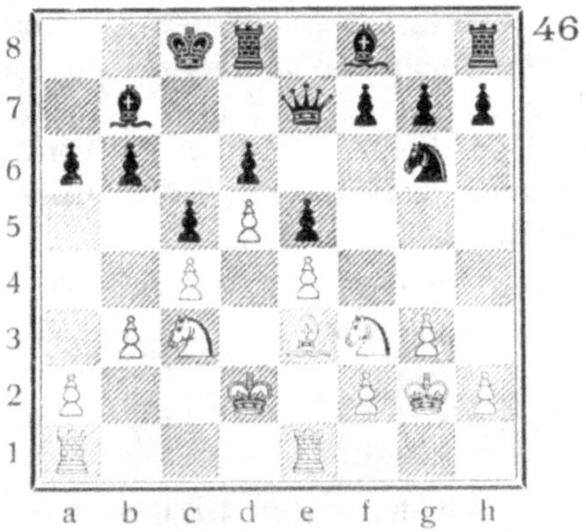

lichkeit ergibt sich damit von selbst als oberster Leitsatz für die Beurteilung der Güte aller Manöver.

Wir wollen nun die Gesetze aufsuchen, die sich aus der Anwendung dieses Leitsatzes auf die praktische Partie ergeben.

Die einzigen Figuren, die im Anfang der Partie ziehen können, sind die Springer. Um auch die anderen Figuren kampffähig zu machen, sind erst Bauernzüge nötig, und diejenigen werden die besten sein, die möglichst vielen Figuren Ausgang verschaffen. Denn wer seine Figurenentwicklung schneller beendet, d. h. wer alle seine Figuren schneller von der ungünstigen Anfangsstellung auf solche Plätze bringt, von denen aus sie möglichst viele Felder beherrschen, der hat die größere Chance, an irgendeiner Stelle des Bretts überlegene Streitkräfte anzusammeln. Daraus ergibt sich, daß Weiß, der den ersten Zug tut, stets sozusagen die innere Berechtigung hat, anzugreifen, während dem Schwarzen die Rolle der Verteidigung zukommt. Die Wahrheit dieser Folgerung einzusehen, ist schon ein rüstiger Fortschritt. Doch verschließen sich ihrer Erkenntnis Anfänger leider stets und legen damit bereits den Grund zum Verlust der Partie.

Unter den Bauernzügen, die frühzeitig behufs schnellster Figurenentwicklung geschehen müssen, ist keine große Auswahl. Es kommen offenbar nur e2—e4 und d2—d4 in Betracht bzw. e7—e5 und d7—d5, wodurch für die Läufer und die Dame Linien offen werden, während alle anderen Bauernzüge nur je e i n e Figur beweglich machen. Um a l l e Figuren herausbringen zu können, sind im allgemeinen nur zwei bis drei Bauernzüge nötig, und es ist daher ein Fehler, in der Eröffnung irgendwelche Bauernzüge zu machen, die zur Entwicklung der Figuren erforderlich sind. Jeder solche Bauernzug bedeutet einen T e m p o v e r l u s t. Man verliert ein Tempo, wenn man einen Zug macht, der zur Erreichung einer erstrebten Stellung belanglos ist. Tempoverlust wäre in der Eröffnung außer den genannten Bauernzügen auch das mehrmalige Ziehen einer Figur, um auf einen Platz zu gelangen, der in weniger Zügen erreichbar war. Die nachteiligen Folgen solchen Zeitverlusts illustriere ich am besten an einigen Partien. Zunächst wähle ich ein krasses, äußerst lehrreiches Beispiel.

1.	e2—e4	e7—e5
2.	d2—d4	e5×d4
3.	Dd1×d4	Sb8—c6
4.	Dd4—e3	Sg8—f6
5.	h2—h3?	....

Auf den Wert des mit den ersten 4 Zügen von Weiß eingeleiteten Eröffnungssystems will ich an dieser Stelle noch nicht eingehen. Der Textzug ist der erste, den wir ohne weiteres als Fehler erkennen. Er ist ein Tempoverlust, der übrigens in $90^0/_0$ aller Anfängerpartien vorkommt. Wenn Weiß Sg4 verhindern will — was nebenbei gar nicht nötig ist, da der Springer sich auf g4 doch nicht halten könnte —, so kann er es ja mit Le2 tun, wodurch er gleichzeitig eine Figur entwickelt.

5.	....	Lf8—e7
6.	a2—a3??	....

Das ist nun ganz haarsträubend. Die Folgen dieses zweiten Tempoverlustes bleiben nicht lange aus.

6.	....	0—0
7.	Lf1—c4	....

Endlich ein Entwicklungszug.

7.	....	Tf8—e8
8.	De3—b3	....

Schon wieder ein Damenzug. Der Angriff auf f7 mag ja sehr verlockend sein. Aber die Kombination ist ganz bestimmt falsch. Warum? Weil Weiß in der Entwicklung weit zurück ist. Dieses Argument ist genau so stichhaltig wie handgreifliche Widerlegungsvarianten. Zwar wird es dem Anfänger sehr schwer, sich diesen Gedankengang zu eigen zu machen, und er stürzt sich lieber in die Lösung eines Variantenknäuels, wobei er die richtigen Antworten doch meist übersieht. Ja, selbst viele recht starke Spieler hemmen oft ihre Weiterentwicklung dadurch, daß sie allgemeinen positionellen Erwägungen sich verschließen. Sie vergeuden kostbare Zeit, indem sie unzählige Varianten mit Zügen versuchen, für die sich vernunftbegründete Argumente nicht finden lassen. Im vorliegenden Falle kam überhaupt nur die Entwicklung einer kleinen Figur in Betracht.

47

8. .... d7—d5

Weiß hätte diesen Zug in Betracht ziehen müssen. Er lag nahe, da er die für den weißen König offenbar gefährliche Linie des Turms e8 öffnet

9. Lc4×d5 Sf6×d5

Noch drastischer hätte Schwarz gleich Dd8×d5 ziehen können.

10. Db3×d5 Dd8×d5
11. e4×d5 Le7—b4††
12. Ke1—d1 Te8—e1 ‡

Ein weiteres Beispiel, in dem die Tempoverluste allerdings in etwas versteckter Form auftreten, ist die folgende berühmte Partie, die Morphy in Paris gegen den Herzog Karl von Braunschweig und den Grafen Isouard spielte.

1. e2—e4 e7—e5
2. Sg1—f3 d7—d6

Besser muß nach den bisherigen Erwägungen Sb8—c6 sein, da der Textzug dem Läufer f8 den Ausweg sperrt.

3. d2—d4 ....

Damit ist der Bauer e5 zum zweiten Male angegriffen. Ihn jetzt durch Sb8—c6 zu decken, wäre schlecht, da Weiß auf e5 schlagen und dann die Damen tauschen würde, wodurch Schwarz die Rochade verliert und in der Folge viel Zeit einbüßen muß, um die Türme zu entwickeln und den König von der Mitte des Bretts weg in eine sichere Stellung zu ziehen. Auch f7—f6 ist natürlich ein Deckungszug, der überhaupt nicht in Betracht kommt, da damit nicht nur keine Figur entwickelt, sondern sogar dem Springer g8 sein natürliches Entwicklungsfeld versperrt wird. Ebenso würden

Deckungszüge mit der Dame anderen Figuren den Ausgang sperren. Bleibt noch der Zug Sb8—d7, der aber auch seine Bedenken hat, da er den Weg des Damenläufers verlegt.

Da Deckung also nicht gut angeht, scheint der Tausch auf d4 die einzige Alternative. Dies ist in der Tat verhältnismäßig das beste, wenn auch dadurch eine weiße Figur in dominierende Stellung im Zentrum befördert wird, ohne daß Schwarz denselben Vorteil hat.

Schwarz will dies vermeiden und spielt

3. .... Lc8—g4,

so durch Fesselung des Springers dessen Angriffswirkung auf e5 aufhebend. Dieses Manöver ist jedoch schlecht, denn Schwarz verliert ein Tempo, indem er gezwungen ist, den Läufer gegen den Springer abzutauschen. Der Läufer hat zwei Züge gemacht, der Springer nur einen, also hat Weiß ein Entwicklungstempo gratis.

4. d4×e5 Lg4×f3

Würde Schwarz gleich d6×e5 spielen, so würde Weiß die Damen tauschen, dadurch den Springer entfesseln und daher den e-Bauern gewinnen.

5. Dd1×f3 d6×e5
6. Lf1—c4 ....

Statt nur eine hat jetzt Weiß bereits zwei Figuren mehr entwickelt als Schwarz, und die Beweglichkeit der weißen Dame, die Schwarz selbst herausgeholt hat, beginnt sofort unangenehm zu wirken.

6. .... Sg8—f6
7. Df3—b3 Dd8—e7

Mit Dd8—d7 kann Schwarz den f-Bauern deshalb nicht decken, weil dann durch Db3×b7 der Turm verloren ginge, während jetzt auf diesen Zug De7—b4† mit Damentausch folgen würde. Der Textzug, der also erzwungen ist, verstellt den Läufer und hindert damit auch den Königsturm an der Entwicklung — alles die Folge eines einzigen Tempoverlusts.

8. Sb1—c3 ....

Weiß begnügt sich mit Recht nicht mit dem Bauerngewinn auf b7, sondern deckt sich mit gleichzeitiger Weiterentwicklung gegen das den Damentausch drohende Schach, auf diese Weise viel drastischer die Überlegenheit seiner Stellung demonstrierend.

Schwarz muß jetzt noch ein Tempo hergeben, um den b-Bauern zu decken

8. .... c7—c6
9. Lc1—g5 b7—b5

Schwarz muß natürlich den Springer b8 endlich entwickeln. Er kann ihn jedoch noch nicht gleich nach d7 stellen, da dann der b-Bauer wieder hängen würde. Er spielt daher den Textzug, wohl in der Überlegung, daß Weiß nun auch ein Tempo verlieren muß, um den angegriffenen Läufer zurückzuziehen. Doch im Hinblick darauf, daß die schwarzen Figuren überhaupt noch nicht entwickelt sind, daß also Schwarz eigentlich mit einigen Figuren weniger spielt, opfert Weiß seinen Springer gegen den b- und c-Bauern, auf die nach wenigen Zügen eintretende Stellung kombinierend, in der sich Schwarz überhaupt nicht mehr rühren kann.

10.	Sc3×b5	c6×b5
11.	Lc4×b5†	Sb8—d7
12.	0—0—0	Ta8—d8

Außer diesem Turm hat Schwarz keine Figur mehr zur Verfügung, die den Punkt d7 decken kann, denn der Springer f6 ist gefesselt. Weiß aber hat in dem Turm h1 noch einen Pfeil im Köcher, und gegen diesen hat Schwarz keine Parade mehr.

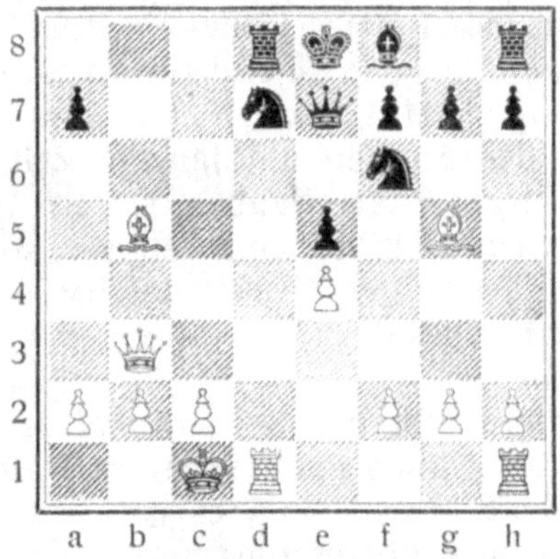

48

(Vgl. hierzu die an Hand des Diagramm 37 erörterte Kombination.)

13.	Td1×d7!	Td8×d7
14.	Th1—d1	De7—e6

entfesselt den Springer. Weiß könnte nun einfach mit L×f6 nebst L×d7† gewinnen, beschließt jedoch die Partie mit einem prächtigen Opfer:

15.	Lb5×d7†	Sf6×d7
16.	Db3—b8†!!	Sd7×b8
17.	Td1—d8‡	....

Die Schlußstellung ist ein schönes Beispiel dafür, daß wenige bewegliche Figuren mehr wert sein können als viele unbewegliche, und die ganze Partie ist ein Zeugnis für die schlimmen Folgen, die ein einziger unscheinbarer Tempoverlust haben kann, indem er meist weitere erzwungenermaßen nach sich zieht.

„Das eben ist der Fluch der bösen Tat,
daß sie fortzeugend immer Böses muß gebären."

Bezeichnend für die Natürlichkeit des in den Glossen zu dieser Partie skizzierten Gedankenganges ist der merkwürdige Fall, daß ich einmal Gelegenheit hatte, gegen einen Spieler, der die Morphysche Glanzpartie nicht kannte, eine Partie in genau derselben Zugfolge zu spielen

Die vorangegangenen Betrachtungen haben das leitende Gesetz aller Figurenbewegungen in jeder Eröffnung erläutert, nämlich schnellste Figurenentwicklung, und in diesem Sinne Vermeidung jedes Tempoverlustes

Dieses Gesetz ist von ganz besonderer Wichtigkeit in den sogenannten „offenen Spielen", in denen durch Bauernabtausch im Zentrum die Mitte des Brettes frühzeitig den Figuren zugänglich wird. In den sogenannten „geschlossenen Spielen", in denen während der Eröffnung die Mittelbauern nicht zum Abtausch kommen und der Nahkampf der Figuren auf längere Zeit hinausgeschoben ist, kann es sich ein Spieler oft erlauben, seinem Gegner einen Vorsprung in der Figurenentwicklung einzuräumen, weil er diesen Vorsprung einholen kann, ehe der Gegner infolge des die Brettmitte abschließenden Bauernwalles dazu kommt, einen wirksamen Figurenangriff zu unternehmen.

In Partien wenig erfahrener Spieler sind jedoch geschlossene Eröffnungen selten, weil ihnen das frühzeitige Handgemenge offener Partien viel mehr Spaß macht, und es ist daher für den Schüler am besten, wenn er sich bedingungslos an das Gesetz der möglichst schnellen Figurenentwicklung hält, bis er die strategischen Unterschiede der offenen und geschlossenen Spiele versteht. Denn eines ist sicher: Die Befolgung dieses Gesetzes wird ihn sicher nicht nur nicht in Nachteil, sondern in der Mehrzahl der Fälle eher in Vorteil bringen.

Bevor ich auf die verschiedenen Eröffnungssysteme im einzelnen eingehe, will ich noch einige prinzipielle Erwägungen über die Bauernbewegungen vorausschicken. Jede Eröffnung ist charakterisiert durch eine bestimmte Konfiguration der Bauern, die wieder ein bestimmtes System der Figurenentwicklung bedingt. Natürlich ist der Aufbau der Bauern nicht unabhängig übergeordnet, sondern muß seine Form im Hinblick auf eine günstige Figurenentwicklung erhalten; doch drängt sich uns bei Betrachtung der logischen Verknüpfung von Bauern- und Figurenstellung unwillkürlich die Formation der Bauern als der maßgebendere Faktor auf, weil sie infolge der Schwerfälligkeit der Bauern von längerem Bestand ist als die der leichtfüßigen Figuren. Ein Bauer, der einmal gezogen hat, kann nie mehr zurück, und nur nach reiflichster Überlegung dürfen wir daher eine Veränderung der Bauernstellung vornehmen, während wir bei einem voreiligen Figurenmanöver, zu dem Angriffslust uns hinriß, oft noch die Chance haben, den Fehler durch rechtzeitigen Rückzug wieder gutzumachen. In der Tat werden wir sehen, daß das Bauerngerippe, das in der Eröffnung gebildet wird, die Stürme des Mittelspiels überdauernd, sich meist bis ins Endspiel hinein erhält. Und ich will daher die Gruppierung der Bauern zum Ausgangspunkt für den folgenden Versuch machen, der Behandlung der Eröffnung durch Festlegung allgemeiner strategischer Gesetze die Wege zu weisen.

Um der Forderung gerecht zu werden, daß der Aufbau des Bauernskeletts die Beweglichkeit aller Figuren berücksichtige, dürfen wir diesen Aufbau nicht einseitig auf die Entwicklung der kleinen Figuren zuschneiden, sondern müssen von vornherein auch die Entwicklungsmöglichkeit der Türme im Auge haben. Wir können diese beiden Bestrebungen dadurch vereinen, daß wir zum umfassenden Feld der Tätigkeit für alle Figuren das Zentrum des Bretts machen, das sind im engeren Sinne die Punkte d4 und e4 bzw. d5 und e5, und im weiteren Sinne auch noch die Punkte c4 und f4 bzw. c5 und f5. Zur klaren Einsicht der Vorteile, die die Beherrschung des Zentrums bietet, werden wir später bei Behandlung des Mittelspiels und bei der Besprechung von Meisterpartien gelangen. Wir wollen uns vorläufig mit einer elementaren, allgemein gehaltenen Begründung begnügen, die gerade genug sagt, um das Verständnis für die Bauernführung in der Eröffnung zu wecken, und die wir im Laufe der folgenden Betrachtungen, während das Verständnis heranreift, Schritt für Schritt in präzisere Formen kleiden wollen.

Zentrumspunkte mit den Figuren besetzen zu können, erscheint deshalb von Wert, weil die Figuren in der Brettmitte mehr Bewegungsfreiheit haben als nach dem Rande zu, der ja ihren Wirkungslinien ein Ziel setzt, und weil von der Brettmitte aus am schnellsten eine Konzentration der Streitkräfte nach einem beliebigen Teil des Brettes hin erfolgen kann. Es ist also die Zugänglichkeit der Brettmitte für die Figuren anzustreben. Nun werden aber in der Mehrzahl der Fälle sehr bald zwei Zentrumspunkte dadurch unzugänglich, daß der Gegener einen seiner Bauern ins Zentrum stellt. Folglich wird es ein guter Plan sein, diesen wegzubringen, und zwar ist dieser Versuch durch Vorstöße des c- oder e-Bauern denkbar, wenn Schwarz den d-Bauern im Zentrum hat, und durch Vorstoß des d- oder f-Bauern, wenn der schwarze e-Bauer weg soll.

Wir betrachten im folgenden solche Manöver, die symmetrisch auf Weiß und Schwarz bezogen werden können, immer von Weiß aus, dem, wie oben auseinandergesetzt, die Initiative zukommt. Sobald natürlich Weiß ein Tempo wegwirft, etwa 1. e2—e4, e7—e5; 2. Sg1—f3, Sb8—c6; 3. a2—a???, dreht sich der Spieß um, und Schwarz wird der angreifende Teil.

Die erwähnten Bauernvorstöße dienen weiterhin auch dem Streben, den Türmen Wirkungslinien zu geben. Die Türme, hinter die vorgeschobenen Bauern gestellt, bekommen entweder — wenn die Bauern durch Abtausch verschwinden — eine offene Reihe, oder sie stützen einen weiteren Vorstoß.

Das Übel, das wir dem Gegner gern zufügen möchten, werden wir natürlich von uns selbst fernzuhalten suchen. D. h. wir werden z. B. einen Zentrumsbauern nicht weggeben, wenn wir nicht einen andern Vorteil dafür eintauschen. Dieser kann darin bestehen, daß wir, unsern Zentrumsbauern abtauschend, eine Angriffslinie für unsere Figuren öffnen, oder daß wir an Stelle des Bauern eine Figur in dominierende Stellung in der Brettmitte bringen.

Das folgende Beispiel diene zur Erläuterung.

Angenommen, Weiß spielt nach 1. d2—d4, d7—d5; 2. c2—c4. Die Absicht ist einerseits, bei Gelegenheit durch c4×d5 dem Damenturm eine Linie zu öffnen, und andrerseits, falls Schwarz den Bauern schlägt, die Punkte c4 und e4 eigenen Figuren zugänglich zu machen. Schwarz wäre gerechtfertigt, der Lockung zu folgen, wenn er durch 2. d5×c4 wirklich einen Bauern gewönne. Wir werden später sehen, daß Weiß diesen Bauern leicht zurückgewinnt. Also liegt es näher,

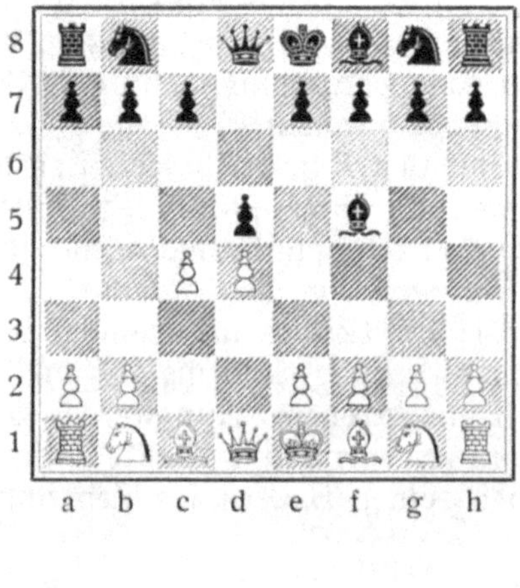

49

2. ...., e7—e6 oder c7—c6 zu antworten. Nicht 2. ...., Sg8—f6, denn nach 3. c4×d5, Sf6×d5 würde 4. e2—e4 den Springer sofort wieder vertreiben und Weiß würde das Zentrum beherrschen. Setzen wir aber den Fall, Schwarz antwortet 2. ...., Lc8—f5 (Diagramm 49). Würde jetzt Weiß mechanisch schließen: Ich tausche den Zentrumsbauern weg und stehe folglich besser, so wäre das falsch, weil Schwarz die Dame auf d5 in beherrschende Stellung bringt, nachdem er den Sb1 abgetauscht hat, der die Dame sonst wieder vertreiben würde.

3.	c4×d5	Lf5×b1
4.	Ta1×b1	Dd8×d5

Die schwarze Dame kann jetzt nicht sobald vertrieben werden, zumal Weiß ein Tempo verlieren muß, um den Bauern a2 zu decken; Schwarz gewinnt inzwischen Zeit, alle Schleusen des Angriffs gegen den Bauern d4 zu öffnen, z. B.

5.	b2—b3	Sb8—c6
6.	e2—e3	0—0—0
7.	Sg1—f3	e7—e5

und gewinnt den d-Bauern. Oder

5.	a2—a3	Sb8—c6
6.	e2—e3	0—0—0

und e7—e5 ist wieder nicht zu verhindern.

Die Stellung ist ein gutes Beispiel dafür, daß das Charakteristikum der Zentrumsbeherrschung durchaus noch nicht darin zu finden ist, daß der Zentrumsbauer des Gegners weggebracht und der eigene erhalten ist, sondern daß die Öffnung von Figurenlinien auf das Zentrum hin wesentlich bestimmend mitwirkt.

Erwägungen dieser Art werden wir in der folgenden Betrachtung der verschiedenen Eröffnungen noch oft unsere Erkenntnis fördern sehen.

4. Gebräuchliche Eröffnungen.

Aus der frühesten Entwicklungsperiode der Analyse der Eröffnungen haben sich viele willkürliche Namen erhalten, die den Eröffnungen meist nach den Männern gegeben wurden, die sie zuerst untersuchten, oder nach den Ländern, in denen jene Männer lebten.

Tatsächlich haben sich jedoch erst die Meister, die während der letzten 30 oder 40 Jahre lebten, um die systematische Untersuchung der Eröffnungen in einer Weise verdient gemacht, die es recht und billig erscheinen läßt, die Eröffnungen nach ihnen zu nennen, hauptsächlich weil den älteren Meistern jede wissenschaftliche Methode fehlte. Doch haben sich die alten Namen derart eingebürgert, daß ich es für zwecklos halte, die Eröffnungen umzutaufen, wie es hier und da vorgeschlagen worden ist.

Im folgenden gebe ich die Namen der Eröffnungen lediglich der Vollständigkeit halber, damit der Lernende, der sich mit den analysierten Wendungen der einen oder anderen Eröffnung eingehender befassen will, es leichter hat, sie in Büchern aufzufinden, die Zusammenstellungen von Eröffnungsvarianten enthalten.

Aus Gründen der Übersichtlichkeit teile ich die Eröffnungen in Königsbauerspiele und Damenbauerspiele ein, d. h. Partien, die mit e2—e4 oder d2—d4 beginnen, und ich fasse alle andern Spiele unter dem Titel „Unregelmäßige Eröffnungen" zusammen. Dabei beschränke ich mich darauf, die Hauptrichtlinien anzugeben, nach denen die verschiedenen Eröffnungen im Sinne der vorerwähnten strategischen Gesetze angelegt werden müssen. Nachdem der Lernende sich mit diesen Hauptrichtlinien vertraut gemacht hat, muß er die elementare Mittelspielstrategie studieren, ehe er reif ist, die feineren positionellen Erwägungen zu verstehen, die die Grundlage der Partieerläuterungen des für Vorgeschrittene bestimmten, der modernen Schule des Schach gewidmeten Abschnitts bilden.

A. Königsbauerspiele.

Wir stellten bereits fest, daß nach 1. e2—e4, e7—e5 Weiß danach zu streben guttut, den feindlichen Zentrumsbauern auf d4 oder f4 zum Abtausch zu bringen, und daß Schwarz versuchen wird, diesem Streben entgegenzuwirken, wenn er nicht, nachgebend, die Freilegung des Punktes e5 für seine Figuren nutzbar machen kann.

Betrachten wir zuerst den Fall, daß Weiß den genannten Vorstoß sofort im zweiten Zuge vornimmt. Es drängt sich da als äußerlicher Unterschied zwischen 2. d2—d4 und 2. f2—f4 der auf, daß im ersten Fall der vorstoßende Bauer gedeckt ist, im zweiten nicht.

Eine Eröffnung, in der zwecks rascher Figurenentwicklung ein Bauernopfer angeboten wird, heißt „Gambit". 2. f2—f4 ist also ein Gambit, und zwar wird es Königsgambit genannt. 2. d2—d4 bildet nur dann ein Gambit, wenn nach e5×d4 Weiß nicht zurückschlägt. Man hat trotzdem die Eröffnung Mittelgambit genannt, und wenn der Name auch unzutreffend ist, wollen wir ihn, da er sich eingebürgert hat, doch beibehalten.

Ein wirklich wesentlicher Unterschied zwischen Mittelgambit und Königsgambit ist der, daß ersteres angenommen werden muß, während letzteres abgelehnt werden kann. Nämlich: 2. d2—d4 droht den e-Bauern zu schlagen, und weder die Deckung d7—d6 ist angängig, da nach 3. d4×e5, d6×e5 Weiß durch Damentausch die

Rochade des Schwarzen verhindern und damit dessen Turmentwicklung hintanhalten kann, noch ist 2. ...., Sb8—c6 gut, da nach 3. d4×e5, Sc6×e5; 4. f2—f4 der Springer mit Tempogewinn wieder aus dem Zentrum vertrieben ist, Schwarz also keine Kompensation für die Weggabe des Zentrumsbauern hat.

(Ganz zwecklos würde es, nebenbei bemerkt, sein, 2. ...., Sb8—c6 mit 3. d4—d5 zu beantworten. Denn dies würde erstens nicht im Sinne der beabsichtigten Wegräumung des feindlichen Zentrumsbauern sein und zweitens die Diagonale a2—g8 zusperren, in der der weiße Königsläufer eine geeignete Wirkungslinie finden kann.)

Also: Schwarz kann seinen Zentrumsbauern nicht ohne Nachteil auf e5 halten, und muß ihn daher mit 2. ...., e5×d4 weggeben. Sein Streben wird sich nun darauf richten müssen, entweder ebenfalls den Vorstoß des Damenbauern durchzusetzen, um auch den weißen Zentrumsbauern wegzubringen, oder, wenn das nicht möglich ist, die durch den Abtausch e5×d4 geöffnete e-Linie für Angriffsoperationen gegen den weißen e-Bauern auszunutzen, indem er sie mit den Türmen besetzt. Auf die Ausführung dieser Bestrebungen im einzelnen kommen wir später zurück.

Im Königsgambit braucht sich Schwarz um den Versuch des Weißen, den Bauern e5 wegzubringen, gar nicht zu kümmern. Der Zug 2. f2—f4 droht nämlich gar nicht 3. f4×e5, da dann Schwarz mit Dd8—h4† den Bauern e4 gewinnen würde. Schwarz kann sich daher in aller Ruhe mit 2. ...., Lf8—c5 entwickeln, und sobald Weiß dann das Schach auf h4 mit 3. Sg1—f3 deckt, steht dem Deckungszuge d7—d6, da der Königsläufer bereits heraus ist, nichts mehr im Wege. Nach 4. Lf1—c4 braucht Schwarz den e-Bauern immer noch nicht durch Sb8—c6 zu verteidigen, sondern kann mit Sg8—f6 fortsetzen, da 5. f4×e5, d6×e5; 6. Sf3×e5? mit Dd8—d4 beantwortet würde, worauf Weiß eine Figur verliert. Daß bei diesem frühzeitigen Geplänkel Schwarz die Oberhand behält, hat seinen Grund darin, daß er um einen Figurenentwicklungszug voraus ist, da Weiß einen Bauernzug eingeschoben hat, der nichts für die Entwicklung tut. Betrachten wir die Stellung (Diagramm 50), die nach den plausiblen Entwicklungszügen

2.	f2—f4	Lf8—c5
3.	Sg1—f3	d7—d6
4.	Lf1—c4	Sg8—f6
5.	d2—d3	Sb8—c6
6.	Sb1—c3	Lc8—e6

entsteht, so sehen wir, daß der Zug f2—f4 sogar schädlich auf die

Weiterentwicklung von Weiß wirkt, denn der Läufer c5 hindert die kurze Rochade, auf die eigentlich der Vorstoß des f-Bauern mit zu-

50

geschnitten ist, in der Absicht, den Königsturm frühzeitig in der f-Linie zur Wirkung zu bringen.

Ferner ist der Bauer f4 dem weißen Damenläufer im Wege, und um diesen auf das günstige Feld g5 zu bringen, muß entweder f4×e5 oder f4—f5 geschehen. Ersteres öffnet dem Schwarzen die d-Linie sofort und letzteres entlastet den Bauern e5, so daß Schwarz auch hier früher oder später zum Durchbruch in der d-Linie kommt, da der d-Bauer, der vorher den e-Bauern zu decken hatte, nun nach d5 vorkann.

Aus allen diesen Erwägungen ergibt sich, daß die Ablehnung des Königsgambits für Schwarz günstiger ist, da die Erhaltung des Zentrumsbauern auf e5 eine bessere Figurenaufstellung (Lc5!) ermöglicht. Bringt Weiß den Bauern e5 mit Gewalt weg, indem er auch noch d2—d4 spielt, z. B.

2.	f2—f4	Lf8—c5
3.	Sg1—f3	d7—d6
4.	d2—d4	e5×d4
5.	Sf3×d4	....

oder

4.	c2—c3	Sg8—f6
5.	d2—d4	e5×d4
6.	c3×d4	Lc5—b6,

dann wird dafür der Bauer e4 zum willkommenen Angriffsobjekt des Schwarzen, der nach der kurzen Rochade mit dem Turm die e-Linie besetzt.

Mit der Annahme des Königsgambits begibt sich Schwarz der Chance auf schnellere Figurenentwicklung und überläßt das Zentrum dem Weißen, der mit d2—d4 die Punkte e5 und c5 in seine Gewalt bringt. Allerdings gewinnt Schwarz einen Bauern, den er auch auf die Dauer halten kann (2. f2—f4, e5×f4; 3. Sg1—f3, g7—g5). Aber gegen die überlegene Figurenentwicklung, die dem Weißen durch den Besitz aller Zentrumspunkte zu Gebote steht, kann er sich nur mit Schwierigkeit verteidigen, und die Annahme des Königsgambits ist daher für den Lernenden als minderwertig zu betrachten.

Dieses Urteil ist durch pädagogische Gründe völlig gerechtfertigt. Der Einwand, daß in Meisterturnieren die Annahme des Gambits meist zum Vorteil für Schwarz führt, sagt gar nichts. Der Lernende hat sich, wenn sich die Wahl bietet zwischen einfacher, klarer Entwicklung und schwieriger, unübersichtlicher Spielführung zwecks Bauerngewinns, prinzipiell für erstere Möglichkeit zu entscheiden. Dieser Satz soll uns noch in vielen Eröffnungen zum Wegweiser dienen.

Ein gutes Beispiel finden wir in einer Nordisches Gambit genannten Spielweise, mit der wir uns zu den durch 2. d2—d4 gekennzeichneten Eröffnungen wenden. Nach 2. d2—d4, e5×d4 kann Weiß behufs schnellster Entwicklung zwei Bauern opfern: 3. c2—c3, d4×c3; 4. Lf1—c4, c3×b2; 5. Lc1×b2. Nun mag es ja möglich sein, daß sich Schwarz der Drohungen der ideal postierten weißen Figuren gerade noch erwehren kann, vielleicht unter Rückgabe des einen oder auch beider Bauern. Aber diese Frage interessiert uns überhaupt nur, wenn sich für Schwarz keine Möglichkeit bietet, schon vorher in sichere Entwicklungsbahnen einzulenken. Und diese Möglichkeit ist in der Tat vorhanden. Schwarz braucht nur sobald wie möglich ebenfalls den Damenbauern vorzustoßen, um so auch seine eigenen Läufer beweglich zu machen. Also:

2.	d2—d4	e5×d4
3.	c2—c3	d7—d5!

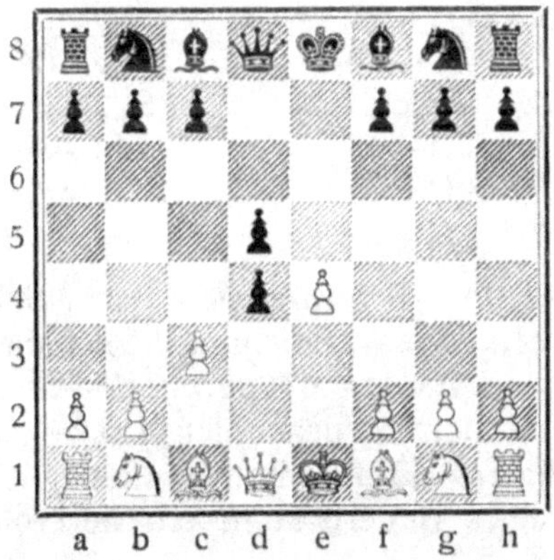

51

Nach 4. e4×d5, Dd8×d5 ist die schwarze Stellung mindestens ebenso leicht entwickelbar wie die weiße. (Ein Fehler wäre 4. e4—e5, weil dann Schwarz wirklich mit d4×c3 einen Bauern gewinnt, ohne im geringsten in der Entwicklung behindert zu sein.)

Die ausgleichende Kraft des Vorstoßes d7—d5 in den Eröffnungen, in denen Weiß frühzeitig d2—d4 spielt, können wir in vielfacher Gestalt beobachten. Ich gebe einige typische Beispiele, die die Richtlinien für alle ähnlichen Spielweisen mit enthalten, und die sich oft durch Zugumstellung eine aus der andern ergeben.

Mittelgambit.

2.	d2—d4	e5×d4
3.	Dd1×d4	Sb8—c6
4.	Dd4—e3	Sg8—f6
5.	Sb1—c3	Lf8—e7
6.	Lc1—d2	d7—d5!

Königsläuferspiel.

2.	d2—d4	e5×d4
3.	Lf1—c4	Sg8—f6
4.	e4—e5	d7—d5!

Schottisches Gambit.

2.	Sg1—f3	Sb8—c6
3.	d2—d4	e5×d4
4.	Lf1—c4	Sg8—f6
5.	e4—e5	d7—d5!

Schottische Partie.

2.	Sg1—f3	Sb8—c6
3.	d2—d4	e5×d4
4.	Sf3×d4	Sg8—f6
5.	Sb1—c3	Lf8—b4
6.	Sd4×c6	b7×c6
7.	Lf1—d3	d7—d5!

In keinem Falle darf Schwarz sich der Möglichkeit des Vorstoßes d7—d5 berauben. Die Versuchung liegt nahe, nach 2. d2—d4, e5×d4; 3. Sg1—f3 den Bauern d4 durch c7—c5 zu decken. Doch würde dann Weiß mit dem Bauernopfer 4. c2—c3 sich die d-Linie öffnen und dadurch d7—d5 für immer unmöglich machen. Dem materiellen Verlust eines Bauern steht ein wertvollerer positioneller

Gewinn gegenüber. Nach d4×c3, 5. Sb1×c3 (Diagramm 52) hat Weiß bereits beide Springer entwickelt und beide Läufer sind beweglich. Schwarz hat noch keine Figur draußen. Um den Damen-

52

läufer bewegen zu können, muß noch d7—d6 geschehen. Der Königsläufer kann nur nach e7, und endlich ist der Bauer d6 infolge seiner „Rückständigkeit“[1]) andauernden, schwer zu parierenden Angriffen ausgesetzt.

Schwarz verzichtet also besser auf das Danaergeschenk des Mehrbauern und lenkt in eine der oben skizzierten Spielweisen ein, in denen durch möglichst baldiges d7—d5 eine freie Entwicklung aller Streitkräfte gewährleistet ist.

Der frühzeitige Vorstoß d7—d5 ist in allen Eröffnungen anwendbar, in denen Weiß nicht durch Angriff auf den Bauern e5 den schwarzen Damenbauern auf dem verteidigenden Posten d6 zurückhält. So kann Schwarz z. B. im Königsgambit, da, wie wir bereits oben sahen, der Zug 2. f2—f4 nicht das Schlagen des e-Bauern droht, sofort mit 2. ...., d7—d5 den Punkt e4 aufs Korn nehmen (Falkbeergambit). Nach 3. e4×d5, e5—e4! (um Sg8—f6 zu ermöglichen, was zunächst wegen f4×e5 nicht geht); 4. d2—d3, e4×d3; 5. Dd1×d3 hat dann zwar Weiß einen Bauern mehr, doch steht seine Dame dem Königsläufer, sein f-Bauer dem Damenläufer im Wege, und die Folge davon ist, daß Schwarz einen großen Entwicklungsvorsprung erhält und wahrscheinlich den Bauern sehr bald zurückgewinnt.

Ein zweites Beispiel ist die Wiener Partie, die folgendermaßen entsteht (siehe Diagramm 53):

[1]) „Rückständig“ ist der d-Bauer, weil er das Feld d5 nicht betreten kann, das er passieren müßte, um sich (auf d4) in den Schutz seines bereits vorgerückten Nachbarbauern zu begeben.

53

2. Sb1—c3 Sg8—f6
3. f2—f4 d7—d5

Spielt Weiß jetzt 4. e4×d5, so lenkt Schwarz mit e5—e4 in das Falkbeergambit ein. Auf 4. f4×e5 andererseits folgt Sf6×e4 und weiter etwa: 5. Sg1—f3, Lf8—e7; 6. d2—d4, f7—f6; 7. Lf1—d3, Se4×c3; 8. b2×c3, 0—0; 9. 0—0, Sb8—c6 oder Lc8—g4. Schließlich wird die f-Linie auch für den schwarzen Turm offen, und Schwarz hat dann keinerlei Entwicklungsnachteil.

Nun gibt es eine Eröffnung, in der Schwarz mit den größten Schwierigkeiten zu kämpfen hat, um zu vermeiden, daß Weiß durch bessere Stellung im Zentrum in Vorteil kommt, und die daher als eine der stärksten Angriffspartien für Weiß gilt. Es ist dies die Spanische Partie, die nach 2. Sg1—f3, Sb8—c6 durch den Zug 3. Lf1—b5 entsteht. Weiß attackiert hierdurch sofort indirekt den Bauern e5, indem er den Abtausch des deckenden Springers droht. Tatsächlich gewinnen würde Weiß allerdings den Bauern erst, nachdem er seinen eigenen Zentrumsbauern gedeckt hat, denn nach 4. Lb5×c6, d7×c6; 5. Sf3×e5 geht durch Dd8—d4 der Bauer e4 verloren. Schwarz braucht daher zunächst noch keinen Deckungszug zu machen.

Wir wollen die dem Schwarzen in dieser wichtigsten aller Königsbauereröffnungen zu Gebote stehenden Verteidigungen, die auch ganz allgemein für Zentrumsmanöver sehr lehrreich sind, genauer untersuchen, und zwar wollen wir zwei Hauptverteidigungssysteme unterscheiden, nämlich eines, das auf Erhaltung des Zentrumsbauern abzielt, und ein zweites, das ihn aufgibt — natürlich nur, um einen anderen, äquivalenten Vorteil dafür einzutauschen.

Da Weiß den Bauern e5 durch d2—d4 zum zweiten Male attackieren kann, während Schwarz, wie man sich leicht überzeugt, außer d7—d6 keinen weiteren Verteidigungszug zur Verfügung hat, der nicht die natürliche Entwicklung irgendeiner Figur hindert, so kann Schwarz offenbar nur dann seinen Bauern auf e5 halten, wenn er den deckenden Springer c6 vor dem Abtausch bewahrt. Es ergibt sich daraus die eine Hauptverteidigung, die mit 3. ...., a7—a6 einsetzt, wodurch nach 4. Lb5—a4 die Möglichkeit gegeben ist, im geeigneten Augenblick mit b7—b5 die Springerfesselung aufzuheben. Beseitigt Weiß durch 4. Lb5×c6 sofort den schwarzen Springer, so kann er zwar nach 4. ...., d7×c6 mit 5. d2—d4 den schwarzen Zentrumsbauern wegtauschen, doch schafft der Abtausch auf c6 dem Schwarzen eine freiere Figurenentfaltung und damit ein aussichtsreiches Gegenspiel.

Eine typische Stellung der „a7—a6-Variante" ist in Diagramm 54 wiedergegeben. Sie kann etwa in folgender Reihenfolge entstehen: 4. Lb5—a4, Sg8—f6; 5. 0—0. Weiß verteidigt den Bauern e4 absichtlich nicht, da seine Wegnahme dem weißen Königsturm eine

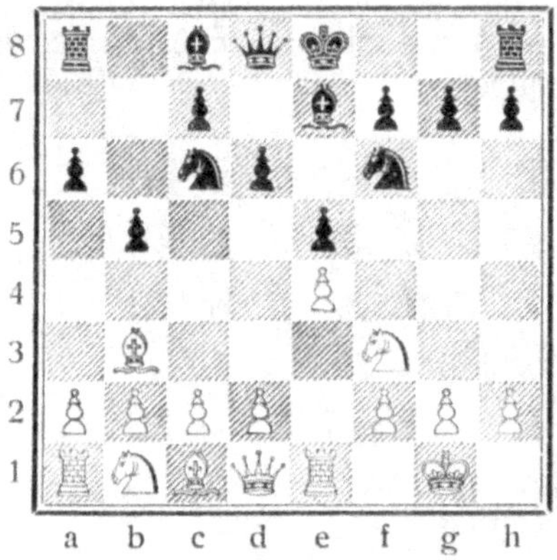

54

willkommene Angriffslinie gegen den schwarzen König öffnen würde. 5. ...., Lf8—e7; 6. Tf1—e1. Nachdem Schwarz mit seinem letzten Zug die e-Linie zugestopft hat, könnte er das Schlagen des Bauern e4 schon eher riskieren. Weiß deckt ihn daher jetzt und droht damit gleichzeitig endlich die Eroberung des Bauern e5 durch La4×c6. Schwarz antwortet deshalb 6. ...., b7—b5.

Nach 7. La4—b3, d7—d6 kann Weiß den im Sinne der Spanischen Eröffnung liegenden Vorstoß d2—d4, mit dem der Druck auf e5 aufrechterhalten wird, noch nicht gleich ausführen, da Sc6×d4; 9. Sf3×d4, e5×d4; 10. Dd1×d4? wegen c7—c5 eine Figur kosten würde. Er wird ihn daher mit c2—c3 vorbereiten. Natürlich könnte er sich auch einfach mit Sb1—c3, d2—d3, Lc1—e3 oder g5 schnell entwickeln, doch ist dieser Aufbau nicht beliebt, da Schwarz durch

Sc6—a5 den wertvollen Läufer b3 wegtauschen kann. Der Zug 8. c2—c3 schafft, abgesehen von seinem Wert als Stützung des Zentrums, dem Läufer eine Rückzugsmöglichkeit. Der Springer b1 kann sich über d2—f1 nach e3 oder g3 entwickeln. Für Schwarz ist der nächstliegende Plan, den Weißen an der Bildung des Bauernzentrums zu hindern, indem er den Punkt d4 so oft wie möglich attackiert. Es ergeben sich aus diesen Überlegungen folgende Entwicklungsweisen: 8. c2—c3, Sc6—a5; 9. Lb3—c2, c7—c5; 10. d2—d4, Dd8—c7 (den Bauern e5 deckend) oder 8. ...., 0—0; 9. d2—d4, Lc8—g4; 10. Lc1—e3, e5×d4; 11. c3×d4, Sb6—a5; 12. Lb3—c2, Sa5—c4; 13. Le3—c1, c7—c5.

Letztere Wendung leitet uns zu dem zweiten Hauptfall über, mit dem wir uns beschäftigen wollten, der freiwilligen Aufgabe des Zentrumsbauern e5. Der nächstliegende Versuch von Schwarz, hierfür eine Kompensation zu finden, wäre Angriff auf den Bauern e4 in der durch das Verschwinden des Bauern e5 für Schwarz geöffneten e-Linie. Sehen wir zu, ob sich hierfür Gelegenheit bietet. Die Stellung, die sich nach den ersten natürlichen Eröffnungszügen ergibt, ist in Diagramm 55 wiedergegeben.

55

Man gelangt zu ihr z. B. auf folgende Weise: 3. Lf1—b5, d7—d6; 4. d2—d4, Lc8—d7; 5. Sb1—c3, Sg8—f6; 6. 0—0, Lf8—e7; 7. Tf1—e1, e5×d4; 8. Sf3×d4, 0—0. Der Abtausch e5×d4 ist notwendig, weil nach Tf1—e1 der Bauer e4 genügend gedeckt ist, also tatsächlich durch Lb5×c6 nebst d4×e5 Bauerngewinn droht.

Die Absicht von Schwarz, auf den Bauern e4 zu drücken, ist nun sehr schwer durchführbar, da seine auf engen Raum zusammengedrängten Figuren sich gegenseitig behindern. Besonders der Läufer e7 kann nur auf großen Umwegen besser placiert werden. Z. B. Tf8—e8, Le7—f8, g7—g6, Lf8—g7, falls Weiß nicht durch

Lc1—g5 dem Schwarzen Gelegenheit gibt, die Läufer mit h7—h6 nebst Sf6—h7 abzutauschen. Hieraus ergibt sich als beachtenswerter Entwicklungsplan für Weiß die Postierung des Damenläufers auf b2. Allerdings erfordert dies den Bauernzug b2—b3, worauf Schwarz durch Abtausch auf d4 und b5 nebst Sf6—d7 und Le7—f6 sich Luft verschaffen kann.

Daher ist in der Stellung des Diagramm 55 die Fortsetzung 9. Lb5×c6 nebst Dd1—d3, Lc1—g5, Te1—e3 und Ta1—e1 beliebt geworden.

Ein ganz anderes Gesicht erhält die Spanische Partie, wenn Schwarz sich für den Bauern e5, den er freiwillig hergibt, sofort den Bauern e4 nimmt. Ich wies bereits oben darauf hin, daß Weiß sich das Schlagen des Bauern e4 gern gefallen lassen wird im Hinblick auf den Angriff, den er dann in der e-Linie zu inszenieren Aussicht hat. Sehen wir uns nun einmal genauer an, wie dieser Angriff sich abwickelt. Es ergeben sich zwei wesentlich verschiedene Spielarten, je nachdem der Zug a7—a6, Lb5—a4 eingeschoben wird oder nicht.

Nach 3. Lf1—b5, Sg8—f6; 4. 0—0, Sf6×e4 kann Schwarz sich auf den nächstliegenden Angriffszug 5. Tf1—e1 ganz gut mit Se4—d6 nebst Lf8—e7 und 0—0 aus der Affäre ziehen, da der befreiende Aufzug des d-Bauern von Weiß auf die Dauer nicht verhindert werden kann. Stärker ist 5. d2—d4. Denn da Schwarz nicht gut den Bauern schlagend die e-Linie ganz öffnen kann, so muß er sich gefallen lassen, daß Weiß mit d4×e5 den Vorstoß d7—d5 für absehbare Zeit verhindert. Die Eröffnung würde sich etwa so abwickeln: 5. d2—d4,

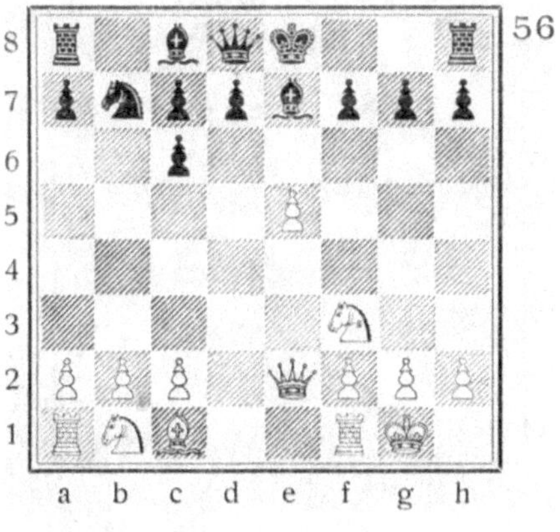

Lf8—e7; 6. Dd1—e2, Se4—d6; 7. Lb5×c6, b7×c6 (um dem Springer ein Fluchtfeld zu öffnen); 8. d4×e5, Sd6—b7 (Diagramm 56).

Das ganze folgende Spiel dreht sich nun um das Durchsetzen

bzw. Verhindern von d7—d5. Schwarz erreicht zwar schließlich sein Ziel, aber, wie wir bald sehen werden, nur auf Kosten eines schweren Nachteils in seiner Bauernstellung, der es fraglich erscheinen läßt, ob die Eröffnung (genannt: die Rio-de-Janeiro-Variante) überhaupt spielbar ist.

9. Sb1—c3, 0—0; 10. Tf1—e1, Sb7—c5. Der Springer strebt nach e6, um den weißen Königsspringer von d4 wegzubringen, wo dieser durch Angriff auf c6 das Aufziehen des Bauern d7 hindern könnte. 11. Sf3—d4, Sc5—e6; 12. Lc1—e3, Se6×d4; 13. Le3×d4, c6—c5; 14. Ld4—c3, d7—d5; 15. e5×d6 e. p., Le7×d6. Dies ist die kritische Stellung der Rio-de-Janeiro-Variante. Es ist dem Schwarzen zwar gelungen, den weißen Zentrumsbauern wegzubringen und sich zwei Läufer auf langen Linien zu schaffen; aber diese Freude ist nicht von Bestand, denn Weiß tauscht den Läufer d6 weg und es bleibt ein rückständiger Bauer übrig, den Schwarz auf die Dauer kaum halten kann. In der Praxis hat sich gezeigt, daß trotz der ungleichfarbigen Läufer das Endspiel meist für Schwarz verlorengeht, da auch der Bauer c5 kaum verteidigt werden kann. 16. Sc3—e4, Lc8—b7; 17. Se4×d6 (nicht Lc3×c5 wegen Ld6×c5; 18. Se4×c5, Lb7×g2 nebst Dd8—g5), c7×d6; 18. Ta1—d1 und c2—c4.

Viel günstiger gestaltet sich das Spiel für Schwarz, wenn durch das Einschieben von a7—a6, Lb5—a4 die Möglichkeit besteht, den Läufer durch b7—b5 aus seiner fesselnden Stellung zu vertreiben, da dann der Vorstoß d7—d5 sehr bald durchgesetzt werden kann: 3. Lf1—b5, a7—a6; 4. Lb5—a4, Sg8—f6; 5. 0—0, Sf6×e4; 6. d2—d4, b7—b5; 7. La4—b3, d7—d5; 8. e4×d5, Lc8—e6. Jetzt hat Schwarz

57

ein freies Figurenspiel, und das ist wohl der tiefere Grund, weswegen sich dieses Verteidigungssystem einer gewissen Beliebtheit erfreut. Der Nachteil, der der schwarzen Stellung anhaftet, ist die Zerrissenheit der Bauern seines Damenflügels, auf dem der c-Bauer oft rückständig bleibt, wenn ein Springertausch auf d4 stattfindet, so daß die c-Linie für die weißen Türme offen ist. Die weiße Bauernstellung dagegen weist keine Schwächen auf, und mit Hilfe des Mittelbauern, der Schwarz auf dem Königsflügel einengt, erhält Weiß oft gefährlichen Angriff.

Zunächst muß Weiß dafür sorgen, daß Schwarz nicht durch Sc6—a5 den Läufer b3 abtauscht und dann mit c7—c5 im Zentrum Terrain gewinnt. Er tut dies mit 9. c2—c3 und kann dann darangehen, durch Tf1—e1 nebst Sb1—d2 den Springer e4 aus seiner dominierenden Stellung zu vertreiben.

Die bisher skizzierten Eröffnungen geben ein genügend deutliches Bild von den Möglichkeiten, nach 1. e2—e4, e7—e5 gesunde Figurenentwicklung mit dem Streben nach Eroberung des Zentrums zu verbinden. In der leichten Angreifbarkeit des Punktes e5 durch d2—d4 lag es begründet, daß es in der Mehrzahl der Fälle bald durch Bauernabtausch zur Auflösung im Zentrum, d. h. zur Freilegung der d- oder e-Linie für die Türme kam. Deshalb hat man früher ausschließlich die mit 1. e2—e4, e7—e5 beginnenden Spiele „offene" im Gegensatz zu allen andern, den „geschlossenen", genannt. Doch ist man neuerdings mit Recht davon wieder abgegangen, da auch in solchen Eröffnungen unter Umständen die Brettmitte durch Wegräumung der Zentrumsbauern sich öffnet, die nicht mit 1. e2—e4, e7—e5 beginnen.

Zu typisch geschlossenen Spielen gelangen wir nach 1. e2—e4, wenn Schwarz von vornherein auf den Punkt e5 verzichtet und statt dessen den Punkt d5 besetzt, dabei dem Weißen Gelegenheit gebend, durch e4—e5 ein gegenseitiges Ineinanderschieben der Zentrumsbauern hervorzurufen.

Gleich im ersten Zuge d7—d5 zu ziehen, erscheint nicht sonderlich gut, da nach 2. e4×d5, Dd8×d5, wenn auch der weiße Zentrumsbauer mit verschwindet, Schwarz doch durch 3. Sb1—c3 ein Entwicklungstempo verliert und die Dame nirgends ein Plätzchen findet, von dem sie nicht bald wieder vertrieben wird; sei es denn, sie zieht nach d8 zurück, wodurch jedoch ein ganzer Zug verschenkt und somit die Verfehltheit des ganzen Eröffnungsmanövers zugestanden wäre.

Eher könnte Schwarz 2. ...., Sg8—f6 versuchen, um den Bauern mit dem Springer zu schlagen. Ganz verfehlt wäre dann 3. c2—c4 wegen c7—c6 (vgl. die Besprechung des Diagramm 52). Doch könnte Weiß den Bauern eine Zeitlang mit 3. Lf1—b5†, Lc8—d7; 4. Lb5—c4 halten. Schwarz gewinnt ihn aber schließlich mit 4. ....,

Lc8—g4; 5. f2—f3, Lg4—f5; 6. Sb1—c3, Sb8—d7; 7. d2—d3, Sd7—b6 zurück.

Als Vorbereitungszüge für d7—d5 kommen e7—e6 (Französische Partie) und c7—c6 (Caro-Kann) in Betracht. Nach 2. d2—d4, d7—d5 gelangen wir dann zu den Stellungen der Diagramme 58 und 59, die wir ausführlich besprechen müssen, da sie reichen Stoff zur Frage der Zentrumsbeherrschung liefern und so am besten zu deren Verständnis beitragen.

Bereits für den dritten Zug ist Weiß vor die wichtige Entscheidung gestellt, ob er durch 3. e4—e5 eine Öffnung der d- und e-Linie für absehbare Zeit verhindern und damit eben eine typisch

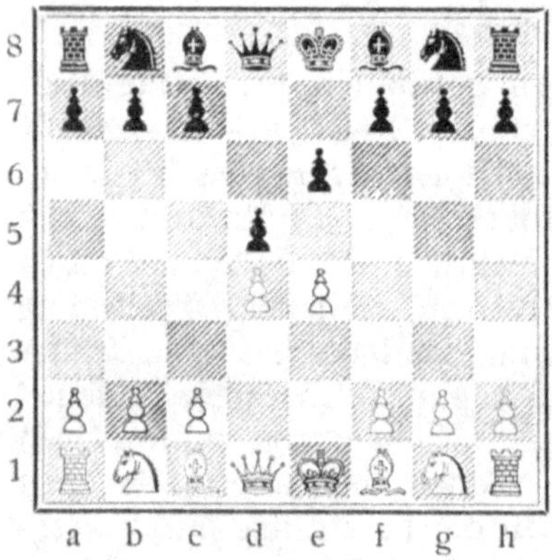

58

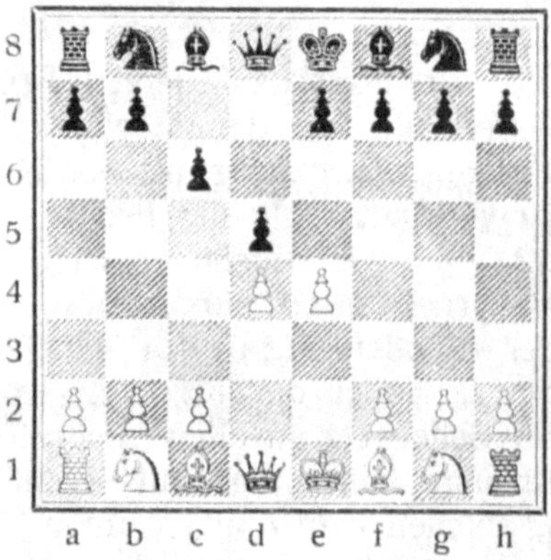

59

geschlossene Stellung herbeiführen oder zunächst Figuren entwickeln und dadurch Schwarz die Wahl lassen soll, durch d5×e4 der Abschließung des Zentrums vorzubeugen.

Ich will erst die Spiele besprechen, in denen Weiß e4—e5 zieht, und zwar vor allem die inhaltsreichere Französische Partie.

Die nach 1. e2—e4, e7—e6; 2. d2—d4, d7—d5; 3. e4—e5 entstehende Stellung der Zentrumsbauern bedingt eine diagonale Teilung des Bretts, die bereits in rohen Umrissen die Hauptrichtlinien erkennen läßt, nach denen sich die Partie abspielen wird. Auf dem Königsflügel steht dem Weißen mehr Terrain zur Verfügung, hier wird also Weiß die größere Figurenbeweglichkeit und damit den Angriff haben.

Die Chancen von Schwarz dagegen können nur auf dem Damenflügel liegen.

Beide Parteien werden noch weitere Bauernvorstöße machen müssen, um auch die Türme für den Angriff mit verwerten zu können, da diese ja in der d- und e-Linie im Gegensatz zu den Eröffnungen, die wir bisher betrachteten, keine Zukunft haben.

Für diesen Zweck liegen auf der Hand: für Weiß der Vorstoß des f-Bauern, für Schwarz der des c-Bauern und manchmal auch noch des b-Bauern, nämlich wenn der c-Bauer sich nicht gegen den Bauern d4 abtauscht, sondern nach c4 weiterrückt.

Die Diagramme 60 und 61 zeigen die mit diesen Manövern erstrebten Bauernketten.

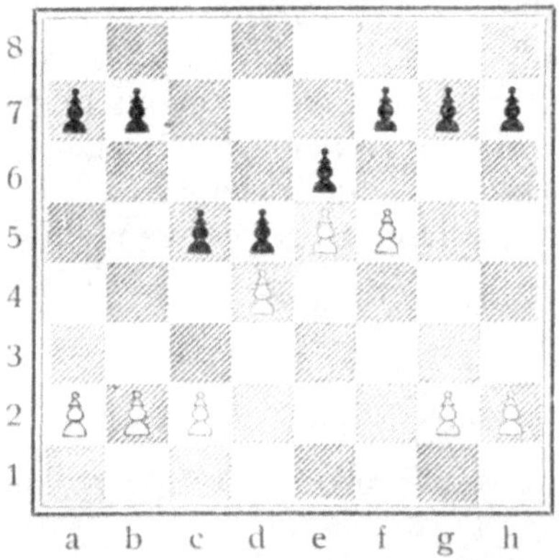
60

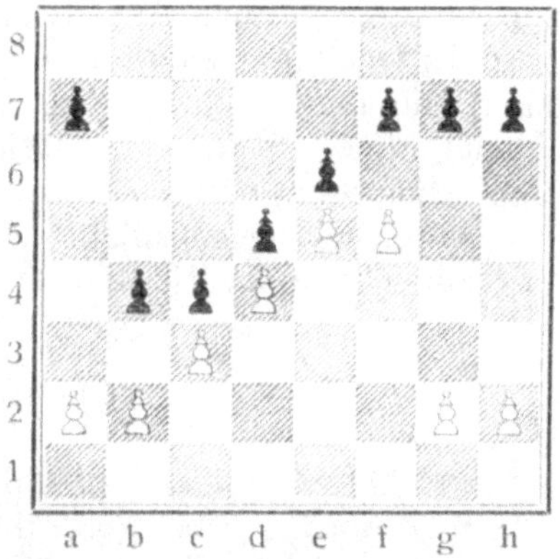
61

Gefährlicher als der schwarze Bauernsturm ist der weiße, da dieser einen direkten Königsangriff involviert. Schwarz ist daher, wie wir später sehen werden, meist genötigt, seine Operationen auf dem Damenflügel eine Zeitlang zu unterbrechen, um dem Aufmarsch der weißen Bauern auf dem Königsflügel entgegenzuarbeiten, und zwar kann er dies entweder mit dem das weiße Zentrum attackierenden Zuge f7—f6 oder mit dem rein verteidigenden Zuge f7—f5 tun, der die f-Linie und die Diagonale b1—h7 stopft. In letzterem Falle kann Weiß den Bauernwall nur durchbrechen, wenn er auch noch g2—g4 zieht. Diese Manöver führen zu den in den Diagrammen 62 und 63 wiedergegebenen Bauernstellungen.

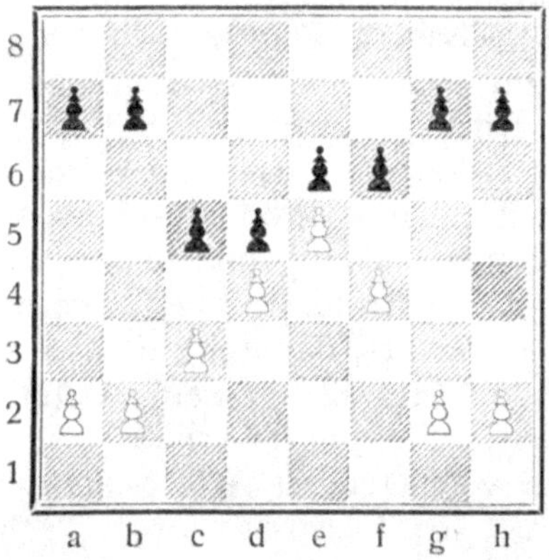
62

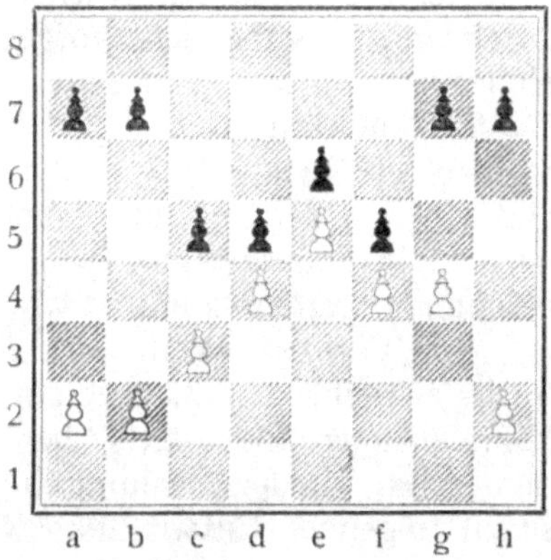
63

Wenden wir uns jetzt zu der der besprochenen Bauernformation entsprechenden Figurenentwicklung. Spielt Weiß gleich im dritten Zuge e4—e5, so nimmt er zwar dem Springer g8 das Feld f6, über das er sich nach d7, einem für den Vorstoß c7—c5 nicht unerwünschten Stützpunkt, entwickeln könnte. Der Springer hat aber noch eine andere Entwicklungsmöglichkeit, nämlich über h6 nach f5, von wo aus er in den Angriff auf den Bauern d4 eingreift. Um auch diese Entwicklung zu unterbinden, muß Weiß f2—f4 hintanhalten, damit die Läuferlinie c1—h6 nicht unterbrochen wird. Dann aber hat der Bauer e5 nicht die nötige Deckung gegen den Angriff f7—f6 (vgl. Diagramm 62) und Schwarz bekommt durch letzteren ein chancenreiches Gegenspiel. Die beiden diese Überlegungen illustrierenden Hauptvarianten sind:

I.

3.	e4—e5	c7—c5
4.	c2—c3	Sb8—c6
5.	f2—f4	c5×d4
6.	c3×d4	Dd8—b6
7.	Sg1—f3	Sg8—h6

II.

3.	e4—e5	c7—c5
4.	c2—c3	Sb8—c6
5.	Sg1—f3	f7—f6

In beiden Fällen hat Schwarz die Initiative, im ersten durch Angriff auf den Stützpunkt d4 des weißen Zentrums, im zweiten durch Angriff auf „das weiße Zentrum" e5 selbst. Der Vorstoß e4—e5 gleich im dritten Zuge ist also als verfrüht zu betrachten, falls Weiß keine besseren Fortsetzungen hat als die oben angeführten. In neuerer Zeit hat Nimzowitsch den interessanten Versuch gemacht, durch vorübergehendes Aufgeben des d-Bauern Zeit zu schneller Konzentration auf dem Königsflügel und Hintanhaltung des Zuges f7—f6 zu gewinnen: 3. ...., c7—c5; 4. Dd1—g4, c5×d4; 5. Sg1—f3, Sb8—c6; 6. Lf1—d3, worauf f7—f6 an 7. Ld3×h7 scheitern würde. Untersuchen wir nun, ob es vorteilhaft ist, den Vorstoß e4—e5 noch nachträglich auszuführen. Ein Figurenentwicklungszug, der eingeschoben werden könnte, ist 3. Sb1—c3, Sg8—f6.

Spielt jetzt Weiß e4—e5, so gewinnt er dadurch, daß der Springer ziehen muß, zu dem erstrebten Zuge f2—f4 Zeit. Dafür kann er aber andrerseits den d-Bauern nicht auf d4 erhalten, da dem c-Bauern der Deckungszug c2—c3 versperrt ist. Wir gelangen so zu folgender Entwicklungsweise:

3.	Sb1—c3	Sg8—f6
4.	e4—e5	Sf6—d7
5.	f2—f4	c7—c5
6.	d4×c5	Sb8—c6

Spielt Schwarz gleich Lf8×c5, so kann Weiß mit Dd1—g4 und Lf1—d3 eine günstige Angriffsstellung einnehmen. Daher der abwartende Textzug, der Weiß vor die Frage stellt, ob er mit 7. Sg1—f3 der Dame den Weg nach g4 verstellen oder sofort 7. Lf1—d3 ziehen will, worauf Schwarz den Bauern c5 mit dem Springer schlagen würde, um den weißen Läufer abzutauschen. 7. Dd1—g4 endlich würde mit f7—f5 beantwortet.

7.	Sg1—f3	Lf8×c5
8.	Lf1—d3	....

64

Schwarz kann noch nicht rochieren wegen folgender Drohung, die ich anführe, da sie in der praktischen Partie häufig vorkommt: 8. ...., 0—0?; 9. Ld3×h7†, Kg8×h7; 10. Sf3—g5†, Kh7—g8; 11. Dd1—h5, Tf8—e8; 12. Dh5×f7†; 13. Df7—h5†; 14. Dh5—h7†; 15. Dh7—h8†; 16. Dh8×g7‡.

In der Diagrammstellung spielt Schwarz f7—f5, und hat dann wohl etwas bessere Chancen, als er infolge der offenen c-Linie früher als Weiß seine Türme wirksam machen kann. Auch ist der weiße Damenläufer untätig und Weiß kann seine Figuren nicht zu einem schnellen Königsangriff konzentrieren.

Aus diesem Grunde wird in der Meisterpraxis in dieser Eröffnung erst der untätige weiße Damenläufer gegen den lästigen schwarzen Königsläufer abgetauscht. Nämlich:

3.	Sb1—c3	Sg8—f6
4.	Lc1—g5	Lf8—e7

5.	e4—e5	Sf6—d7
6.	Lg5×e7	De8×e7

65

Weiß hat jetzt die Wahl, entweder den c-Bauern nach c3 zu bringen, um den Bauern auf d4 zu stützen, oder sich damit zu begnügen, daß er den Bauern e5 erhält, und sofort den Königsflügel zu entwickeln. Z. B.

I.

7.	Dd1—d2	a7—a6

Nicht sofort c7—c5 wegen Sc3—b5 drohend Sb5—d6†

8.	Sc3—d1	c7—c5
9.	c2—c3	Sb8—c6
10.	f2—f4	....

Solange Schwarz seinen Damenläufer nicht zum Eingriff in den Kampf bringen kann, hat wohl Weiß die besseren Aussichten.

II.

7.	Sc3—b5	Sd7—b6
8.	c2—c3	a7—a6
9.	Sb5—a3	c7—c5
10.	f2—f4	Sb8—c6
11.	Sa3—c2	0—0
12.	Sg1—f3	Lc8—d7
13.	Lf1—d3	f7—f6

Es drohte wieder das Opfer Ld3×h7†, das wir oben besprachen.

14.	0—0	Sb6—a4

mit gutem Gegenspiel für Schwarz.

III.

7.	f2—f4	0—0

8.	Sg1—f3	c7—c5
9.	Lf1—d3	f7—f5
10.	0—0	Sb8—c6

Hier hat Weiß eine freie bequeme Figurenentwicklung, während Schwarz wieder seinen Damenläufer nicht günstig postieren kann.

Um letzterem Übelstand abzuhelfen, wurde von Rubinstein folgende Spielweise aufgebracht, die von vornherein darauf Rücksicht nimmt, dem Damenläufer eine Wirkungslinie zu verschaffen.

3.	Sb1—c3	Sg8—f6
4.	Lc1—g5	d5×e4

Die Diagonale a8—h1 soll freigelegt und der Läufer auf b7 postiert werden.

Z. B. 5. Sc3×e4, Sb8—d7; 6. Sg1—f3, Lf8—e7; 7. Se4×f6†, Sd7×f6; 8. Lf1—d3, b7—b6 nebst Lc8—b7.

Statt 4. ...., d5×e4 kann Schwarz auch Lf8—b4 antworten, worauf Weiß die Wahl hat, entweder mit 5. e4—e5 oder 5. e4×d5 fortzufahren.

In beiden Fällen scheint Schwarz bei richtigem Spiel imstande zu sein, ein gleiches Spiel zu erhalten, z. B.

4.	Lc1—g5	Lf8—b4
5.	e4×d5	Dd8×d5

Wohl besser als e6×d5, weil im letzteren Falle der Läufer b4 nicht leicht zum Zusammenwirken mit den anderen Figuren gebracht werden kann.

6.	Lg5×f6	g7×f6
7.	Dd1—d2	Dd5—a5

oder

4.	Lc1—g5	Lf8—b4
5.	e4—e5	h7—h6
6.	Lg5—d2	Lb4×c3
7.	b2×c3	Sf6—e4
8.	Dd1—g4	g7—g6
9.	Lf1—d3	Se4×d2
10.	Ke1×d2	c7—c5

Wir wollen hiermit die Französische Partie verlassen und die Besprechung der Caro-Kann-Eröffnung nachholen, deren Grundstellung im Diagramm 59 festgehalten war.

Auch hier sind zwei prinzipiell verschiedene Entwicklungssysteme auseinanderzuhalten, je nachdem Weiß 3. e4—e5 spielt oder durch 3. Sb1—c3 dem Schwarzen Gelegenheit gibt, auf e4 zu tauschen.

Im ersteren Falle ist ein in die Augen springender Unterschied gegen die Französische Partie der, daß Schwarz den Damenläufer herausbringen kann. Die Entwicklung würde dann etwa so vor sich gehen:

3.	e4—e5	Lc8—f5
4.	Lf1—d3	Lf5×d3

Nicht Lf5—g6, da Weiß mit e5—e6! Schwarz am Ziehen des Königsbauern hindern und so die ganze schwarze Stellung lahmlegen würde.

5.	Dd1×d3	e7—e6
6.	Sg1—e2 oder h3	

Hierdurch wird der Zug f2—f4 offengehalten, der in die Bauernformation hineingehört.

Während Weiß eine einfache und natürliche Entwicklung findet, hat Schwarz Schwierigkeiten, die Figuren des Königsflügels gut zu postieren. Im großen und ganzen kann sich das Spiel wie in der Französischen Partie weiterentwickeln. Nur ist Schwarz jetzt nicht gut imstande, mit f7—f6 sich direkt gegen das weiße Zentrum zu wenden, da durch das Fehlen des Läufers c8 der Bauer e6 zu schwach wäre. Andrerseits kommt Schwarz auch mit dem Vorgehen auf dem Damenflügel einen Zug später, da der Bauer c7 nicht in einem, sondern in zwei Zügen nach c5 gelangt. Eine gewisse Kompensation ist die, daß der für den Angriff wichtige weiße Königsläufer abgetauscht ist, dessen Fehler auch die weißen Felder des Weißen etwas schwächt.

In der Praxis hat es sich gezeigt, daß trotzdem der Angriff des Weißen in der Mehrzahl der Fälle durchdringt, und in neuerer Zeit wurde daher öfter eine von Nimzowitsch eingeführte Spielweise versucht, die auf frühen Damenabtausch abzielt, um den auf dem Königsflügel drohenden Angriff zu verhindern und ein für Schwarz günstiges Endspiel herbeizuführen.

6.	....	Dd8—b6
7.	0—0	Db6—a6 oder b5

Doch hat hier Weiß nach 8. Se2—f4, Da6×d3; 9. Sf4×d3 einen so großen Entwicklungsvorsprung, daß es fraglich erscheint, ob Schwarz die Spiele ausgleichen kann.

Weiß kann natürlich dem Damenabtausch durch Dd3—f3 ausweichen, tut aber dann besser, den Königsspringer nach e2 zu entwickeln, damit die Rochade trotz der schwarzen Damenstellung möglich ist.

Die Idee, die Nimzowitsch mit dem Damentausch verfolgt, wird in dem den Meisterpartien gewidmeten Teil erläutert.

Alles in allem können wir feststellen, daß Weiß im Caro-Kann durch 3. e4—e5 ein recht gutes Spiel erlangt. Die Spielweise 3. Sb1—c3, d5×e4; 4. Sc3×e4, Sg8—f6; 5. Se4×f6, e7×f6 oder g7×f6 galt früher für Weiß günstig, da hier Schwarz sein Bauernzentrum einbüßt, ohne in besserer Figurenstellung eine Kompensation zu finden, doch hat Capablanca im New Yorker Turnier 1927 die Variante 5. ...., g7×f6 neu belebt und gezeigt, daß Schwarz nach der langen Rochade durch den Druck in der d-Linie ein genügendes Gegenspiel erhält.

Die bisher angestellten Erwägungen sind auf alle Züge anwendbar, die Schwarz dem Eröffnungszuge 1. e2—e4 entgegenstellen könnte. Die Notwendigkeit irgendwelcher besonderen Überlegungen für die Figurenentwicklung und die Bauernformation liegt nicht vor, da stets jene allgemeinen Gesichtspunkte den richtigen Entwicklungsweg weisen, die für die Bauern- und Figurenstellung die Beherrschung von Zentrumspunkten und im allgemeinen die Vermeidung von Tempoverlusten allen andern Plänen überordnen.

Als Beispiel sei hier „Aljechins Eröffnung“, 1. e2—e4, Sg8—f6, gewählt. Nach den allgemeinsten strategischen Gesetzen muß Sb1—c3 eine gute Fortsetzung sein. Sowohl 2. ...., e7—e5 als auch 2. ...., d7—d5 (3. e4×d5, Sf6×d5; 4. Lf1—c4) lenken dann in bekannte Bahnen. Auch 2. e4—e5, Sf6—d5; 3. Lf1—c4, Sd5—b6; 4. Lc4—b3 ist voraussichtlich gut für Weiß, da der schwarze Springer von der Verteidigung des Königsflügels abgelenkt ist. Zweifelhaft dagegen müssen die vielen Bauernzüge 2. e4—e5, Sf6—d5; 3. c2—c4, Sd5—b6; 4. d2—d4, d7—d6; 5. f2—f4 erscheinen. Schwarz kann dann voraussichtlich das weiße Zentrum erfolgreich mit c7—c5 attackieren, nach-

66

dem er erst mit g7—g6, Lf8—g7 und Sb8—d7 den Bauern e5 so oft aufs Korn genommen hat, daß Weiß nicht d4—d5 ziehen kann.

Wir schließen hiermit die Besprechung der elementaren Königsbauerspiele und wenden uns den mit 1. d2—d4, d7—d5 beginnenden Eröffnungen zu.

B. Damenbauerspiel.

Nach 1. d2—d4, d7—d5 kann das Zentrum nicht in ähnlich schneller Weise zur Auflösung kommen, wie in den mit 1. e2—e4, e7—e5 beginnenden Spielen, denn der den Grund zu dieser Auflösung legende Vorstoß des zweiten Zentrumsbauern kann hier nicht geschehen, da Weiß den Punkt e4 nicht beherrscht und daher für absehbare Zeit der Königsbauer nicht über e3 hinwegkommt. Die Folge davon ist, daß die e-Linie auch nicht als Wirkungslinie für die Türme in Betracht kommt, sondern eine andere hierfür geschaffen werden muß. Ganz ähnliche Erwägungen, wie sie sich uns bei der Französischen Partie für Schwarz aufdrängten, führen hier für beide Parteien zu der Erkenntnis, daß die geeignetste Operationslinie für die Türme die c-Linie ist, da der Vorstoß des c-Bauern sich gleichzeitig gegen das feindliche Zentrum wendet, und daß deshalb die Damenspringer nicht nach c3 bzw. c6 entwickelt werden dürfen, bevor die c-Bauern gezogen haben. Es ist zwar auch noch eine andere Entwicklungsweise der Türme denkbar, nämlich in der f- und auch in der g- und h-Linie, wo sich, wie wir sehen werden, manchmal Gelegenheit zu einer Attacke durch Stürmen mit den Bauern bietet. Doch auch hier, wo ein Ziehen der c-Bauern in der Eröffnung unnötig erscheint, müssen die Damenspringer über d2 bzw. d7 herausgebracht werden, da die Gefahr, der Gegner könne die c-Linie noch nachträglich öffnen, dauernd in der Luft schwebt.

Betrachten wir zunächst die Spiele, in denen schon im frühsten Eröffnungsstadium die c-Bauern vorstoßen, so daß sich das in Diagramm 67 wiedergegebene Bauernskelett als Basis der Figurengruppierung ergibt.

Die Reihenfolge der Züge ist hier von Bedeutung, denn es hängt davon ab, wann die Königsbauern ziehen bzw. zu ziehen gezwungen sind, ob die Damenläufer herausgebracht werden können.

Der einfachste, an Diagramm 67 anlehnende Entwicklungsgang ist der folgende, bei dem beide Teile den Läufer zunächst einsperren.

2.	e2—e3	e7—e6
3.	Sg1—f3	Sg8—f6
4.	c2—c4	c7—c5
5.	Sb1—c3	Sb8—c6
6.	Lf1—d3	Lf8—d6
7.	0—0	0—0

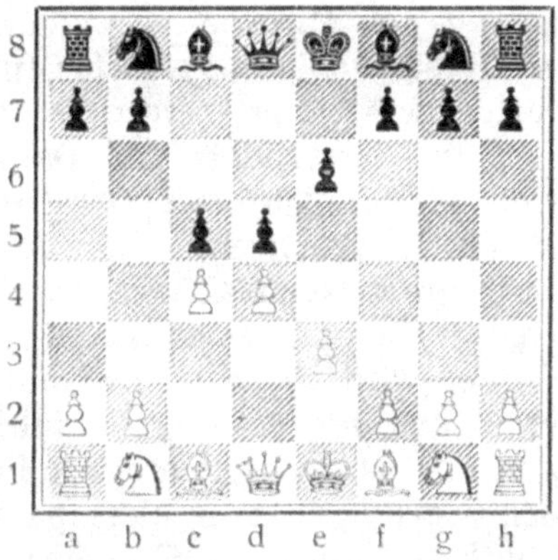
67

Die Damenläufer können nun nur auf b2 bzw. b7 wirkungsvolle Posten beziehen. Zu diesem Zwecke kann 8. b2—b3, b7—b6 geschehen. Vor der Rochade war b2—b3 nicht gut, da dann nach c5×d4 der schwarze Läufer auf b4 den Springer gefesselt und Lc1—d2 erzwungen hätte, während Lc1—b2 beabsichtigt war. Z. B. 6. b2—b3, c5×d4; 7. e3×d4, Lf8—b4; 8. Lc1—b2?, Sf6—e4; 9. Dd1—c2, Dd8—a5; 10. Ta1—c1, Da5×a2.

Um den Punkt b4 nicht dem Schwarzen zu überlassen, kann auch folgendes Manöver unternommen werden:

6.	d4×c5	Lf8×c5
7.	a2—a3	0—0
8.	b2—b4	Lc5—d6
9.	Lc1—b2	....

Macht Schwarz diese Züge dem Weißen nach: 9. ...., d5×c4; 10. Lf1×c4, a7—a6; 11. 0—0, b7—b5; 12. Lc4—d3, Lc8—b7, so entsteht die symmetrische Position des Diagramms 68.

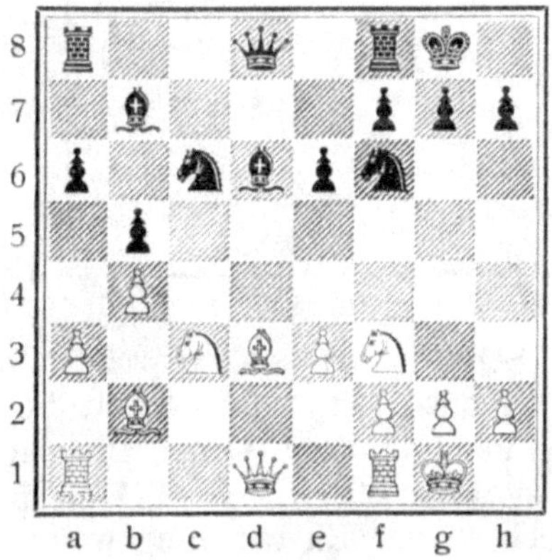
68

Bei der Besprechung des Mittelspiels werden wir sehen, wie sich selbst in dieser scheinbar völlig ausgeglichenen vorgeschrittenen Stellung noch der Vorteil des Anzugs bemerkbar macht.

Um zu eingehenderem Verständnis der Damenbauerspiele zu gelangen, müssen wir uns nun zunächst etwas genauer mit den frühesten Eröffnungszügen beschäftigen.

Den das Damengambit kennzeichnenden Zug c2—c4 kann Weiß gleich an zweiter Stelle tun. Dem Streben des Weißen, den Bauern d5 wegzubringen, wird Schwarz nur dann durch d5×c4 entgegenkommen, wenn er entweder den Gambitbauern auf die Dauer behaupten kann oder die Freilegung des Punktes d5 in ein vernünftiges Figurenentwicklungssystem hineinpaßt. Letzteres war z. B. bei der im Anschluß an Diagramm 67 gegebenen Entwicklungsweise der Fall.

In jedem Falle tut Schwarz gut, mit dem Schlagen auf c4 so lange zu warten, bis der Läufer f1 gezogen hat. Dadurch, daß dieser dann zwei Züge macht, um nach c4 zu gelangen, gewinnt Schwarz das Entwicklungstempo zurück, das er mit dem Bauernzuge d5×c4 verschenkt.

Völlig verfehlt wäre der Versuch, nach d5×c4 den Bauern durch b7—b5 zu halten. Z. B.

2.	c2—c4	d5×c4
3.	Sg1—f3	Sg8—f6
4.	e2—e3	b7—b5?
5.	a2—a4!	....

69

Antwortet jetzt Schwarz b5×a4, so folgt einfach 6. Lf1×c4 und der Bauer a4 fällt auch sehr bald. Spielt Schwarz andrerseits 5. ...., c7—c6, dann gewinnt Weiß seinen Bauern durch 6. b2—b3 zurück (c4×b3; 7. a4×b5, c6×b5; 8. Lf1×b5† nebst Dd1×b3) und ist außerdem noch in der Entwicklung weit voraus.

Diese Erwägungen führen zu dem Ergebnis, daß nach 2. c2—c4 zunächst kein Grund zum Schlagen des Bauern vorliegt. Vielmehr wird Schwarz seinen Zentrumsbauern, den Weiß gern wegräumen möchte, durch e7—e6 oder c7—c6 decken. Der Versuch, vor e7—e6 den Läufer c8 zu entwickeln, ist nicht zu empfehlen, weil dadurch der Bauer b7 seine Deckung verliert, den Weiß durch Dd1—b3 attakkieren kann.

Von den beiden Antworten 2. ...., e7—e6 und 2. ...., c7—c6, die uns nun zu erörtern übrigbleiben, nehmen wir zunächst e7—e6 vor, die die natürlichere ist, da c7—c6 nicht im Sinne der zu erstrebenden Öffnung der c-Linie für die Türme liegt.

Weiß kann, bevor er den analogen Zug e2—e3 macht, den Damenläufer herausbringen. Z. B. 2. c2—c4, e7—e6; 3. Sb1—c3, Sg8—f6; 4. Lc1—g5 und die Weiterentwicklung könnte etwa folgendermaßen verlaufen: 4. ...., Sb8—d7.

70

Dieser Zug ist nicht als den Läufer c8 verstellend zu tadeln, da der Läufer ja doch nur auf b7 wirkungsvoll postiert werden kann. Andrerseits stützt der Springer von d7 aus den Vorstoß c7—c5. Weiß kann jetzt nicht mit 5. c4×d5, e6×d5; 6. Sc3×d5 einen Bauern gewinnen, da 6. ...., Sf6×d5!; 7. Lg5×d8, Lf8—b4† folgen würde. Es muß also erst 5. e2—e3 geschehen und nach Lf8—e7; 6. Sg1—f3, 0—0; 7. Ta1—c1, b7—b6; 8. c4×d5, e6×d5; 9. Lf1—d3, Lc8—b7 sind alle Figuren vernünftig entwickelt.

Ein gänzlich verschiedenes Eröffnungssystem ergibt sich, wenn Schwarz den Vorstoß c7—c5 gleich im dritten Zuge vornimmt, ohne vorher Figuren zu entwickeln, eine Spielweise, die von Tarrasch ausführlich analysiert und als für Schwarz günstig empfohlen worden ist.

Hier hat Schwarz den Vorteil, daß er der Fesselung des Königsspringers durch Lc1—g5 aus dem Wege gehen kann.

2.	c2—c4	e7—e6
3.	Sb1—c3	c7—c5
4.	Sg1—f3	Sb8—c6!

Schwarz droht nun d5×c4 mit Angriff auf d4. Deckt Weiß mit 5. e2—e3, so entsteht die im Anschluß an Diagramm 67 erörterte Aufstellung. Will er dagegen erst den Damenläufer herausbringen, so muß er der Drohung des Schwarzen mit c4×d5 zuvorkommen. Nach

5. c4×d5 e6×d5

entsteht die in Diagramm 71 wiedergegebene dritte typische Hauptstellung des Damengambits, von der aus zwei verschiedene Arten

71

der Weiterentwicklung denkbar sind. Weiß kann nämlich entweder seinen Königsläufer auf g2 postieren (Rubinsteins System), um auf den etwas schwächlichen Bauern d5 zu drücken, oder er kann ihn auf einem der in der Diagonale f1—a6 ihm zugänglichen Felder verwerten. Im ersteren Falle zieht der Bauer e2 zunächst überhaupt nicht, und der Damenläufer kann sich die Wahl zwischen den Feldern g5, f4 oder sogar e3 offenlassen.

Im zweiten Falle, in dem ja der Bauer e2 dem Königsläufer den Weg freigeben muß, hat der Damenläufer sich sofort für g5 oder f4 zu entscheiden. 6. Lc1—g5, Lf8—e7; 7. Lg5×e7, Sg8×e7 fördert nur die schwarze Entwicklung und hätte offenbar nur dann einen Sinn, wenn nun 8. d4×c5 einen Bauern gewönne. Schwarz würde diesen jedoch nach d5—d4; 9. Sc3—e4, 0—0 nebst Lf5 und Da5 mit überlegener Stellung zurückgewinnen.

Auf 6. Lc1—f4 könnte folgen: Sg8—f6; 7. e2—e3, Lc8—e6; 8. Ta1—c1 oder Lf1—b5 oder Lf1—d3 oder 7. ...., c5×d4; 8. Sf3×d4, Lf8—b4. In letzterer Spielweise erzielt Schwarz eine zufriedenstellende Entwicklung, und das Rubinsteinsche System wird daher als die beste Fortsetzung gegen die Eröffnung 3. ...., c7—c5 angesehen.

Hiermit wollen wir die Betrachtung der durch 2. c2—c4, e7—e6 eingeleiteten Spielweisen abschließen und uns zu der Antwort 2. ...., c7—c6 wenden. Die erste Frage, die sich uns hier aufdrängt, ist: Welche Linie wird Schwarz für seine Türme verwerten können? Denkbar wäre der Versuch, mit e7—e5 die e-Linie freizulegen. Doch kann dies Weiß meist durch Sg1—f3 dauernd verhindern. Eine zweite Möglichkeit wäre der spätere Vorstoß c6—c5, nachdem die schwarze Figurenentwicklung genügend vorgeschritten ist, um ein aktives Spiel auf dem Damenflügel zu ermöglichen. Z. B.

3.	Sb1—c3	Sg8—f6
4.	Sg1—f3	e7—e6
5.	e2—e3	Sb8—d7
6.	Lf1—d3	d5×c4
7.	Ld3×c4	b7—b5
8.	Lc4—d3	a7—a6
9.	0—0	c6—c5

Auch 9. e3—e4 kann mit c6—c5 beantwortet werden, um auf 10. e4—e5, c5×d4 zu spielen.

Eine dritte Spielart nach 2. ...., c7—c6 ist die folgende „Stonewall" genannte Entwicklungsweise, die den Türmen die Aussicht läßt, später einmal in der f-Linie und eventuell der g-Linie zur Wirkung zu kommen. 3. Sg1—f3, e7—e6; 4. e2—e3, f7—f5; 5. Sf3—e5, Lf8—d6.

72

Die Figurenaufstellung kann sich jetzt ganz symmetrisch vollziehen: 6. f2—f4, Sg8—f6; 7. Lf1—d3, Sb8—d7; 8. Sb1—d2, Sf6—e4.

Nur hat Weiß den Vorteil, daß sein Damenläufer sich auf b2 aufstellen kann, so über d4 hinweg den Springer e5 stützend, während der Läufer c8 völlig eingesperrt ist.

Weiß kann aber auch von vornherein verhindern, daß der schwarze Springer sich auf e4 festsetzt, indem er sich die Möglichkeit offenhält, f2—f3 zu ziehen. 6. b2—b3, Sg8—f6; 7. Lf1—d3, 0—0; 8. 0—0, Sb8—d7; 9. Lc1—b2 und Weiß hat weit mehr Beweglichkeit.

Der Stonewall kann natürlich auch von Weiß gespielt werden, der dabei um einen Zug gegen die eben betrachtete Spielweise im Vorsprung ist. Doch ist diese Eröffnung aus der modernen Turnierpraxis so gut wie verschwunden, eben wegen des Nachteils, daß der Damenläufer schwer ins Spiel gebracht werden kann.

Auch die folgende Spielweise, bei der Weiß seinen Damenflügel ähnlich entwickelt, wie es Schwarz bei der im Anschluß an Diagramm 70 besprochenen Eröffnungen tat, hat ihre Beliebtheit eingebüßt, seit die folgende Aufstellung sich als für Schwarz recht günstig erwies.

2.	Sg1—f3	c7—c5
3.	e2—e3	Sb8—c6
4.	Sb1—d2	e7—e6
5.	b2—b3	Sg8—f6
6.	Lc1—b2	c5×d4
7.	e3×d4	Lf8—d6
8.	Lf1—d3	Dd8—e7

73

Spielt jetzt Weiß 9. a2—a3, um den durch Ld6—a3 drohenden Abtausch zu verhindern, der unter anderem dem weißen Zentrum eine wichtige Stütze entziehen würde, so kommt Schwarz zu dem befreienden Durchbruch e6—e5.

Unterläßt freilich Schwarz den Zug Dd8—e7 und rochiert statt dessen, so kann Weiß sich mit Sf3—e5 im Zentrum festsetzen und er droht dann nach der Rochade mit f2—f4, Dd1—f3 einen heftigen Angriff auf den Königsflügel einzuleiten, der etwa mit g2—g4, Kg1—h1, Tf1—g1 usw. fortgesetzt werden kann.

Weiß muß sich hüten b2—b3 zu spielen, ehe er Sb1—d2 gezogen hat, denn sonst tauscht Schwarz auf d4 und spielt Dd8—a5†. Dann steht Weiß vor der unerwünschten Alternative, entweder Lc1—d2 zu ziehen, was sicher schlecht ist, da es nicht im Sinne des eben mit b2—b3 eingeleiteten Entwicklungsplanes liegt, oder c2—c3 zu spielen, wodurch zunächst einmal die Diagonale, die der Läufer gerade besetzen wollte, zugestopft ist. Zwar kann Weiß nach der Rochade die Diagonale ohne weiteres durch c3—c4 wieder öffnen, und das doppelte Ziehen des c-Bauern stellt insofern keinen Tempoverlust dar, als auch die schwarze Dame von a5, wo sie nunmehr nutzlos ist, wieder wegziehen muß; doch bleibt immerhin der Nachteil zurück, daß Weiß den c-Bauern überhaupt hat ziehen müssen, während ihm vorher die Wahl offenstand, ihn auf c2 zurückzuhalten.

Eine kleine Finesse, die Schwarz in die Reihenfolge seiner Entwicklungszüge hineinlegen kann, ist die, daß er mit dem Ziehen des e-Bauern so lange wartet, bis Weiß b2—b3 zieht, und daß er dann den Läufer c8 nach g4 spielt. Denn, wie ich oben einmal bemerkte, steht der Entwicklung des schwarzen Damenläufers nur die Drohung des Weißen entgegen, nach c2—c4 mit der Dame von b3 aus den Bauern b7 zu attackieren. Nachdem aber b2—b3 geschehen ist, fällt diese Drohung fort.

Bevor ich die Besprechung der Damenbauernspiele beende, will ich noch erwähnen, daß es in Turnieren üblich geworden ist, nicht gleich 2. c2—c4, sondern erst Sg1—f3 zu ziehen, um den Verwicklungen aus dem Wege zu gehen, die durch das „Gegengambit" 2. c2—c4, e7—e5 entstehen. Spielt nämlich Weiß 3. d4×e5, so folgt d5—d4, was dem Sb1 das Feld c3 nimmt, und der naheliegende Zug 4. e2—e3 scheitert an folgender hübschen Kombination:

Lf8—b4†; 5. Lc1—d2, d4×e3; 6. Ld2×b4, e3×f2†; 7. Ke1—e2, f2×g1, wird Springer †!!; 8. Th1×g1, Lc8—g4† usw.

Statt 4. e2—e3 muß vielmehr, sobald der Läufer f1 entwickelt werden soll, g2—g3 geschehen, um den Läufer nach g2 zu stellen. Schwarz kann, wenn er will, mit Sb8—c6 und Sg8—e7—g6 auf Rückeroberung des Bauern spielen, er kann aber auch mit f7—f6 den Bauern zwecks rapider Figurenentwicklung opfern.

Es bleibt nun noch übrig, zu untersuchen, ob nach 1. d2—d4 dem Schwarzen andere Züge als d7—d5 zur Verfügung stehen, auf die Weiß außergewöhnliche Entwicklungsüberlegungen anstellen müßte.

Hier sind zu nennen die Antworten: 1. ...., Sg8—f6, 1. ...., c7—c5, und 1. ...., f7—f5. Der Zug 1. ...., Sg8—f6, der im modernen Meisterspiel die älteren Spielweisen fast ganz ersetzt hat, hält dem Schwarzen verschiedene Möglichkeiten offen. Einerseits kann er mit d7—d6 und Sb8—d7 entweder auf Besetzung des Punktes e5 spielen oder (nach g7—g6 und Lf8—g7) mit c7—c5 das weiße Bauernzentrum angreifen, und andrerseits kann er (Nimzowitschs System) ganz von der Besetzung des Zentrums mit Bauern absehen und sich mit b7—b6, Lc8—b7, Lf8—b4 und e7—e6 entwickeln (vgl. zugehörige Partien aus der Meisterpraxis).

Was die zweite der erwähnten unregelmäßigen Erwiderungen auf 1. d2—d4 betrifft, nämlich 1. ...., c7—c5, so kann Weiß diese entweder in ein ganz gewöhnliches Damengambit überführen, indem er 2. e2—e3 zieht, worauf Schwarz d7—d5 nachholen kann, oder er spielt 2. d4—d5. Schwarz wird dann seinen Königsflügel durch g7—g6 nebst Lg7 entwickeln. Der Läufer steht hier recht gut und er kann auf einem der beiden Zentrumspunkte e5 und d4 oft zu starker Angriffsstellung kommen.

Zieht Weiß 2. d4×c5, so entsteht nach e7—e6 ein von Weiß angenommenes Damengambit, das er, wenn er will, mit e2—e4 in eine Sizilianische Partie umwandeln kann.

Die letzte der angeführten unregelmäßigen Antworten endlich: 1. ...., f7—f5 (Holländische Partie) führt je nach der Fortsetzung, die Weiß im zweiten Zuge wählt, zu zwei ganz verschiedenen Entwicklungssystemen.

Weiß kann sich entweder auf ganz ruhige Entwicklung beschränken, indem er eine ähnliche Aufstellung wie in der Rubinsteinvariante des Damengambits wählt (g2—g3, Lf1—g2) oder etwa Sg1—f3, Lc1—g5, e2—e3 und Sb1—d2 zieht (Sb1—c3 würde nur nach vorherigem c2—c4 gut sein, da sonst Schwarz wieder mit d7—d5 und c7—c5 ins Damengambit überlenkt), oder er kann mit Rücksicht darauf, daß der Zug f7—f5 unmittelbar nichts für die Entwicklung tut, sofort einen heftigen Angriff durch das die eigene Entwicklung beschleunigende Bauernopfer 2. e2—e4 versuchen. Die Folge könnte sein 2. ...., f5×e4; 3. Sb1—c3, Sg8—f6; 4. Lc1—g5, c7—c6 (d7—d5?; 5. Lg5×f6 nebst Dd1—h5†); 5. f2—f3. Schlägt Schwarz den Bauern, so entwickelt er eine weitere weiße Figur und beschwört eine gefährliche Attacke herauf.

Zu erwägen ist 5. ...., e4—e3, was den Läufer g5 zurückentwickelt und den Bauern f3 als Hindernis für die Entwicklung des Springers g1 stehen läßt.

C. Unregelmäßige Eröffnungen.

Unter den Partieanfängen, in denen weder e2—e4 noch d2—d4 der erste Zug ist, gibt es viele, die bald durch einfache Zugumstellung in eine der besprochenen Eröffnungen übergehen. Z. B. können wir uns ein Damengambit eingeleitet denken durch die Züge 1. c2—c4, Sg8—f6; 2. Sg1—f3, e7—e6; 3. Sb1—c3, c7—c5; 4. e2—e3, d7—d5; 5. d2—d4 oder eine Französische Partie durch die Züge 1. Sb1—c3, d7—d5; 2. d2—d4, Sg8—f6; 3. Lc1—g5, e7—e6; 4. e2—e4.

Nun können aber natürlich auch Entwicklungsarten gewählt werden, die von den gebräuchlichen ganz und gar abweichen. Und diese machen dem Anfänger das meiste Kopfzerbrechen. Er folgert ganz falsch: Was nützt es mir, noch so viele Eröffnungen zu lernen, wenn dann mein Gegner anders spielt und doch gewinnt. Schon die Prämisse dieser Schlußfolgerung ist ganz verkehrt. Man soll ja gar keine Eröffnungen „lernen". Die Darstellung der gebräuchlichen Eröffnungen soll nur schulende Übung liefern für die Anwendung der allgemeinen strategischen Gesetze, die der gesunde Menschenverstand uns als richtig erkennen läßt.

Als Beispiel seien einige Eröffnungen erwähnt, die in modernen Turnieren angewandt worden sind, um Spielweisen aus dem Wege zu gehen, die bereits so gründlich analysiert sind, daß es selbst für den stärkeren Spieler schwer ist, einen Vorteil zu erringen, der Gewinn verspricht.

Diese Eröffnungen laufen meist darauf hinaus, die Partie auf längere Zeit dadurch geschlossen zu halten, daß die Mittelbauern erst dann auf die Zentrumsfelder vorgeschoben werden, nachdem die kleinen Figuren entwickelt sind.

Dies führt zu viel beweglicheren Bauernskeletten auf beiden Seiten und zum viel häufigeren Gebrauch der „Fianchetto"-Stellung der Läufer (auf g2 und b2 bzw. g7 und b7), die früher wegen der temporaubenden Notwendigkeit, die Springerbauern zu ziehen, als minderwertig galt.

Um die Analyse der schwierigen Probleme, die diese Eröffnungen bergen, haben sich besonders Réti und Aljechin verdient gemacht, und auch Tartakower und Nimzowitsch haben wichtige Beiträge zu ihrer Klärung geliefert.

Tartakowers Buch „Die hypermoderne Schachpartie" und Aljechins Glossen zum New Yorker Turnier 1924 geben die beste variantenmäßige Übersicht über diese modernen Eröffnungen. Hier beschränke ich mich wieder auf einige typische Beispiele und erkläre sie an Hand der übergeordneten strategischen Gesetze, die natürlich für das „moderne" Schach ebenso gelten wie für das „klassische".

Auf S. 46 habe ich bereits angedeutet, daß das Gesetz schnellster Figurenentwicklung in geschlossenen Partien weniger streng gilt als in offenen, weil infolge des schützenden Bauernwalles die Figuren des besser entwickelten Spielers nicht genügend Einbruchsfelder für einen konzentrierten Königsangriff finden. Jedoch muß der Spieler, der ein geschlossenes System mit langsamerer Entwicklung wählt, sich sehr davor hüten, daß der Gegner das Zentrum öffnet und dann durch seine bessere Entwicklung Angriff erhält. Eine gute Illustration gewährt die Partie Nimzowitsch-Steiner aus dem Kécskemet-Turnier 1927, deren Eröffnung folgendermaßen verlief: 1. f4, d5; 2. e3, Sf6; 3. b3 (notwendig war Sf3, um die folgende Öffnung des Zentrums zu vermeiden), d4!; 4. Ld3, de; 5. de, e5; 6. fe, Sg4; 7. Lb5†, c6; 8. Dd8+, Kd8:; 9. Le2, Se5:; 10. Lb2, Sg4; 11. Lg4:, Lg4:; 12. Sc3, Sd7 und Schwarz hat wegen des schwachen vereinzelten Bauern von Weiß bei weitem das bessere Spiel.

Die beliebteste der modernen Eröffnungen ist das „Réti-System", im Anzuge sowohl wie im Nachzuge, und das sogenannte „Indische System", das meist als „Indische Verteidigung" gespielt wird und mit dem Réti-System verwandt ist. Letzteres besteht aus den Zügen

1.	Sg1—f3	d7—d5
2.	c2—c4	....

Auf Grund der erörterten allgemeinen schachstrategischen Gesetze wird Schwarz versuchen, eine Antwort zu finden, die erstens seinen Zentrumsbauern erhält und zweitens dem Damenläufer eine Entwicklungsmöglichkeit läßt. Er wird daher am besten c7—c6 spielen. Zieht dann Weiß erst 3. g2—g3 und 4. Lf1—g2, so antwortet Schwarz Lc8—f5 und e7—e6. Entwickelt dagegen Weiß erst seinen Damenläufer mit 3. b2—b3 und 4. Lc1—b2, so kann Schwarz auch Lc8—g4 und e7—e6 spielen, und damit die Fianchettierung des weißen Königsläufers unersprießlich machen, indem er 5. g2—g3 mit Lg4×f3 beantwortet. Auf Lc8—g4 braucht Schwarz 4. Sf3—e5 nicht zu fürchten, denn nach Lg4—h5 kann er den Springer mit Sb8—d7 vertreiben und dabei gleichzeitig die eigene Entwicklung fördern. Die beste Spielweise für beide Teile scheint die folgende zu sein, die zu der Stellung des Diagramms 74 führt:

2.	....	c7—c6
3.	g2—g3	Lc8—f5
4.	Lf1—g2	e7—e6
5.	b2—b3	Sg8—f6
6.	Lc1—b2	Sb8—d7
7.	0—0	Lf8—d6
8.	d2—d4	

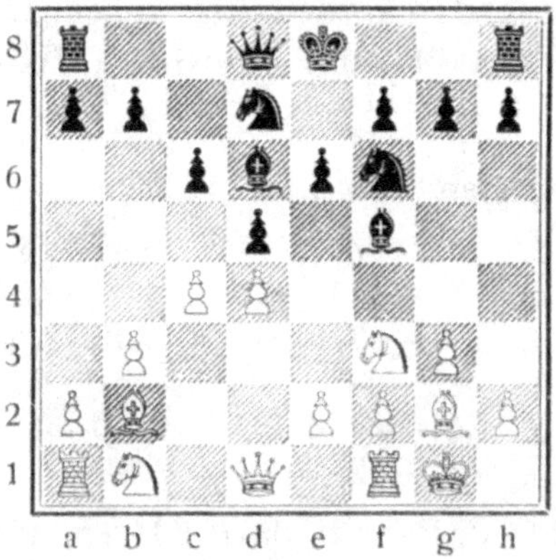
74

Falls Weiß 8. d2—d3 spielt, um nicht die Beherrschung des Punktes e4 aufzugeben, und das Zentrum in der Schwebe zu halten, bis sich ein günstiger Moment für den Vorstoß d3—d4 bietet, kommt Schwarz dafür zu e6—e5 und droht dann gelegentlich das Spiel durch e5—e4 zu öffnen.

Statt dieser „klassischen" Verteidigungsweise kann Schwarz sich auch „modern" verteidigen und das Entwicklungssystem des Weißen nachahmen, indem er die Besetzung des Zentrums mit dem Damenbauer hintanhält. Nämlich:

1.	Sg1—f3	c7—c5
2.	c2—c4	Sb8—c6
3.	g2—g3	g7—g6
4.	Lf1—g2	Lf8—g7
5.	d2—d3	d7—d6

Spielt Schwarz Rétis System gegen die weiße Damenbauereröffnung, so kann Weiß sich entweder mit c2—c3 aufbauen und den Damenläufer entwickeln, ehe er e2—e3 zieht, ganz wie Schwarz in der oben erwähnten klassischen Verteidigung gegen das Réti-System, oder er kann auch die Bauernaufstellung des klassischen Damengambits wählen, etwa

1.	d2—d4	Sg8—f6
2.	Sg1—f3	g7—g6
2.	e2—e3	b7—b6
4.	Lf1—d3	Lc8—b7
5.	0—0	c7—c5
6.	c2—c4	c5×d4
7.	e3×d4	Lf8—g7
8.	Sb1—c3	d7—d5
9.	Lc1—g5	

zum Vorteil für Weiß.

Diese durch die ersten beiden Züge gekennzeichnete Spielweise von Schwarz wird gewöhnlich „Indische Verteidigung" genannt. Statt der Entwicklung b7—b6, Lc8—b7, c7—c5 scheint es jedoch für Schwarz besser zu sein, mit d7—d6 (und evtl. Sb8—d7) auf den Vorstoß e7—e5 zu spielen, etwa:

1.	d2—d4	Sg8—f6
2.	c2—c4	g7—g6
3.	Sb1—c3	Lf8—g7
4.	e2—e4	d7—d6
5.	Sg1—f3	0—0
6.	Lf1—e2	e7—e5

Weiß gewinnt hier keinen Bauern, da 7. d4×e5, d6×e5; 8. Dd1×d8, Tf8×d8; 9. Sf3×e5 mit Sf6×e4 beantwortet wird. Spielt er aber 7. d4—d5, so wird der Punkt c5 dem schwarzen Damenspringer zugänglich, und ein direkter Vorteil ist für Schwarz nicht ersichtlich.

Im New Yorker Turnier 1924 versuchte ich den Vorstoß e7—e5 gegen Aljechin auch, nachdem dieser bereits f2—f4 gezogen hatte. Die Zugfolge war:

5.	f2—f4	0—0
6.	Sg1—f3	e7—e5

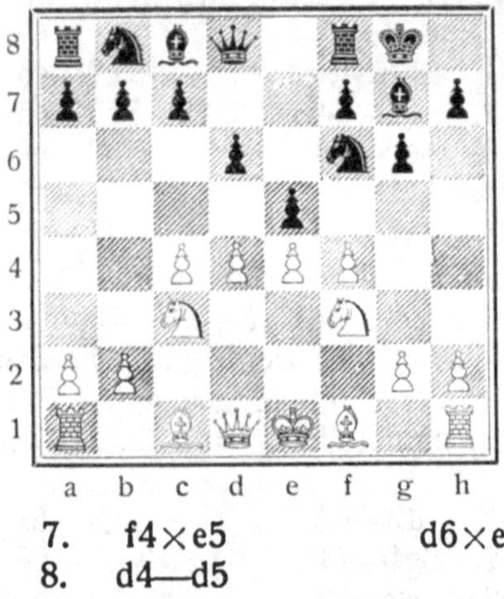

75

7.	f4×e5	d6×e5
8.	d4—d5	

Auf Sf3×e5 beabsichtigte ich c7—c5; 9. d4—d5, Sf6×e4, und auf 8. d4×e5, Dd8×d1†; 9. Ke1×d1, Sf6—g4; 10. Sc3—d5, Sb8—a6 mit aussichtsreichem Figurenspiel.

Hätte Weiß im 7. Zuge d4×e5 gespielt, so hätte ich mit d6×e5; 8. Dd1×d8, Tf8×d8; 9. Sf3×e5, Sb8—a6 mit der Doppeldrohung Sa6—c5 und Sa6—b4 fortgesetzt, und es scheint mir, daß der Entwicklungvorsprung des Schwarzen den geopferten Bauern aufwiegt.

Auf 3. Sb1—c3 kann Schwarz, statt in der geschilderten Weise den Vorstoß e7—e5 vorzubereiten, auch d7—d5 spielen. Dieser von Grünfeld befürworteten Verteidigung liegt der Plan zugrunde, nach 4. c4×d5, Sf6×d5; 5. e2—e4, Sd5×c3; 6. b2×c3, Lf8—g7 das weiße Zentrum mit c7—c5 zu belästigen.

Bereits die wenigen hier skizzierten Spielweisen werden dem Lernenden einen Begriff geben von der erheblich größeren Vielseitigkeit der modernen Eröffnungen mit ihren schwebenden Zentrumsstellungen gegenüber den klassischen Eröffnungen, in denen das Bauernzentrum fast stets im frühesten Stadium der Partie beinahe unbeweglich festgelegt war.

Wir wollen nun erst einige Beispielpartien leichterer Art durchspielen, in denen die besprochenen strategischen Gesichtspunkte lehrreich illustriert werden.

Ehe wir dann zu dem viel schwierigeren modernen Positionsspiel übergehen, müssen wir noch das Endspiel näher untersuchen und eine Anzahl wichtiger typischer Mittelspielmanöver eingehend betrachten.

III. Leichtere Beispielpartien.

Partie Nr. 1.

Weiß: Réti. Schwarz: Tartakower.

Caro-Kann (vgl. S. 68).

Gespielt in Wien 1910.

1.	e2—e4	c7—c6
2.	d2—d4	d7—d5
3.	Sb1—c3	d5×e4
4.	Sc3×e4	Sg8—f6
5.	Dd1—d3	....

Es ist unwahrscheinlich, daß dieser Zug besonders gut ist, denn schon nach Sf6×e4 nebst Dd8—d5 ist Schwarz in keiner Weise an der leichten Entwicklung aller Figuren gehindert. Freilich kann Schwarz nicht 5. ...., Lc8—f5 spielen, da Se4×f6† eine Figur gewinnen würde.

5.	....	e7—e5

Hiermit räumt Schwarz den weißen Zentrumsbauern weg, verliert jedoch zwei Entwicklungstempi. Das Manöver ist daher schlecht. Es sollte einfach Sb8—d7, Sf6×e4 nebst Sd7—f6 oder irgendeine andere Reihe von Entwicklungszügen geschehen.

6.	d4×e5	Dd8—a5†

7. Lc1—d2 Da5×e5
8. 0—0—0! ....

76

Damit leitet Weiß eine prachtvolle Matkombination ein, wie sie in so frühem Stadium der Partie nur möglich sein kann, wenn der Gegner seine Entwicklung gröblich vernachlässigt hat.

8. .... Sf6×e4
9. Dd3—d8†!! Ke8×d8
10. Ld2—g5†† Kd8—c7
11. Lg5—d8 Mat

Ein schönes Mat. Auch nach 10. ...., Kd8—e8 folgt Mat; 11. Td1—d8.

Hätte Schwarz nicht in der Diagrammstellung die Opferkombination von Weiß übersehen, so hätte er sich zwar gegen die direkte Drohung 9. Td1—e1 mit 8. ...., Lf8—e7 und 9. ...., 0—0 gerade noch ausreichend verteidigen können, weil Weiß keinen Abzug mit dem Springer hat, mit dem er gleichzeitig einen ungedeckten Punkt angreift, aber Weiß hatte in jedem Falle den bei offenem Zentrum so gefährlichen Vorsprung in der Entwicklung. So könnte er bereits an Königsangriff mit Opferkombinationen denken. Z. B. 10. Se4—g5, De5—d6; 11. Te1×e7, Dd6×e7; 12. Ld2—c3, drohend Lc3×f6 und Dd3—h7‡. Zieht Schwarz g7—g6, so könnte folgen: 13. Dd3—d4, Sb8—d7; 14. Lf1—d3, h7—h6; 15. h2—h4 mit gewaltigem Angriff. Am nachhaltigsten könnte sich Schwarz mit 12. ...., Tf8—e8 verteidigen, da er dann Lc3×f6 mit De7—e1† und Damentausch beantworten kann. Nach 13. Sg1—f3, Sb8—d7 kann er dann den Punkt h7 mit Sd7—f8 decken und so wohl beweisen, daß das Qualitätsopfer von Weiß unrichtig ist. Daher müßte sich Weiß mit langsameren Methoden begnügen und vielleicht einfach 10. Se4×f6†,

De5×f6; 11. Sg1—f3 oder Dd3—e4 nebst Lf1—d3 spielen. Es sieht auf den ersten Blick so aus als ob 10. Sg1—f3, mit Angriff auf die Dame bei gleichzeitiger Entwicklung, das beste sei. Doch hilft dies der Dame aus der Schußlinie des weißen Turmes heraus, und Weiß kann von seinem Entwicklungsvorsprung nicht den erwünschten Gebrauch machen, weil seine Dame wieder ziehen muß, um dem Königsläufer Platz zu machen. Wir haben hier ein Beispiel, wie schwer es manchmal ist, einen Entwicklungsvorteil aufrecht zu erhalten.

Partie Nr. 2.

Weiß: Eduard Lasker. Schwarz: Sir Thomas.

Gespielt in London 1912.

Holländisch (vgl. S. 78).

1.	d2—d4	f7—f5
2.	Sg1—f3	e7—e6
3.	Sb1—c3	Sg8—f6
4.	Lc1—g5	Lf8—e7

In Betracht kommt d7—d5, um e2—e4 zu verhindern. Doch hat dann der schwarze Damenläufer Schwierigkeiten ins Spiel zu kommen, während er jetzt — allerdings erst nach einem weiteren Bauernzuge — in der Diagonale a8—h1 wirksam postiert werden kann. Außerdem gedenkt Schwarz für die Aufgabe des Zentrumspunktes e4 in der offenen f-Linie ein gutes Äquivalent zu erhalten.

5.	Lg5×f6	Le7×f6
6.	e2—e4	f5×e4

Den Bauern nicht zu schlagen, wäre nicht im Sinne der oben erklärten Eröffnungstendenz. Übrigens drohte Weiß, mit e4—e5 und d4—d5 das schwarze Spiel völlig einzuengen.

7.	Sc3×e4	b7—b6
8.	Lf1—d3	Lc8—b7
9.	Sf3—e5	....

Obwohl dieser Springer bereits einmal gezogen hat, ist dieser Zug nicht zu verdammen, weil das Feld e5 ein für den Springer später doch erstrebenswerter Ort ist, der Zug sich also natürlich dem Aufbau der Eröffnung anpaßt. Übrigens droht er eine Figurenkonzentration auf dem Königsflügel, die für Schwarz nicht ungefährlich ist, nachdem der schützende Königsspringer durch Abtausch verschwunden ist. Die direkte Drohung ist Dd1—h5†, g7—g6; Se5×g6, h7×g6; Dh5×g6†, worauf Weiß den Läufer schlägt, also zwei Bauern gewinnt.

9.	....	0—0
10.	Dd1—h5	Dd8—e7

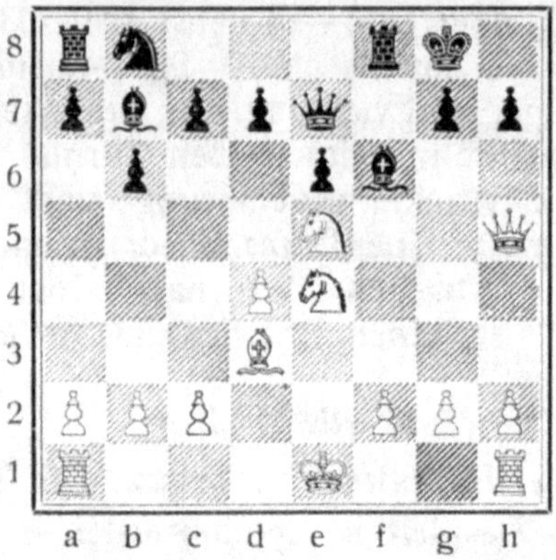

77

Hiermit wendet sich Schwarz gegen die Drohung Se4×f6† und Dh5×h7 mat. Schwarz würde nämlich den Springer mit dem g-Bauern zurücknehmen, und die Dame würde dann den h-Bauern decken. Schwarz übersieht jedoch das hübsche Damenopfer, das den König einem Doppelschach aussetzt und ihn in ein Matnetz zwingt.

11. Dh5×h7†!! Kg8×h7
12. Se4×f6†† Kh7—h6

Nicht Kh7—h8 wegen Se5—g6 mat.

13. Se5—g4† ....

Auf Sf6—g4 flüchtet der König in Sicherheit: Kh6—h5; 14. Ld3—g6†, Kh5—h4; 15. g2—g3†, Kh4—h3.

13. .... Kh6—g5
14. h2—h4† Kg5—f4
15. g2—g3† Kf4—f3
16. Ld3—e2† Kf3—g2
17. Tg1—g2† Kg2—g1
18. Ke1—d2 mat

Die tragikomische Reise des schwarzen Königs hätte noch um einen Zug abgekürzt werden können. Sowohl 16. 0—0 oder Kf1—g1 nebst 17. Sg4—h2 als auch 14. f2—f4†, Kg5—h4; 15. g2—g3†, Kh4—h3; 16. Ld3—f1†, Lb7—g2; 17. Sg4—f2 erzwang das Mat im 17. Zuge. Auf 14. f2—f4† kann der König den Bauern nicht schlagen wegen 15. g2—g3† und 16. 0—0 mat.

In der Diagrammstellung hätte Schwarz durch Lf6×e5 das weiße Angriffsmaterial reduzieren sollen. 11. d4×e5 scheiterte dann an Tf8—f5, und auf 11. Dh5×e5 hätte sich wohl Schwarz ausreichend mit g7—g6 und Sb8—c6 verteidigen können. Die Opferkombination

11. Se4—f6 führt höchstens zum Remis. Zwar kann Schwarz den Springer weder mit der Dame noch mit dem Läufer schlagen, wegen 12. Ld3×h7 und Mat in zwei Zügen, aber Tf8×f6 zwingt Weiß mit 12. Dh5×h7, Kg8—f7; 13. Dh7—h5, Kf7—g8; 14. Dh5—h7 ewiges Schach zu geben, da d4×e5 immer mit Tf6—h6 beantwortet würde. Nach 12. ...., Kg8—f8; 13. Dh7—h8†, Kf8—e7; 14. Dh8×g7†, Tf6—f7; 15. Dg7×e5 ist es sogar noch fraglich, ob die beiden weißen Freibauern sich als genügend stark erweisen, gegen die Mehrfigur unentschieden zu machen.

Partie Nr. 3.

Weiß: Capablanca. Schwarz: Blanco.

Gespielt in Havanna 1914.

Französisch (vgl. S. 67).

1.	e2—e4	e7—e6
2.	d2—d4	d7—d5
3.	Sb1—c3	d5×e4
4.	Sc3×e4	Sb8—d7
5.	Sg1—f3	Sg8—f6
6.	Se4×f6†	Sd7×f6
7.	Sf3—e5!	....

Dieser Zug hindert wegen der Drohung Lb5† die erstrebte Entwicklung des schwarzen Damenläufers durch b7—b6 nebst Lc8—b7.

Wie in der vorigen Partie scheint der Zug auf den ersten Blick dem Gesetz der schnellstmöglichen Entwicklung aller Figuren zu widersprechen, doch muß immer im Auge behalten werden, daß es in keiner Eröffnung auf einen einzelnen Zug, sondern auf eine ganze Reihe von Zügen ankommt, die alle sich dem Eröffnungsplan logisch einreihen müssen. Der Springer strebt in der vorliegenden Eröffnung sowieso nach e5, und das wiederholte Ziehen des Springers, ehe die andern Figuren entwickelt sind, ist daher nicht als ein Tempoverlust für die Mobilisation zu betrachten.

7.	....	Lf8—d6
8.	Dd1—f3	c7—c6

Es drohte 9. Lf1—b5†, c7—c6; 10. Se5×c6. Jetzt droht Schwarz Abtausch auf e5 und Dd8—a5†.

9.	c2—c3	0—0
10.	Lc1—g5	Ld6—e7
11.	Lf1—d3	....

Schwarz wird jetzt, wie er auch antwortet, gezwungen, irgendeinen schwächeren Bauernzug zu machen, um dem Manöver Df3—h3,

78

Lg5×f6, Dh3×h7 vorzubeugen, und Weiß dringt dann mit seinem Angriff ohne Mühe durch. Das ganze Eröffnungssystem des Schwarzen ist damit widerlegt, daß der Läufer c8 nicht dazu kommt, die Diagonale a8—h1 zu besetzen, wodurch allein die Aufgabe des Zentrums (d5×e4) zu begründen ist. Die Folge ist jetzt, daß die Figuren des Damenflügels überhaupt nur unter großen Schwierigkeiten herauskommen, und nachdem sie schließlich eingreifen, ist es schon zu spät:

11. .... Sf6—e8

um die Linie des Läufers d3 durch f7—f5 zu unterbrechen. Tut dies Schwarz durch g7—g6, so bringt Weiß mit h2—h4—h5—g6 auch den Turm h1 heran.

12. Df3—h3 f7—f5

h7—h6 würde eine baldige Katastrophe zur Folge haben: 13. Lg5×h6, g7×h6; 14. Dh3×h6, f7—f5; 15. g2—g4. Der Textzug wendet den Angriff vom König ab, aber der Bauer e6 ist rückständig geworden, und auf ihn stürzt sich jetzt Weiß mit allen Kräften.

13. Lg5×e7 Dd8×e7
14. 0—0 Tf8—f6
15. Tf1—e1 Se8—d6
16. Te1—e2 Lc8—d7
17. Ta1—e1 Ta8—e8
18. c3—c4 ....

Der typische Verlauf der Ausnutzung der Rückständigkeit eines Bauern.

18. .... Sd6—f7
19. d4—d5 Sf7×e5
20. Te2×e5 g7—g6

Es drohte 21. Ld3×f5, Tf6×f5; 22. Dh3×f5 usw.

21.	Dh3—h4	Kg8—g7
22.	Dh4—d4	c6—c5
23.	Dd4—c3	b7—b6

Verhältnismäßig am besten wäre es noch gewesen, durch Kg7—f7 den Turm f6 zu entfesseln; doch kommt fast dieselbe Stellung auch in der Partie zustande, und die paar Züge, die Schwarz gewonnen hätte, hätten ihm auch nicht Zeit zu ausreichender Verteidigung verschafft.

24.	d5×e6	Ld7—c8
25.	Ld3—e2	....

Der Läufer setzt sich nun einfach auf d5 fest, und ob Schwarz den e-Bauern schlägt oder nicht, er geht bald an der Rührungslosigkeit zugrunde, die entweder der Bauer e6 oder die Fesselung des Läufers auf e6 verursacht.

25.	....	Lc8×e6
26.	Le2—f3	Kg7—f7
27.	Lf3—d5	De7—d6
28.	Dc3—e3	Te8—e7
29.	De3—h6	Kf7—g8
30.	h2—h4	....

Das entscheidende Manöver, das die Bauernkette um den schwarzen König zerreißt.

30.	....	a7—a6
31.	h4—h5	f5—f4
32.	h5×g6	h7×g6
33.	Te5×e6	Aufgegeben,

da nach Te7×e6; 34. Te1×e6, Tf6×e6; 35. Dh6×g6 eine Figur gewinnt.

Eine Partie aus einem Guß.

Partie Nr. 4.

Weiß: Eduard Lasker. Schwarz: Englund.

Gespielt in Scheveningen 1913.

Vierspringerspiel.

1.	e2—e4	e7—e5
2.	Sg1—f3	Sb8—c6
3.	Sb1—c3	Sg8—f6
4.	Lf1—b5	Sc6—d4
5.	Sf3×e5	....

Für diesen Bauern gewinnt Schwarz ohne weiteres durch Dd8—e7 den Bauern e4 und kann außerdem durch Sd4×b5 den schönen weißen Läufer abtauschen. Es empfiehlt sich daher, statt des Textzuges entweder den Läufer nach a4 oder c4 zurückzuziehen oder 5. Sf3×d4, e5×d4; 6. e4—e5, d4×c3; 7. e5×f6 zu spielen, worauf Schwarz Dd8×f6 fortsetzen würde und nicht etwa c3×d2†, da sonst Weiß sich rapide entwickelt und den Gegner nicht mehr zur Rochade kommen läßt, z. B. 8. Lc1×d2, Dd8×f6; 9. 0—0, Lf8—e7; 10. Ld2—c3 nebst Tf1—e1 usw.

5.	Dd8—e7
6. Se5—f3	Sf6×e4?

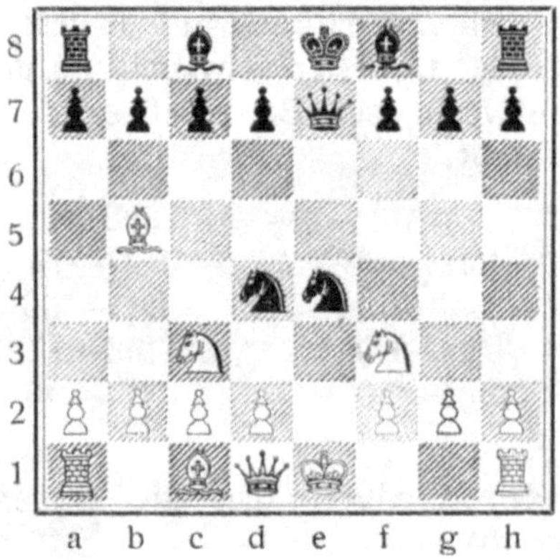

79

Hier mußte natürlich Sd4×b5 geschehen, damit die Dame den Bauern e4 nehmen kann und der Läufer f8 beweglich wird. Nach 7. Sc3×b5, De7×e4† ; 8. Dd1—e2, De4×e2† ; 9. Ke1×e2, Sf6—d5 (10. c2—c4, a7—a6) kommt dann Schwarz zwar etwas später zur Beendigung seiner Entwicklung (10. Th1—e1, f7—f6; 11. Ke2—f1†, Ke8—f7), doch kann dies nach dem Damentausch von Weiß nicht mehr unmittelbar zu einer siegreichen Attacke ausgenutzt werden, und der Vorteil des Läuferpaares kommt allmählich zur Geltung. In einer Matchpartie Ed. Lasker-Cole (London 1913) folgte 12. d2—d4, a7—a6; 13. Sb5—c3, Sd5×c3; 14. b2×c3, d7—d5. Hier ist der Doppelbauer insofern von Nachteil, als der Bauer c2, den Schwarz stets durch Lc8—f5 zu attackieren droht, unbeweglich ist. Besser wäre aus diesem Grunde d2—d3 statt d2—d4 gewesen.

7. 0—0	Se4×c3

Jetzt kann Sd4×b5 schon nicht mehr geschehen, da nach 8. Sc3×b5 sowohl Sb5×c7 als auch Tf1—e1 nebst d2—d3 droht. Die Partie ist überhaupt schon so gut wie verloren für Schwarz, da der König sich nicht mehr durch die Rochade dem in der offenen e-Linie nahenden Angriff entziehen kann.

8.	d2×c3	Sd4×f3†
9.	Dd1×f3	De7—c5
10.	Tf1—e1†	Lf8—e7
11.	Lb5—d3	....

Das verhindert die Rochade, auf die Df3—e4 eine Figur gewönne.

11.	....	d7—d5
12.	Lc1—e3	....

Die Entwicklung dieses Läufers hat Weiß gratis, da der Schwarze durch Damenzüge Zeit verlieren muß.

12.	....	Dc5—d6
13.	Le3—f4	Dd6—f6
14.	Df3×d5!!	....

Die rückständige Entwicklung des Schwarzen gibt schon zu Opferkombinationen Gelegenheit. Nimmt Schwarz den Läufer, so folgt 15. Ld3—b5†, Ke8—f8; 16. Dd5—d8†!, Le7×d8; 17. Te1—e8‡ oder 15. ...., c7—c6; 16. Lb5×c6† usw.

14.	....	c7—c6
15.	Dd5—e4	Lc8—e6
16.	Te1—e3	Le7—c5

Statt dessen konnte Schwarz lang rochieren; doch wäre einfach Ta1—d1 gefolgt und eine ähnliche Katastrophe wie in der Partie.

17.	Lf4—e5	Df6—h6
18.	Te3—g3	Lc5—f8

Ein trauriger Rückzug. Aber auf Dh6—d2, was Schwarz vielleicht ursprünglich beabsichtigte, käme Ta1—f1 mit der Drohung Le5—f4.

19.	Ta1—d1	....

Dieser Zug, der die weiße Entwicklung beendet, gibt dem Schwarzen nur scheinbar die lang ersehnte Gelegenheit zur Rochade. Doch ist schon gar kein vernünftiger Zug mehr für Schwarz zu finden.

19.	....	0—0—0?
20.	De4×c6†	b7×c6
21.	Ld3—a6‡.	

Partie Nr. 5.

Weiß: Forgacz. Schwarz: E. Cohn.

Gespielt in St. Petersburg 1909.

Damengambit (vgl. S. 72).

1.	d2—d4	d7—d5
2.	Sg1—f3	e7—e6

3.	c2—c4	d5×c4
4.	Sb1—c3	Sg8—f6
5.	Lc1—g5	Lf8—e7
6.	e2—e4	h7—h6?

Schwarz ist durch den Zug d5×c4 sowieso schon um ein Tempo in der Figurenentwicklung zurück und sollte daher um keinen Preis einen Bauernzug tun, der nicht im Sinne schleunigster Vollendung der Entwicklung liegt. Der gegebene Entwicklungsweg war 0—0, b7—b6, Lc8—b7 und Sb8—d7.

7. Lg5×f6! ....

Durch diesen Abtausch stempelt Weiß den vorangehenden Zug des Schwarzen zum Tempoverlust, während der Rückzug des Läufers keinen Entwicklungszug gewinnen würde.

7.	....	Le7×f6
8.	Lf1×c4	Sb8—d7
9.	0—0	0—0

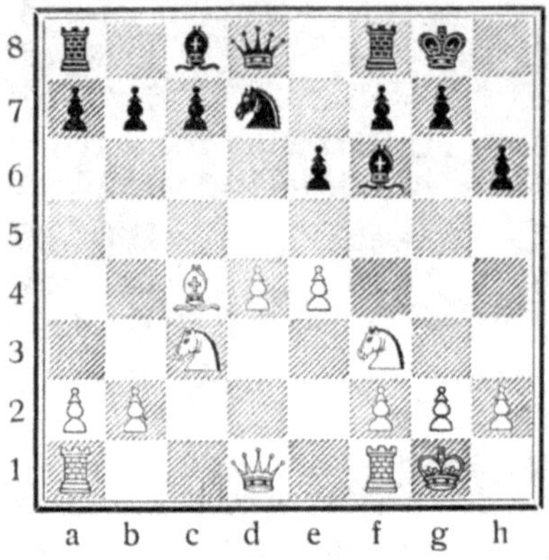

Die Stellung sieht noch ganz unschuldig aus, und doch zeigen sich bei genauerer Betrachtung bereits verschiedene schwere Nachteile, in die Schwarz durch das Weggeben seines Zentrumsbauern und durch das Zurückbleiben in der Figurenentwicklung geraten ist. Durch das Fehlen des Bauern d5 ist Weiß im Besitz des Punktes e4, über den hinweg er überlegene Streitkräfte auf den Königsflügel bringen kann, noch ehe Schwarz dazu kommt, mit b7—b6 nebst Lc8—b7 den Damenläufer gegen e4 mobil zu machen. Die direkte Drohung, die dem Weißen zur Verfügung steht, ist (nach e4—e5) Dd1—e2—e4 und Lc4—d3. Dagegen muß sich Schwarz, um die Lockerung g7—g6 zu vermeiden, mit dem Manöver Tf8—e8, Sd7—f8 wenden. Inzwischen bringt Weiß einen Turm nach d1 und droht durch d4—d5 die d-Linie zu öffnen. Um dies wiederum zu verhindern, muß Schwarz c7—c6 spielen, und damit wird die Öffnung der Diagonale a8—h1 für den Läufer c8 so lange aufgeschoben, daß Weiß seine Figuren zum Schlußangriff gegen den feindlichen König konzentrieren kann, ohne daß Schwarz auch nur eine Chance bekommt, mit seinem Damenläufer und seinem Damenturm in die Verteidigung einzugreifen. Nach diesen Hauptlinien spielt sich die Partie in leicht verständlicher Weise ab, ein Musterbeispiel für die Vorteile, die die Zugänglichkeit von Zentrumspunkten für Figuren gewährleistet.

10.	e4—e5	Lf6—e7
11.	Dd1—e2	Tf8—e8
12.	Ta1—d1	c7—c6
13.	De2—e4	Dd8—c7

um b7—b6 ziehen zu können.

14.	Tf1—e1	Sd7—f8
15.	De4—g4	b7—b6
16.	Dg4—h5	Lc8—b7
17.	Te1—e4	Le7—b4

Schwarz kann immer noch nicht c6—c5 spielen, da Te4—f4 mit Angriff auf f7 droht, worauf der Läufer e7, der die Deckungslinie der schwarzen Dame unterbricht, nur den traurigen Rückzug nach d8 übrig hätte. Weiß würde dann in wenigen Zügen entscheiden: z. B. 17. ...., c6—c5; 18. Te4—f4, Le7—d8; 19. d4—d5, e6×d5; 20. Sc3×d5, Lb7×d5; 21. Lc4×d5 mit Angriff auf Ta8 und Bauer f7.

18.	Te4—g4	Lb4×c3
19.	b2×c3	Kg8—h8

Es drohte Dh5×h6.

20.	Sf3—g5	Te8—e7
21.	Sg5—e4	....

Nun genießt sogar der Springer noch die Freuden der Zugänglichkeit des Punktes e4, von wo aus er in den Matangriff des Weißen entscheidend eingreift.

21.	....	Ta8—d8
22.	Td1—d3	c6—c5
23.	Se4—f6	....

Es droht Dh5×h6† nebst Tg4—g8‡. Schlagen kann Schwarz den Springer nicht wegen Dh5×h6 und Mat auf g7. Das Mat ist aber angesichts der Übermacht der angreifenden Figuren gegen die verteidigenden überhaupt nicht mehr lange hinauszuschieben.

23.	....	Sf8—g6
24.	Td3—h3	Aufgegeben.

Die Drohung Dh5—g5 und Th4×h6 ist undeckbar.

Partie Nr. 6.

Weiß: Eduard Lasker. Schwarz: N. T. Whitaker.

Gespielt in Cleveland 1921.

Französische Partie (vgl. S. 67).

1.	e2—e4	e7—e6
2.	d2—d4	d7—d5
3.	Sb1—c3	Sg8—f6
4.	e4×d5	e6×d5
5.	Lc1—g5	c7—c6

Schwarz möchte gern seinen Damenläufer ebenfalls zur Fesselung des Königsspringers benutzen, und ihn nicht auf e6 lediglich zur Verteidigung des Damenbauern verwenden. Weiß wartet daher möglichst lange, ehe er mit dem Königsspringer herauskommt, und versucht so zu manövrieren, daß Schwarz zu Le6 gezwungen wird.

6.	Lf1—d3	Lf8—d6

Natürlich zieht Schwarz die offene lange Linie für seinen Läufer der verbauten kürzeren vor, die er auf e7 betreten würde. Doch zeigt die Antwort des Weißen, daß Le7 notwendig war.

7.	Dd1—e2†	....

Jetzt muß Schwarz wohl oder übel Le6 ziehen, wenn er nicht entweder durch Le7 ein glattes Tempo verlieren oder mit De7 die Aufreißung der Bauern durch L×f6 zulassen will.

7.	....	Lc8—e6
8.	Sg1—f3	0—0
9.	0—0—0	Le6—g4

Der natürliche Entwicklungszug war Sb8—d7. Schwarz will durchaus den weißen Springer nicht nach e5 lassen; doch war dies das kleinere Übel. Wahrscheinlich übersah er, daß er im nächsten Zuge wegen L×f6 nicht Te8 spielen kann.

10.	h2—h3	Lg4×f3
11.	De2×f3	Sb8—d7
12.	g2—g4	....

Dies beschleunigt nicht nur den Angriff gegen den König, sondern verhindert auch den Ausfall der schwarzen Dame nach b6 oder a5, da nach 13. L×f6, S×f6; 14. g5 Schwarz wegen der Drohung Df5 den Springer nicht nach d7 zurückziehen kann, sondern nach e8 gehen muß, wodurch die schwarzen Figuren ganz lahmgelegt werden.

12. .... Tf8—e8

Dies begegnet der genannten Drohung, indem es den Deckungszug Sd7—f8 ermöglicht.

13. Ld3—f5 ....

Wieder ist der Ausfall der schwarzen Dame verhindert, denn nun würde L×f6, S×f6; g5 den Springer gewinnen.

13. .... Dd8—c7
14. h3—h4 Sd7—f8

Schwarz unterschätzt die Gefährlichkeit der Aufreißung der verteidigenden Bauernkette; doch war es bereits sehr schwer, eine zufriedenstellende Fortsetzung zu finden.

15. Lg5×f6 g7×f6
16. g4—g5 f6×g5
17. h4×g5 Ld6—f4†
18. Kc1—b1 Lf4×g5

Dies sieht sehr gewagt aus, doch hatte Schwarz sich ausgerechnet, daß auf Tg1 der Angriff mit f7—f6 abgewehrt wird.

81

In Stellungen wie der vorliegenden besteht aber eine große Wahrscheinlichkeit, daß bereits ein Matangriff möglich ist, nachdem der König mit Hilfe des Opfers der einen oder anderen Figur weiter entblößt ist, denn Weiß hat beide Türme, Dame und Läufer für die

Attacke verfügbar, während Schwarz eigentlich nur mit Läufer und Springer zur Verteidigung bereit ist. Daher hätte Schwarz sehr sorgfältig die sich nach L×h7 ergebenden Varianten durchrechnen sollen.

19.	Lf5×h7†	Sf8×h7
20.	Th1×h7!!	Kg8×h7
21.	Df3—f5†	Kh7—g7
22.	Df5×g5†	Kg7—f8
23.	Td1—h1	....

Schwarz hatte diesen Zug nicht mitgerechnet, sondern Dh6 erwartet, was dem Weißen nicht mehr als Remis durch ewiges Schach bringt.

23.	....	Dc7—h2
24.	Th1×h2	Te8—e1†
25.	Dg5—c1	....

Weiß gewann das Endspiel mit dem Springer nunmehr ohne Schwierigkeit.

Diese Partie ist ein lehrreiches Beispiel für die Wahrheit der dem modernen Schach zugrunde liegenden Erkenntnis, daß die Ursache des Verlustes einer Partie meist im ganz frühen Stadium der Eröffnung zu suchen ist, und daß daher selbst die unscheinbarsten Eröffnungszüge genau daraufhin geprüft werden müssen, ob sie nicht etwa irgendwie die schnelle Entwicklungsmöglichkeit der Figuren auf wirkungsvolle Felder beeinträchtigen.

Partie Nr. 7.

Weiß: Eduard Lasker. Schwarz: Mieses.

Gespielt in Scheveningen 1913.

Damenbauer gegen Königsbauer (vgl. S. 61).

1.	e2—e4	d7—d5
2.	e4×d5	Sg8—f6

Dies gibt dem Weißen Gelegenheit zu dem Fehler 3. c2—c4 (vgl. S. 56). Schwarz würde c7—c6 antworten und für den geopferten Bauern eine ganz überlegene Entwicklung erlangen.

3.	d2—d4	Dd8×d5

Auch Sf6×d5 kann geschehen. In beiden Fällen gewinnt Weiß früher oder später ein Tempo dadurch, daß er die schwarze Figur von d5 durch Sb1—c3 bzw. c2—c4 wieder vertreibt. Einen weiteren Vorteil besitzt Weiß darin, daß er einen Bauern im Zentrum hat. Er muß allerdings darauf achten, daß dieser kein dankbares Angriffsobjekt für Schwarz wird, der etwa versuchen könnte, schnell lang zu rochieren und sich dann mit e7—e5 gegen d4 zu wenden. Von diesem Plan ist Schwarz geleitet, wenn er mit der Dame wieder schlägt. Doch stehen der Ausführung erhebliche Schwierigkeiten entgegen, die in der Deplacierung der Dame begründet liegen. Nach 4. Sb1—c3 ist Dd5—a5 der einzige Zug, der die Dame auf einen Platz bringt, von dem sie nicht sofort wieder vertrieben wird. Doch muß Schwarz immer noch für eine Rückzugsmöglichkeit von a5 sorgen, da Weiß stets mit Lc1—d2 einen vorteilbringenden Springerabzug drohen kann. Diese Rückzugsmöglichkeit kann nur durch c7—c6 geschaffen werden, wodurch andrerseits dem Springer b8 das natürliche Entwicklungsfeld genommen wird, von dem aus er den Druck auf d4 verstärken helfen sollte. Auch der Läufer c8 findet nicht so leicht ein günstiges Entwicklungsfeld, und bildet, wie z. B. auch in der vorliegenden Partie, leicht ein Ziel des weißen Angriffs.

4. Sb1—c3	Dd5—a5
5. Sg1—f3	Lc8—f5

Mit Lc8—g4 käme Schwarz dem Weißen nur entgegen, der die Deplacierung der schwarzen Dame zu einer heftigen Attacke auf dem Königsflügel ausnutzen kann. Es würde folgen 6. h2—h3, Lg4—h5; 7. g2—g4, Lh5—g6; 8. Sf3—e5 (droht Se5—c4), c7—c6; 9. h3—h4, Sb8—d7; 10. Se5—c4, Da5—c7; 11. h4—h5, Lg6—e4; 12. Sc3×e4, Sf6×e4; Dd1—f3 und 14. Lc1—f4 mit überlegener Stellung.

6. Sf3—e5!	Sf6—e4

Schwarz mußte unbedingt c7—c6 ziehen, um gegen die Drohungen Se5—c4 und Dd1—f3 gerüstet zu sein. Nach dem Textzug ist die Partie schon nicht mehr zu halten. Weiß erlangt einen heftigen Angriff mit überlegenen Streitkräften, der durchdringt, ehe Schwarz seine Entwicklung beendet hat.

7. Dd1—f3	Se4—d6

Auf Se4×c3 würde Lc1—d2 folgen.

8. Lc1—d2	e7—e6
9. g2—g4!	Lf5—g6

Schwarz muß den Punkt f7 gedeckt halten, da Sc3—b5 nebst Sb5×d6 und Df3×f7 droht.

10. h2—h4	Da5—b6
11. 0—0—0	f7—f6

Erzwungen. Sb8—c6 scheitert an 12. Se5×c6, Db6×c6; 13. Df3×c6, b7×c6; 14. Lf1—g2! nebst h4—h5. Auf 11. ...., Db6×d4 andrerseits würde 12. Ld2—f4 folgen mit der Fortsetzung Dd4—c5; 13. h4—h5, f7—f6; 14. h5×g6, f6×e5; 15. Lf4—g5 nebst Td1×d6 und Td6—d8 bzw. Df3—f7 mat.

12. Se5×g6	h7×g6
13. Lf1—d3	Db6×d4

Auch Ke8—f7 oder f6—f5 hätten bei der rückständigen Entwicklung nichts geholfen.

14. Ld3×g6†	Ke8—d7
15. Ld2—e3	Dd4—b4
16. a2—a3	Db4—c4
17. Df3×b7	Dc4—c6
18. Lg6—e4	Aufgegeben.

Partie Nr. 8.

Weiß: Eduard Lasker. Schwarz: Frank Marshall.
Gespielt in Chicago 1917.
Damengambit (vgl. S. 74).

1. d2—d4	d7—d5
2. Sg1—f3	c7—c5
3. c2—c4	e7—e6
4. Sb1—c3	Sb8—c6
5. c4×d5	e6×d5
6. g2—g3	Sg8—f6
7. Lc1—g5	....

Die natürlichste Fortsetzung ist Lg2. So unwichtig es erscheint, in diesem frühen Eröffnungsstadium die Reihenfolge der Entwicklungszüge genau zu beachten, der Textzug gibt dem Schwarzen Gelegenheit, den ruhigen Entwicklungsplan des Weißen zu stören. In einer telegraphischen Wettkampfpartie zwischen Riga und Moskau,

83

in der dieselbe Eröffnung gespielt wurde, erreichte Schwarz durch c5×d4; 8. Sf3×d4, Lf8—c5; 9. Sd4×c6, b7×c6; 10. e2—e3, h7—h6; 11. Lg5×f6, Dd8×f6; 12. Lf1—e2, Ta8—b8; 13. 0—0, h6—h5 Gewinnstellung. Weiß konnte nicht 9. Sb3 spielen, da L×f2 die Antwort sein würde, und 9. Sf3 ermöglicht Lg4 zum Vorteil für Schwarz.

7.	....	c5×d4
8.	Lg5×f6	Dd8×f6
9.	Sc3×d5	Df6—d8
10.	Sd5—f4	....

Auf e2—e4 gelangt Schwarz entweder durch Lc8—e6 oder durch d4×e3 e. p. nebst Da5 in Vorteil.

10.	....	Lf8—b4†

Das einfachste und wohl das beste war Lf8—d6; 11. Sf4—d3, Lc8—f5.

11.	Sf3—d2	0—0
12.	Lf1—g2	Lc8—f5
13.	0—0	Tf8—e8
14.	Ta1—c1	Ta8—c8
15.	Sd2—b3	Lf5—e4
16.	Lg2—h3	Tc8—c7

Eine komplizierte, überraschende Kombination, die scheinbar einen Bauern gewinnt, bei richtigem Gegenspiel aber wohl doch nur zum Ausgleich geführt hätte.

17.	Sb3×d4	....

Falls S×S; 18. T×T, S×e2†; 19. D×S, D×T; 20. S—d5, D—a5; 21. T—d1, K—f8; 22. D—c4, so rettet sich Schwarz gerade noch mit Lb4—d2. Wahrscheinlich hielt Marshall diese Spielweise für verloren und beschloß daher, zwei Figuren und einen Turm für die Dame zu geben, was ihm einige Aussichten für das Endspiel läßt. Seine Antwort ist höchst geistreich.

17. .... Lb4—d2

Einer von den berüchtigten Marshallschen „Schwindelzügen", die stets gefährlich und schwer zu widerlegen sind.

Das Opfer zwingt die Dame auf ein ungedecktes Feld, so daß sie durch Abzugsschach verlorengeht, wenn Weiß sich an dem Turm vergreift.

18. Dd1×d2 Sc6×d4
19. Tc1×c7 ....

Weiß kann zwar durch Tc1—d1 bei gleicher Figurenzahl den gewonnenen Bauern behaupten, doch hat dann Schwarz bessere Remisaussichten als in dem folgenden Spiele, in dem Weiß infolge seiner Figurenübermacht einen starken Angriff erhält.

19. .... Sd4—f3†
20. e2×f3 Dd8×d2
21. f3×e4 Dd2×b2

Das folgende Endspiel ist sehr lehrreich. Die kleinen weißen Figuren können nur schwer nach dem Damenflügel gebracht werden, wo Schwarz einen gefährlichen Freibauern erhält. Auf dem Königsflügel dagegen hat Weiß vorzügliche Aussichten, falls er alle seine Figuren rasch zur Attacke konzentriert. Weiß spielt daher lediglich auf dem Königsflügel und verliert keine Zeit mit Versuchen, seinen a-Bauern zu decken oder einen der schwarzen Bauern auf dem Damenflügel gegen ihn zu tauschen.

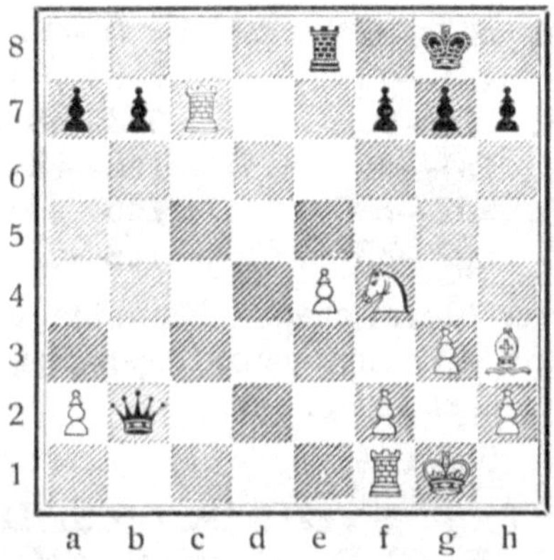

84

22. Tf1—d1 Db2×a2

23.	Td1—d7	a7—a5
24.	Td7—e7	....

Viel stärker war K—g2, um dem Schach auf a1 aus dem Wege zu gehen, das den Bauern g7 deckt. Weiß drohte dann L—e6 oder S—d5.

24.	....	Kg8—f8
25.	Te7—d7	a5—a4

Schwarz scheint auf den ersten Blick mit T×e4 Remisaussichten zu haben, da nach S—e6, T×e6, L×e6 die Dame eine Menge Schachs hat. Doch zeigt eine genaue Durchrechnung, daß der weiße König über e2, d3, e3, f4 in Sicherheit kommt.

26.	Sf4—d5	Da2—a1†
27.	Kg1—g2	a4—a3
28.	Td7×f7†	Kf8—g8
29.	Sd5—f6†!!	....

Das ist entscheidend. Schwarz kann die Dame jetzt nicht für Springer und Turm geben, da Weiß den Freibauern gerade noch aufhalten kann.

29.	....	g7×f6
30.	Tf7—g7†	Kg8—h8
31.	Tg7×h7†	Kh8—g8
32.	Lh3—f5	....

Vgl. S. 38. Es droht T—g7 nebst T—g4.

32.	....	Da1—a2
33.	Lf5—g6	Te8—b8

Die letzte Falle. Spielt Weiß L—f7, so folgt D×f7; Th7×f7, a3—a2, und Weiß muß mit T—c1 einen Turm aufgeben.

34.	Th7—g7†	Kg8—f8

K—h8 geht nicht wegen der Drohung L—f5 und T—g4 nebst T—h7 mat.

35.	Lg6—f7	Kf8×g7
36.	Lf7×a2†	Kg7—h8
37.	Tc7—c3	Tb8—a8
38.	Tc3—b3	Ta8—a7
39.	Kg2—f3	Aufgegeben.

Partie Nr. 9.

Weiß: Rotlewi. Schwarz: Rubinstein.

Gespielt in Lodz 1907.

Damengambit (vgl. S. 71).

1.	d2—d4	d7—d5
2.	Sg1—f3	e7—e6

3.	e2—e3	c7—c5
4.	c2—c4	Sb8—c6
5.	Sb1—c3	Sg8—f6
6.	d4×c5	Lf8×c5
7.	a2—a3	a7—a6
8.	b2—b4	Lc5—d6
9.	Lc1—b2	0—0

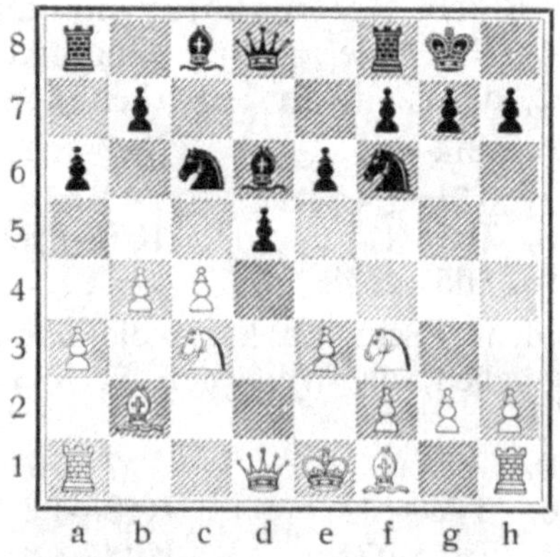
85

10. Dd1—d2 ....

Weiß kann den Bauern d5 noch nicht gewinnen, da er nach 10. c4×d5, e6×d5; 11. Sc3×d5, Sf6×d5; 12. Dd1×d5 durch Ld6×b4† die Dame verlöre. Der Textzug bezweckt, auch noch den Turm a1 zum Angriff gegen d5 heranzuholen. Es empfahl sich jedoch, erst durch c4×d5 das Angriffsobjekt zu fixieren. Denn Schwarz könnte jetzt einfach durch d5×c4 die Absicht des Weißen illusorisch machen und gewönne dadurch über kurz oder lang einen Zug, da Weiß die Dame doch wieder aus der d-Linie entfernen muß, sobald Schwarz sie mit einem der Türme besetzt.

10. .... Dd8—e7!

Um durch Aufstellung des Turms in der d-Linie die weiße Dame ins Gedränge zu bringen, bietet Schwarz sogar den d-Bauern an. Die Annahme des Opfers würde für Weiß schnell verderblich werden, da er noch ein Tempo verlieren muß, um die Dame aus der d-Linie wieder wegzuziehen. Er hat dann keine Zeit mehr, seinen König aus der Mitte des Brettes weg in Sicherheit zu bringen. Z. B. 11. c4×d5, e6×d5; 12. Sc3×d5, Sf6×d5; 13. Dd2×d5, Tf8—d8; 14. Dd5—b3, Lc8—e6 nebst Sc6×b4 usw.

11. Lf1—d3?? ....

Immer noch hatte Weiß Gelegenheit, durch c4×d5 (nebst Lf1—e2, Ta1—d1, 0—0 usw.) den in der Anmerkung zum 10. Zuge besprochenen Tempoverlust zu vermeiden. Durch den Textzug verliert er ein zweites Tempo, da er zwei Züge braucht, um mit dem Läufer auf c4, wo Schwarz nunmehr tauscht, zurückzuschlagen, während Schwarz in dem analogen Falle nur einen Zug (Lf8×c5) gemacht hat. Zwei Tempoverluste im Entwicklungsstadium genügen meist schon zum Verlust der Partie, wofür Rubinstein im folgenden eine brillante Illustration liefert.

11.	....	d5×c4
12.	Ld3×c4	b7—b5
13.	Lc4—d3	Tf8—d8
14.	Dd2—e2	Lc8—b7
15.	0—0	Sc6—e5

Der durch diesen Zug entstehende Vorteil der Öffnung der Damenläuferlinie kommt in der vorliegenden Eröffnung unter normalen Verhältnissen dem Weißen zugute (vgl. D. 33). Hier aber ist infolge der von Weiß verschenkten Tempi der Anzug auf Schwarz übergegangen, und außerdem wirkt der schwarze Königsturm bereits in der d-Linie.

16.	Sf3×e5	Ld6×e5
17.	f2—f4	....

Schwarz drohte Le5×h2† nebst De7—d6† und Dd6×d3. Deckte Weiß durch 17. Tf1—d1, so wäre De7—c7 mit gleichzeitigem Angriff auf c3 und h2 gefolgt. Der Mangel, der dem Textzug anhaftet, ist der, daß Weiß, um die Rückständigkeit des e-Bauern zu vermeiden, diesen entweder nach e4 oder nach e5 vorschieben muß, wo er die Linie eines der beiden weißen Läufer blockiert.

17.	....	Le5—c7

Stellung nach dem 20. Zuge von Schwarz.

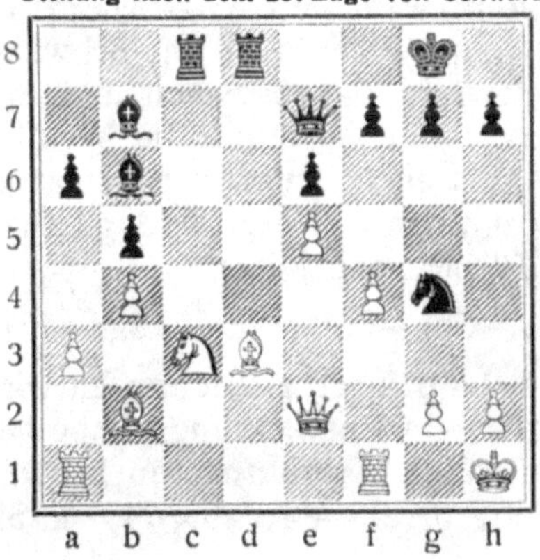

86

18.	e3—e4	Ta8—c8
19.	e4—e5	Lc7—b6†
20.	Kg1—h1	Sf6—g4!!

Die Einleitung eines prachtvollen Opferspieles. 21. De2×g4 kann Weiß nicht spielen, da Td8×d3 folgt nebst Td3—d2 usw.

21.	Ld3—e4	De7—h4
22.	g2—g3	....

Auch auf h2—h3 gewinnt Schwarz in glänzender Weise: Tc8×c3!!; 23. De2×g4, Dh4×g4; 24. h3×g4, Lb7×e4; 25. Lb2×c3, Td8—d3 mit Matdrohung auf h3. Oder 23. Lb2×c3, Lb7×e4; 24. De2×e4, Dh4—g3; 25. h3×g4, Dg3—h4‡.

22.	....	Tc8×c3!!
23.	g3×h4	Td8—d2!!
24.	De2×d2	Lb7×e4†
25.	Dd2—g2	Tc3—h3

nebst Mat auf h2.

Partie Nr. 10.

Weiß: Alapin. Schwarz: Rubinstein.
Gespielt in Wilna 1912.
Sizilianische Partie.

1.	e2—e4	c7—c5

Bei flüchtiger Betrachtung scheint dieser Zug einen Zeitverlust für die Erreichung des obersten Zieles der Eröffnung, der schnellen Figurenentwicklung, zu bedeuten. Sehen wir uns ihn jedoch genauer an, so finden wir, daß er doch jenem Zwecke dient, wenn auch in etwas versteckter Weise. Einmal nämlich würde er nur eine Zugumstellung herbeiführen, wenn Weiß — wie z. B. in der vorigen Partie — in eine Eröffnung einlenkt, in der Schwarz zwecks gesunder Entwicklung später sowieso c7—c5 ziehen müßte; dann aber ist er auch für andere Entwicklungssysteme, die Weiß anbahnen könnte, insofern von Nutzen, als er sich von vornherein gegen die Bildung eines weißen Bauernzentrums richtet und gleichzeitig die Öffnung der c-Linie für die Türme vorbereitet.

2.	Sg1—f3	Sg8—f6?

Schwarz sollte den Springer erst dann entwickeln, wenn Weiß nicht durch e4—e5 glatt ein Entwicklungstempo gewinnen kann. Es ist ja eine genügende Auswahl von anderen Entwicklungszügen vorhanden. Etwa e7—e6; 3. d2—d4, c5×d4; 4. Sf3×d4, Sb8—c6;

5. Sb1—c3, d7—d6; 6. Lf1—e2, Sg8—f6 nebst Lf8—e7; oder: 4. ...., a7—a6; 5. Sb1—c3, Dd8—c7 (um nach Sg8—f6 nicht durch e4—e5 gestört zu werden); 6. Lf1—d3, oder die am beliebtesten gewordene Flankenentwicklung des Läufers: 2. ...., Sb8—c6; 3. d2—d4, e5×d4; 4. Sf3×d4, Sg8—f6; 5. Sb1—c3, d7—d6, (nicht sofort g7—g6, da Weiß auf c6 tauschen und dann durch e4—e5 den Springer zurücktreiben würde); 6. Lc1—e3, g7—g6 nebst Lf8—g7. Die Stellung des Weißen verdient den Vorzug, da er einen Bauern im Zentrum und im Zusammenhang damit die freiere Figurenbeweglichkeit hat. Schwarz findet für seinen Damenläufer nicht recht ein günstiges Entwicklungsfeld. Allerdings hat er eine kompakte Stellung, der schwer beizukommen ist.

3. e4—e5! ....

Natürlich hatte Rubinstein diesen Zug in Betracht gezogen, als er 2. ...., Sg8—f6 spielte. Er wollte wohl den Bauernvorstoß provozieren in der Überlegung, daß einerseits der Bauer auf dem vorgeschobenen Posten schwächer steht, zumal der natürliche Unterstützungszug d2—d4 im Bauern c5 auf ein Hemmnis stößt, und daß andererseits der Zentrumspunkt d5 dem Machtbereich des Weißen entzogen wird. Alapin widerlegt jedoch diesen überfeinen Gedankengang durch einfache gesunde Entwicklung, die ihm einen derartigen Vorsprung im Aufmarsch der Figuren gibt, daß er im Angriff siegt, ehe Schwarz überhaupt dazu kommt, eine Schwäche im weißen Zentrum zu demonstrieren.

3.	....	Sf6—d5
4.	Sb1—c3!	Sd5×c3
5.	d2×c3	Sb8—c6
6.	Lf1—c4	d7—d6

Auf e7—e6 würde Weiß durch Lc1—f4 den Bauern d7 rückständig halten.

7. Lc1—f4 d6×e5

Schwarz hat schon gar kein plausibles Entwicklungsmanöver mehr zur Verfügung. Der Bauer d6 ist dreimal attackiert, also kann weder der e-Bauer ziehen, noch kann sich der Läufer f8 nach g7 stellen. Lc8—g4 andererseits, um Lg4×f3 nebst d6×e5 folgen zu lassen, scheitert an 8. Lc4×f7†. So ist denn der Textzug, der zwar den Damentausch herbeiführt, aber auch eine weitere weiße Figur entwickelt, so gut wie erzwungen. Es ist sehr lehrreich, wie schnell dann Weiß durch seinen Entwicklungsvorsprung materiellen Gewinn erzwingt.

8. Sf3×e5 Dd8×d1†

9.	Ta1×d1	Sc6×e5
10.	Lf4×e5	a7—a6

Die Drohung Lc4—b5† konnte mit Lc8—d7 nicht pariert werden wegen 11. Lc4×f7†.

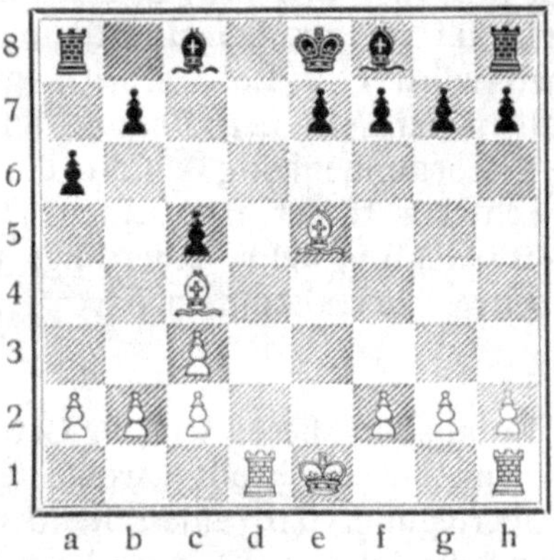

87

11.	Le5—c7	Lc8—g4
12.	f2—f3	Ta8—c8
13.	Lc7—b6	Lg4—f5
14.	Lc4—b3	e7—e5
15.	Lb3—a4†	Ke8—e7
16.	c3—c4	....

Hier konnte Weiß auch sofort einen Bauern gewinnen durch Td1—d5. Ke7—e6 hätte er dann mit 17. c3—c4 beantwortet.

16.	....	f7—f6
17.	Ke1—f2	Ke7—f7
18.	La4—d7!	Lf5×d7
19.	Td1×d7†	Lf8—e7
20.	Th1—d1!	....

Die schwarzen Bauern laufen nicht weg. 20. Td7×b7 hätte wegen Tc8—b8 nichts eingebracht.

20.	....	Kf7—e6
21.	Td7×b7	Le7—d6

Schwarz könnte schon ruhig aufgeben. Der Rest ist nur noch Sache der Technik.

22.	Lb6—a7	Tc8—c6

Sonst folgt Tb7—b6.

23.	Tb7×g7	a6—a5
24.	Tg7—b7	Th8—a8

25.	Td1—d5	h7—h5
26.	a2—a4	h5—h4
27.	b2—b3	Ta8—c8
28.	Tb7—b5	Aufgegeben.

Partie Nr. 11.

Weiß: Salwe. Schwarz: Marshall.

Gespielt in Wien 1908.

Zweispringerspiel im Nachzuge.

1.	e2—e4	e7—e5
2.	Sg1—f3	Sb8—c6
3.	Lf1—c4	Sg8—f6
4.	Sf3—g5	....

Dieser Angriffszug ist zwar sehr verlockend, da der Punkt f7 nicht gedeckt werden kann, er widerspricht jedoch dem elementaren Eröffnungsgesetz, daß ein Angriff nicht vor der Entwicklung der Figuren unternommen werden darf[1]), und es besteht daher jede Wahrscheinlichkeit, daß das Unternehmen nicht gut für Weiß abläuft. Nun hat es zwar sehr viele Jahre gedauert, bis man auf die richtige Entgegnung kam, aber schließlich fand man sie doch, und seitdem wird die Eröffnung in Turnieren nur noch sehr selten gespielt. Statt des Textzuges kann Weiß natürlich d2—d3 oder Rochade spielen. Im ersteren Falle ist dann die italienische „Stumpfsinnvariante“ so gut wie unvermeidlich, während im letzteren nach 4. ...., Lf8—c5; 5. d2—d4, e5×d4 der „Langesche Angriff“ entstehen kann.

4.	....	d7—d5
5.	e4×d5	Sc6—a5!

Dies ist die kritische Stellung des Zweispringerspiels. Früher hatte man für Schwarz immer mit 5. ...., Sf6×d5 fortgesetzt, und dann bekam Weiß allerdings durch das Springeropfer 6. Sg5×f7, Ke8×f7 gute Chancen, da er mit 7. Dd1—f3† den schwarzen König nach e6 zwingt, wo er einem starken Angriff (wenn auch mit sehr fraglichem Ausgang) ausgesetzt ist. Der Textzug dagegen bricht dem weißen Angriff von vornherein die Spitze ab, und Schwarz kommt in Vorteil, da er die beiden weißen Figuren, die sich vorzeitig in

[1]) Selbstverständliche Voraussetzung ist, daß auch der Gegner gesunde Entwicklungszüge gemacht hat. Es ist ein sinnloser Einwand, den ein Schachmeister(!) einmal gegen die Gültigkeit allgemeiner strategischer Gesetze machte, daß z. B. nach 1. f2—f3, e7—e5; 2. g2—g4 der Damenzug Dd8—h4‡ nicht so unbedingt zu verdammen wäre, trotzdem die kleinen Figuren noch nicht entwickelt sind.

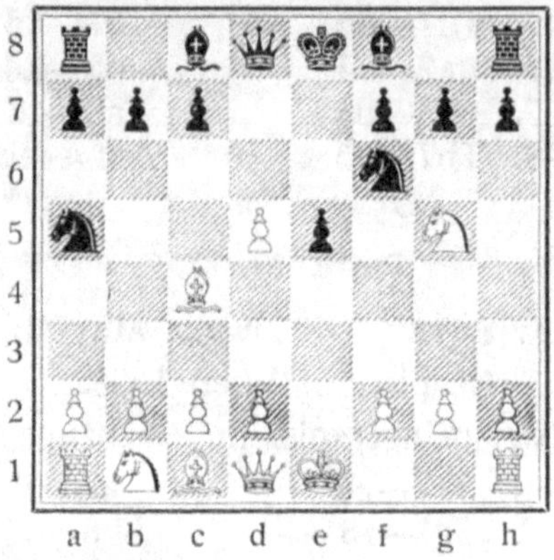

88

den Nahkampf gestürzt haben, unter Tempogewinn zurücktreibt und selbst eine schnelle, gute Entwicklung erlangt, die viel mehr wert ist als der geopferte Bauer.

6. d2—d3 ....

Eine andere mögliche Fortsetzung ist Lc4—b5†. Doch kommt auch dann Schwarz in Vorteil, z. B.: c7—c6; 7. d5×c6, b7×c6; 8. Lb5—e2, h7—h6; 9. Sg5—f3, e5—e4; 10. Sf3—e5, Dd8—c7; 11. d2—d4, Lf8—d6 (oder auch e4×d3 e. p. nebst Lf8—d6); 12. f2—f4, e4×f3 e. p.; 13. Se5×f3, Sf6—g4 oder 11. f2—f4, Lf8—d6; 12. d2—d4, e4×d3 e. p.; 13. Se5×d3, 0—0. Schwarz hat ein leichtes Spiel auf offenen Linien.

6.	....	h7—h6
7.	Sg5—f3	e5—e4
8.	Dd1—e2	Sa5×c4
9.	d3×c4	Lf8—c5
10.	Sf3—d2	....

Früher oder später muß Weiß mit dem Springer doch weg.

10.	....	0—0
11.	Sd2—b3	Lc8—g4
12.	De2—f1	....

Ein trauriger Platz für die Dame. Aber der Zug ist erzwungen denn auf De2—d2 folgt schon e4—e3!; 13. f2×e3, Sf6—e4 nebst Dd8—h4† und schrecklichem Ende.

12. .... Lc5—b4†!

Die überlegene Entwicklung des Schwarzen macht sich bereits in unangenehmster Weise fühlbar. Weiß kann weder 13. Lc1—d2 antworten, da Lb4×d2; 14. Sb1×d2, Tf8—e8 nebst e4—e3 folgt, noch 13. Sb1—c3, da Lb4×c3; 14. b2×c3, c7—c6 den Bauern zurückgewinnt, ohne daß die weiße Stellung irgendwie gebessert wäre. So muß denn Weiß dem Schwarzen den Gefallen c2—c3 tun, der das Feld d3 schwächt, und hier siedelt sich bald der schwarze Springer dauernd an.

13.	c2—c3	Lb4—e7
14.	h2—h3	Lg4—h5
15.	g2—g4	Lh5—g6

Endlich hat sich Weiß die Möglichkeit der Rochade geschaffen. Er kann natürlich nur lang rochieren, da sein Königsflügel durch die Bauernzüge durchlöchert ist. Nun sind Partien, in denen die Gegner nach verschiedenen Seiten rochieren, wie bereits früher bemerkt, meist mehr oder weniger Hasardspiel. Wer mit dem Angriff zuerst kommt, gewinnt. Aber die Erfahrung hat gezeigt, daß die Verteidigung der langen Rochadestellung, die gewissermaßen eine breitere Angriffsfläche bietet, schwerer ist, als die der kurzen, und in der vorliegenden Partie bewahrheitet sich dieser Satz ebenfalls. Hier kommt zuungunsten von Weiß allerdings hinzu, daß, während er erst noch seine Entwicklung zu beenden hat, Schwarz bereits alle Vorbereitungen zum Angriff machen kann.

16.	Lc1—e3	Sf6—d7
17.	Sb1—d2	Sd7—e5
18.	0—0—0	b7—b5

Das Charakteristikum der Partien mit verschiedenen Rochadeseiten ist der Bauernsturm. Der Zweck ist einerseits, in den feindlichen Bauernschutzwall eine Bresche zu legen, andererseits, Linien für die Türme zu öffnen. Meist kommt es auf Bauernopfer dabei gar nicht an. Offene Linien für die Figuren sind die Hauptsache, und je weniger Bauern da sind, um so mehr Turmlinien sind für die Attacke freigelegt.

19.	c4×b5	Se5—d3†
20.	Kc1—b1	Dd8×d5
21.	Kb1—a1	....

Der König fühlt sich in der Schußlinie des Läufers g6 nicht wohl. Weiß will ja natürlich auch mit seinen Bauern stürmen, (f2—f4—f5 usw). Aber nach e4×f3 e. p. droht ein verderbliches Abzugsschach des Springers d3.

21.	....	Dd5×b5

Die Situation läßt immer klarer den Vorteil des Schwarzen erkennen. Er hat seinen Bauern bereits zurück und ist für den Angriff, der auf beiden Seiten jetzt losbrechen muß, dadurch besser gestellt, daß er bereits eine offene Linie für die Türme hat.

22. f2—f4 a7—a5
23. Td1—b1 f7—f5
24. Sb3—d4 Db5—a4!

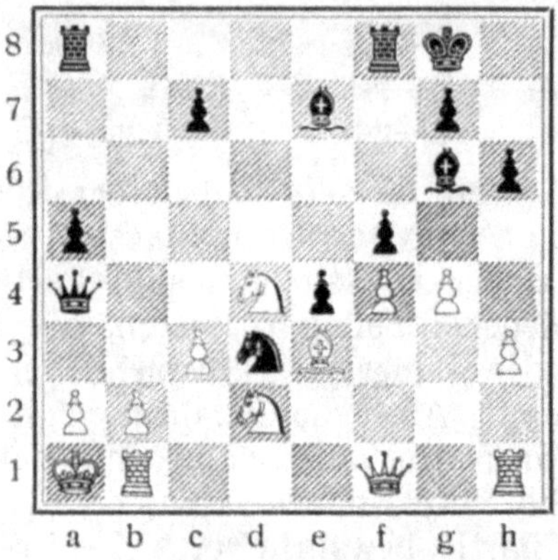

89

Die Stellung ist eine Fundgrube für Freunde von wilden Opferkombinationen. Auf 25. Sd4×f5 z. B. folgt Tf8×f5!; 26. g4×f5, Sd3—b4!!; 27. c3×b4, a5×b4; 28. a2—a3 (Df1—c4†?, Lg6—f7), Le7—f6; 29. Ka1—a2, Da4×a3†; 30. b2×a3, Ta8×a3‡.

25. b2—b3 Da4—d7
26. g4×f5 Lg6×f5
27. Df1—g2 c7—c5!

Der erzwungene Zug b2—b3 hat den Punkt c3 geschwächt, und der Textzug soll dem Läufer e7 die Angriffslinie f6—c3 öffnen.

28. Sd4×f5 Dd7×f5
29. Dg2×e4 Le7—f6!
30. De4—c4† Kg8—h8
31. Sd2—e4 Ta8—e8

Alle Drohungen zugleich kann Weiß nicht decken. Er schafft sich zwar den unangenehmen Läufer vom Halse, dafür dringt aber der schwarze Turm in die e-Linie ein, und das führt schnell die Entscheidung herbei.

32. Se4×f6 Tf8×f6
33. Le3—c1 Tf6—e6
34. Lc1—a3 Te6—e2
35. Th1—d1 Sd3—e1
36. La3×c5 Se1—c2†
37. Ka1—b2 Sc2—b4†

und Mat auf a2 bzw. c2.

Partie Nr. 12.

Weiß: Forgacz. Schwarz: Tartakower.
Gespielt in St. Petersburg 1909.
Französische Partie (vgl. S. 65).

1.	e2—e4	e7—e6
2.	d2—d4	d7—d5
3.	Sb1—c3	Sg8—f6
4.	Lc1—g5	Lf8—e7
5.	e4—e5	Sf6—e4

Besser ist Sf6—d7, was sowohl den Vorstoß c7—c5 stützt, als auch für einen späteren Angriff auf das weiße Zentrum mit f7—f6 dienlich sein kann. Der Textzug ermöglicht den Abtausch zweier Figuren, der sicher für Weiß günstig ist, da Schwarz, dessen Damenläufer nicht herauskann, für lange Zeit sozusagen mit einer Figur weniger spielt.

6. Sc3×e4 Le7×g5

Nach d5×e4 würde der Bauer e4 sehr schwach sein und sich auf die Dauer nicht halten können.

7.	Se4×g5	Dd8×g5
8.	g2—g3	....

Um f2—f4 durchzusetzen, was in dieses Entwicklungssystem hineingehört.

8.	....	c7—c5
9.	c2—c3	Sb8—c6
10.	f2—f4	Dg5—e7

11.	Dd1—d2	Lc8—d7
12.	Sg1—f3	0—0

13. Lf1—d3 c5—c4
14. Ld3—c2 b7—b5
15. 0—0 b5—b4
16. Ta1—e1 a7—a5

Die Partie ist bis hierher nach den bei der Besprechung dieser Eröffnungen gemachten Bemerkungen ohne weiteres verständlich. Der weitere Verlauf zeigt recht lehrreich, daß der weiße Angriff, der sich gegen den König richtet, weit gefährlicher ist als der schwarze auf dem Damenflügel.

17. f4—f5! e6×f5

Das Bauernopfer des Weißen in Verbindung mit dem folgenden zweiten bildet ein Manöver von seltener Schönheit.

18. g3—g4!! f5×g4

Wenn Schwarz nicht schlägt, tut es Weiß. In beiden Fällen erreicht Weiß den Zweck des Bauernsturms, die Öffnung von Angriffslinien für seine Figuren.

19. Sf3—g5 g7—g6

Nachdem so auf f6 ein Einbruchspunkt geschaffen ist, spielt sich der weiße Angriff ganz von selbst. Auch 19. ...., h7—h6 hätte nichts geholfen. Es wäre 20. Sg5—h7, Tf8—d8; 21. Sh7—f6† gefolgt, und sowohl nach g7×f6; 22. Dd2×h6 als auch nach 21. ...., Kg8—h8; 22. Sf6×d5 hätte Weiß ein leicht gewonnenes Spiel.

20. Tf1—f6 Kg8—g7

Schwarz kommt nicht mehr zum Aufatmen. h7—h6 scheiterte an 21. Lc2×g6 usw.

21. Te1—f1 Ld7—e8
22. Dd2—f4 Sc6—d8
23. e5—e6! Ta8—a6
24. Df4—e5 Kg7—h6
25. Tf1—f5 ....

Schaudervoll! Höchst schaudervoll!

25. .... f7×e6
26. Sg5—f7† De7×f7
27. Tf5—h5† Kh6—g7
28. Tf6×g6‡.

Zweiter Abschnitt.
Schule des Positionsspiels

I. Einführung.

Unter Positionsspiel versteht man ganz allgemein gesprochen den Aufbau der Partie so, daß die Figuren und Bauern in der Eröffnung Stellungen einnehmen, die nach den schachstrategischen Gesetzen günstig für sie sind, und daß die Veränderungen der Figurenstellung und der Bauernformation im Mittelspiel keine Schwächen produzieren, die dem Gegner Gelegenheit geben, einen aussichtsreichen Angriff zu inszenieren oder ein aussichtsreiches Endspiel herbeizuführen. Gibt sich der Gegner eine positionelle Blöße, so bietet ein strategisch richtiger Aufbau ganz von selbst die Möglichkeit einer erfolgreichen Attacke oder der Herbeiführung eines gewonnenen Endspiels.

Es handelt sich also beim Positionsspiel nicht bei jedem Zuge um die Vorausberechnung akuter Kombinationen, sondern vielmehr um die Erkenntnis der charakteristischen Merkmale, die eine Stellung als schwach oder stark kennzeichnen. Ist die Stellung stark, so werden Nahkampfkombinationen nicht ungünstig ausfallen, gleichgültig, ob der Gegner angreift oder sich verteidigt. Ist die Stellung schwach, so ist kein Grund vorhanden, warum bei späteren akuten Kombinationen der Gegner nicht siegreich hervorgehen sollte. Hierbei ist als selbstverständlich vorausgesetzt, daß die Kombinationen richtig und nicht falsch durchgerechnet werden. Dieses richtige Durchrechnen von Kombinationen, das der Dilettant meist als das unterschiedliche Merkmal des Meisters gegenüber dem schwächeren Spieler betrachtet, ist nur das notwendige Handwerkszeug des Meisters, das auch viele starke Dilettanten besitzen, die vom Positionsspiel fast gar nichts verstehen. Selbst weniger geübte Spieler können durch das Verständnis der positionellen Merkmale einer Stellung oft gegen Spieler von großer praktischer Erfahrung siegreich bleiben, wenn sie nicht gerade grobe Kombinationsfehler begehen.

Um die Merkmale starker und schwacher Stellungen zu erkennen, müssen wir typische Mittelspieloperationen genauer untersuchen denn die strategischen Prinzipien, die in der Eröffnung fast in ihrer allgemeinsten Form klar anwendbar sind, bedürfen einer der Eigentümlichkeit des Schachbretts angemessenen Spezialisierung, je weiter wir aus der Eröffnung heraus in das Mittelspiel, aus dem Fernkampf in den Nahkampf schreiten.

Da das Mittelspiel immer durch Abtausch in ein Endspiel übergeführt zu werden, droht, wollen wir zunächst die Merkmale gewonnener Endspielstellungen untersuchen, und zwar wollen wir erst reine Bauernendspiele und dann Endspiele mit Bauern und Figuren betrachten.

1. Bauernendspiele.

Unter den Bauernendspielen werden wir einfachere Positionen kennenlernen, in denen Bauernmanöver entscheiden, und schwierigere, in denen Königszüge ausschlaggebend sind.

Von der ersten Art ist am wichtigsten das Endspiel mit dem entfernteren Freibauern.

91

Die Stellung des Diagramm 91 ist für Schwarz gewonnen. Denn die Route der Könige ist durch die Freibauern vorgeschrieben, die sie schlagen müssen, und der weiße König steht dann zwei Reihen weiter vom Kriegsschauplatz (dem Damenflügel) entfernt als der schwarze, so daß die weißen Bauern fallen.

1. Kh1—g2, Kh8—g7; 2. Kg2—g3, Kg7—f6; 3. Kg3—g4, Kf6—e5; 4. f2—f4†, Ke5—f6; 5. Kg4—g3, h7—h5; 6. Kg3—h4, Kf6—f5; 7. Kh4×h5, Kf5×f4; 8. Kh5—g6, Kf4—e4 usw.

Eine Verbindung der Lehren dieses Schulfalles mit den an Hand des Diagramm 24 erläuterten zeigt uns den Gewinnweg in der Stellung des Diagramm 92. Diese ist für Weiß am Zuge gewonnen. Weiß bekommt nämlich einen von den Königen entfernten Freibauer. Er zwingt dadurch den schwarzen König, seine Bauern auf h und g

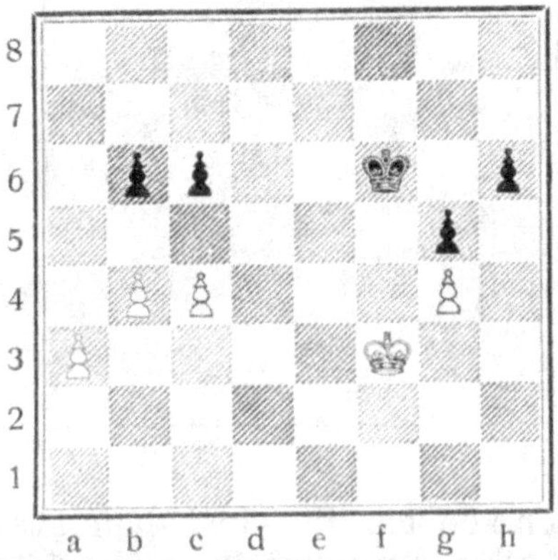

92

zu verlassen, so daß diese verlorengehen. Ich führe das Spiel aus, weil es ein charakteristisches Beispiel für eine in allen Endstellungen unerläßliche Tempiabzählung ist.

1. a3—a4, Kf6—e6; 2. a4—a5, b6×a5; 3. b4×a5, Ke6—d6. Jetzt erweist folgende Abzählung, daß Schwarz verliert: Weiß braucht zehn Züge, um den g-Bauern zur Dame zu führen, nämlich fünf zur Eroberung der Bauern h6 und g5 (Kf3—e4—f5—g6—h6—g5), einen, um dem Bauern g4 Platz zu machen, und vier mit dem Bauern. Schwarz ist aber nach zehn Zügen mit seinem Bauern erst auf c3. Denn er braucht sechs Züge zur Eroberung der Bauern a5 und c4 (Kd6—c7—b7—a6—a5—b4—c4) und einen, um dem Bauern c6 Platz zu machen, und nach weiteren drei Zügen steht der Bauer auf c3. Weiß gewinnt dann, indem er erst mit vielem Schach den schwarzen König zwingt, seinem Bauern den Weg wieder zu verstellen, und dann den eigenen König annähert. Wie wir später noch sehen werden, wäre das Spiel remis, wenn der Bauer, vom König gedeckt, auf c2 stände.

Man gewöhne sich daran, Endspiele, in denen es sich um die Verwandlung von Freibauern handelt, stets in der erläuterten Art durch Abzählen auszurechnen. Eben weil Endspiele sich ausrechnen lassen, weil es keine Züge mehr gibt, deren Konsequenzen unabsehbar sind, deshalb sieht man in den Meisterpartien von heute das Bestreben, das Mittelspiel durch Figurenaustausch zu vereinfachen, sobald auch nur ein minimaler Vorteil der Bauernstellung vorhanden ist, der eine Siegeschance birgt, während die Aussichten von Figurenoperationen sich nicht klar abwägen lassen.

Wenden wir uns jetzt zu solchen Positionen, in denen auf beiden Flügeln sich die gleiche Anzahl von Bauern entgegensteht, ohne daß

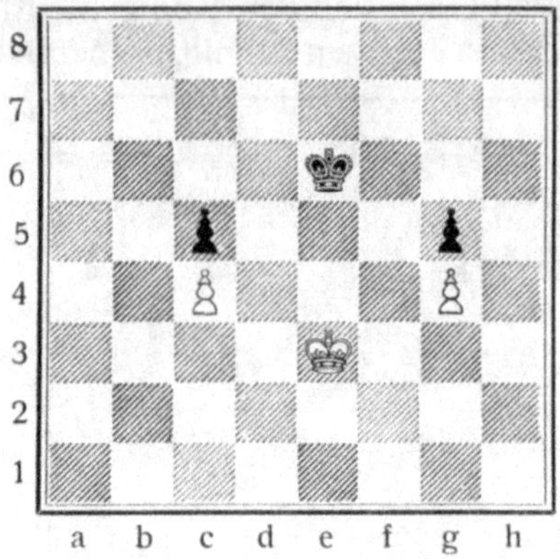

93

sich Freibauern bilden können. Es hängt dann alles von der besseren Königsstellung ab. Für die Beurteilung der Königsstellung ist es maßgebend, ob die Bauern noch zurückstehen, so daß noch Bauernzüge geschehen können, oder ob sich die Bauernzüge bereits zum größten Teil oder ganz erschöpft haben, so daß nur noch Königsmanöver möglich sind. Wir werden sehen, daß meist die Erreichung der Opposition das entscheidende Moment ist. Diagramm 93 zeigt einen der einfacheren Fälle, in denen keine Bauernzüge mehr möglich sind.

Wer hier am Zuge ist, gewinnt, indem er in die Opposition geht, denn der feindliche König muß dann den Weg zu einem der beiden Bauern freigeben.

Ich benutze die Gelegenheit, an einem ganz ähnlichen Beispiel die sogenannte entfernte Opposition zu erläutern. In der Stellung des Diagramm 94 gewinnt Weiß am Zuge durch 1. Kd2—e2!, womit

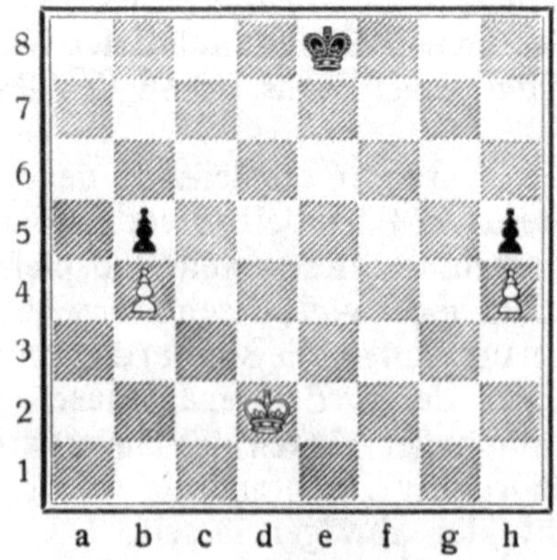

94

er in die „entfernte Opposition" tritt (Felder gleicher Farbe!!). Betritt nun Schwarz die siebente Reihe, so geht Weiß auf der dritten sofort wieder in Opposition. Z. B. 1. ...., Ke8—d7; 2. Ke2—d3, und er behält diese nach dem abwartenden Zuge 2. ...., Kd7—e7 mit 3. Kd3—e3 bei. Jetzt muß sich Schwarz erklären, denn weitere abwartende Züge versagen wegen der Drohung des Weißen, einen der Bauern über d4 bzw. f4 zu attackieren. Aber auch das Vorrücken in die sechste Reihe nützt eben dem Schwarzen nichts mehr, da Weiß, wie bei dem Beispiel des Diagramm 93 besprochen, in die nahe Opposition tritt, worauf Schwarz den Weg nach einer Seite freigeben muß.

Es würde auch Schwarz nicht geholfen haben, im ersten Zuge auf der achten Reihe zu bleiben, also etwa 1. ...., Ke8—d8 zu antworten. Denn Weiß kann dann über ein Feld vordringen, dessen Oppositionsfeld Schwarz nicht zugänglich ist. Er spielt nämlich 2. Ke2—f3, und wenn Schwarz gegen die Drohung 3. Kf3—f4—g5 über e7 zu Hilfe eilen will, so folgt 3. Kf3—e3 usw. wie vorher. Falsch wäre 2. Ke2—e3 oder Ke2—d3, denn dann träte Schwarz mit Kd8—e7 oder Kd8—d7 in die ersehnte Opposition, um sie nicht wieder abzugeben, so daß Weiß den schwarzen König nicht mehr umgehen, also auch keinen der Bauern mehr angreifen kann. Auch diese Stellung ist für ein eingehendes Studium der Opposition sehr empfehlenswert.

Ähnlich wie bei der Position des Diagramm 93 liegt die Sache bei der des Diagramm 95. Weiß am Zuge geht in Opposition und

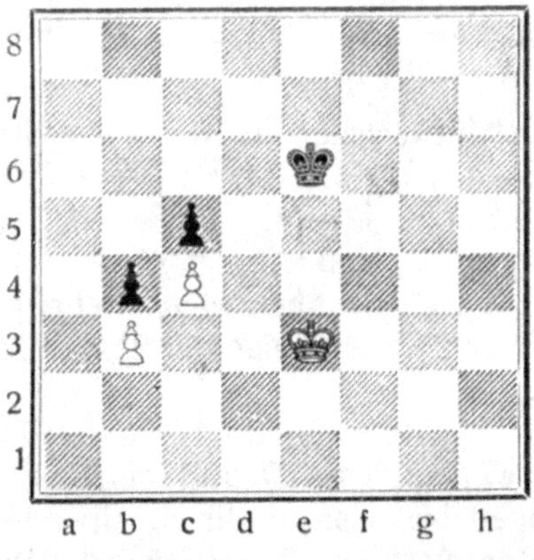

95

erzwingt die Freigabe des Punktes d5, worauf der Bauer c5 fällt. 1. Ke3—e4, Ke6—d6; 2. Ke4—f5, Kd6—d7; 3. Kf5—e5, Kd7—c6; 4. Ke5—e6, Kc6—c7; 5. Ke6—d5, Kc7—b6; 6. Kd5—d6 usw. (vgl. Diagramm 25).

Schwarz am Zuge kann nur remis machen, da er zwar den Punkt d4 erobert, der Bauer c4 aber gedeckt ist.

1. ...., Ke6—e5; 2. Ke3—d3, Ke5—f4; 3. Kd3—d2!! und wie Schwarz auch zieht, Weiß erobert die Opposition, so daß der schwarze König nicht weiter eindringen kann. 3. Kd3—e2 verliert die Partie wegen Kf4—e4; 4. Ke2—d2, Ke4—d4; 5. Kd2—c2, Kd4—e3; 6. Kc2—c1, Ke3—d3; 7. Kc1—b2, Kd3—d2; 8. Kb2—b1, Kd2—c3; 9. Kb1—a2, Kc3—c2 usw.

Stehen die Bauern noch zurück, dann ist immer der im Vorteil, dessen König mehr Reihen des Brettes hinter sich hat. Denn da er dann mehr Bauernzüge zur Verfügung hat als der Gegner, dessen Bauern nicht ziehen können, ohne von dem vorgerückten König erobert zu werden, wird er fast stets imstande sein, die Opposition und damit den Zugang zu den feindlichen Bauern zu erzwingen. Z. B. Diagramm 96.

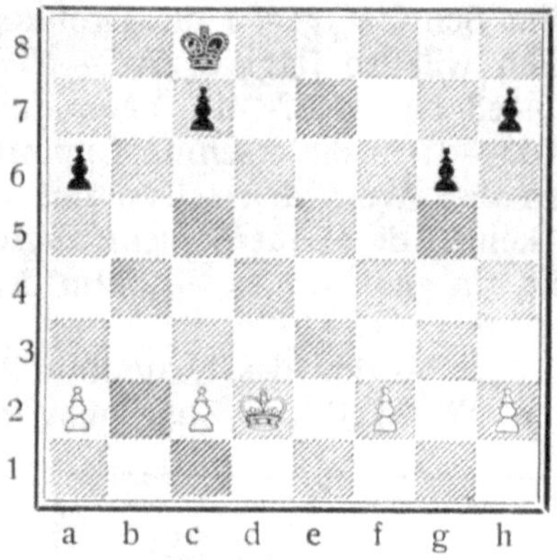

96

Weiß am Zuge gewinnt, weil sein König eher ins Brett vordringt.

1. Kd2—e3, Kc8—d7; 2. Ke3—f4, Kd7—e7; 3. Kf4—g5, Ke7—f7; 4. Kg5—h6, Kf7—g8; 5. f2—f4!, Kg8—h8; 6. f4—f5, g6×f5; 7. Kh6—g5, Kh8—g7; 8. Kg5×f5, Kg7—f7. Schwarz hat zwar jetzt die Opposition, kann sie aber nicht behaupten, eben weil er keine Tempozüge mit den Bauern machen kann, ohne sie dem weißen König preiszugeben.

9. Kf5—e5, Kf7—e7; 10. Ke5—d5, Ke7—d7; 11. c2—c4, c7—c6†; 12. Kd5—e5, Kd7—e7; 13. c4—c5 und gewinnt, da Schwarz bald zu Ke7—d7 gezwungen ist, worauf durch ein aus den vorigen Beispielen bekanntes Manöver der Bauer c6 von Weiß erobert wird. 13. ...., h7—h5; 14. h2—h4, a6—a5; 15. a2—a4!, Ke7—d7; 16. Ke5—f6, Kd7—d8; 17. Kf6—e6 usw.

Stände der schwarze König in der Stellung des Diagramm 96 auf b7 statt auf c8, dann könnte er gerade noch remis erreichen.

Weiß braucht nämlich, wie die Abzählung erweist elf Züge um die Bauern h7 und g6 zu erobern und den f- oder h-Bauern zur Dame zu führen. In elf Zügen hat aber auch Schwarz den Bauern c2 geschlagen und ist mit dem Bauern c7 auf c1. Wir sehen hier, wie die Schwäche der Bauernstellung die Stärke der Königsstellung zum Remis kompensiert. Stände der Bauer c2 verbunden, z. B. auf b2, so wäre Schwarz verloren, was wieder aus der Abzählung leicht ersichtlich ist.

Die Stärke oder Schwäche der Bauernstellung, die in dem eben erläuterten Endspiel bereits mitsprach, ist eines der wichtigsten, bereits im Mittelspiel zu berücksichtigenden Momente. Ein vereinzelter Bauer ist natürlich schwächer als ein durch die Verbindung mit einem anderen gedeckter. Er kann leicht den Verlust der Partie herbeiführen durch die Hemmung der Beweglichkeit, die der Zwang, ihn zu decken, dem König oder einer Figur auferlegt. Es besteht häufig irrtümlich die Ansicht, daß Doppelbauern eo ipso eine Schwäche sind. Schwach sind vereinzelte Doppelbauern, nicht aber solche, die mit einem Bauern der Nebenreihe verbunden sind, da sie sich dann einerseits meistens gegenseitig decken und andererseits auch nicht leichter attackierbar sind als drei verbundene Einzelbauern. Stände z. B. in Diagramm 97 der Bauer a7 auf b6, so hätte

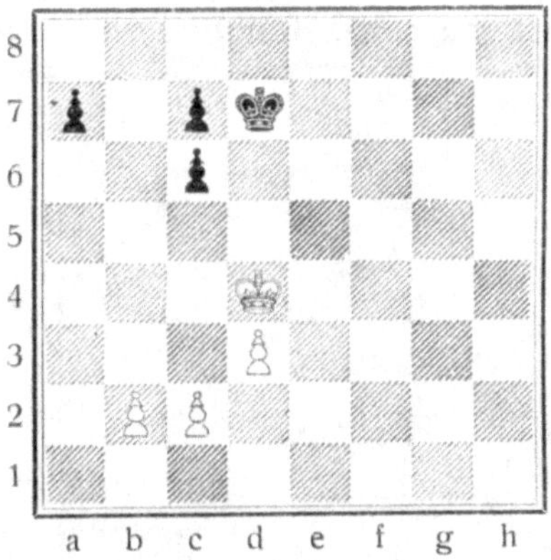

97

Weiß keine Gewinnmöglichkeit, denn er könnte dann die schwarzen Bauern weder angreifen, noch irgendwie durch Bauernmanöver sich einen Freibauern verschaffen. In der Diagrammstellung aber gewinnt Weiß durch Kd4—c5. Schwarz kann dann den Bauern c6 nicht halten. 1. ...., a7—a6; 2. b2—b4 usw.

Im vorliegenden Falle ist der Gewinn allerdings besonders leicht, weil der weiße König sofort den schwarzen Bauern attackieren kann. Aber auch sonst entscheidet die Schwäche eines isolierten

Doppelbauern meist die Partie. Als Beispiel diene die Stellung des Diagramm 98.

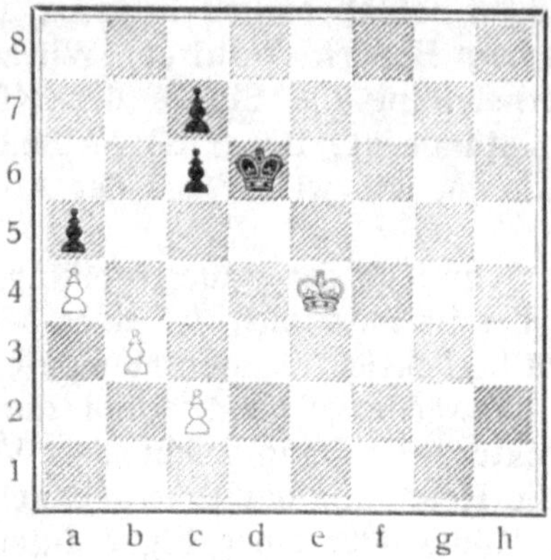

98

1. Kc4—d4, c6—c5†; 2. Kd4—c4, Kd6—c6; 3. c2—c3, Kc6—b6; 4. Kc4—d5, c7—c6†; 5. Kd5—c4, und gewinnt.

Von Nachteil sind verbundene Doppelbauern in solchen Fällen, in denen sie sich gegen eine geringe Anzahl von Einzelbauern nicht so abzutauschen vermögen, daß ein Freibauer entsteht. Ein typisches Beispiel ist die Stellung des Diagramm 99, die für Schwarz gewonnen ist da seine drei Bauern auf dem Königsflügel

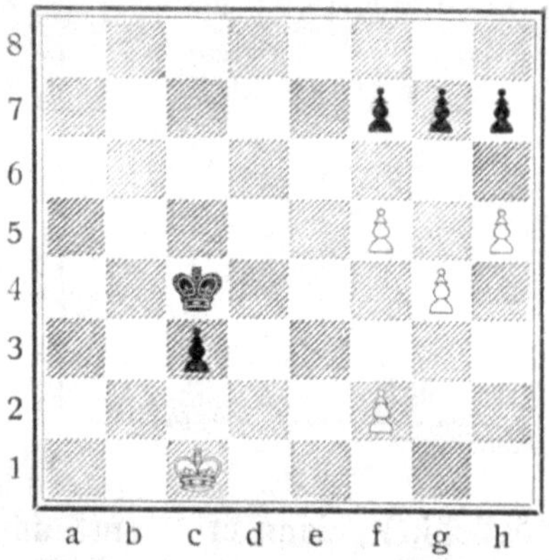

99

die vier weißen aufhalten und sein König dann, während der c-Bauer den weißen König gebunden hält, den weißen Bauern in den Rücken fällt. Allerdings müssen die drei schwarzen Bauern erst die richtige Verteidigungsstellung einnehmen, die in der Aufstellung f6, g7, h6 besteht, gegen die Weiß seine Doppelbauern nicht durch f2—f4 nebst g4—g5 auflösen kann, da Schwarz einfach den Bauern g5 nicht schlägt.

In der Stellung, die das Diagramm zeigt, dürfte Schwarz die Bauern nicht untätig stehen lassen, selbst wenn der Bauer f2 nicht vorhanden wäre Denn Weiß droht nach g4—g5 auf folgende Weise zu gewinnen: 1 g5—g6!!, f7×g6; 2. h5—h6 nebst f5—f6 usw. oder 1. . . . ., h7×g6; 2. f5—f6 nebst h5—h6 usw. In der Partie Ed. Lasker-Moll des Berliner Meisterschaftsturniers 1904, der das vorliegende Beispiel entnommen ist, zog Schwarz, um die erwähnte erstrebenswerte Verteidigungsstellung zu erreichen, h7—h6 und Weiß gab nach 2. f2—f4?, f7—f6; 3. g4—g5, Kc4—d4 die Partie auf. Er hatte jedoch nach h7—h6 einen sehr schönen Gewinnweg, nämlich: 2. f5—f6!!, g7×f6; 3. f2—f4, Kc4—d4; 4. g4—g5, f6×g5; 5. f4×g5, Kd4—e5; 6. g5×h6, Ke5—f6; 7. Kc1—c2 und Schwarz ist verloren, da sein eigener Bauer seinem König das Feld f7 nimmt, so daß er sich von g7 entfernen muß, worauf der h-Bauer zur Dame geht.

Dieses Gewinnmanöver ist natürlich nur ein merkwürdiger Ausnahmefall, der an der Regel nichts ändert, daß Stellungen von der Art, wie sie Diagramm 99 zeigt, im allgemeinen für die Partei gewonnen sind, die den Freibauern hat. Und im vorliegenden Falle hätte sich Schwarz auch einfach dadurch sichern können, daß er die Idealstellung f6, g7, h6 schon vorbereitete, ehe die weißen Bauern so weit vorgerückt waren. Übrigens konnte selbst in der Diagrammstellung noch Schwarz mit f7—f6 statt h7—h6 seine Gewinnposition aufrechterhalten. Nach 2. h5—h6, g7×h6; 3. f2—f4, Kc4—d5 kommt der König zurecht, um den in der f-Linie entstehenden Freibauern aufzuhalten.

Zum Abschluß der Bauernendspiele mit gleicher Bauernzahl sei die Stellung des Diagramm 100 besprochen, die ein in Partien hin

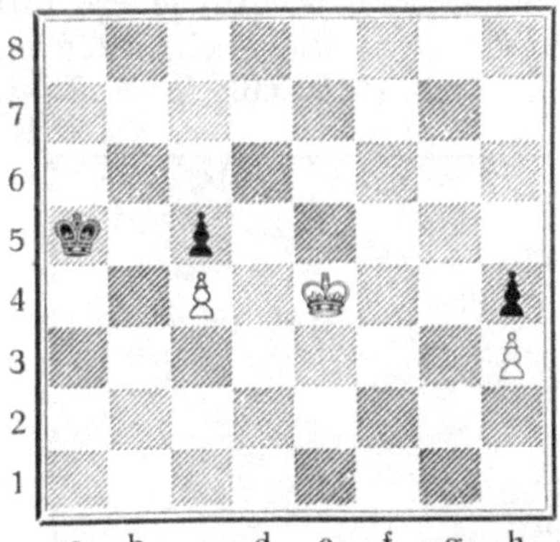

100

und wieder auftretendes Kuriosum darstellt. Der Anziehende gewinnt, indem er in die entfernte Opposition geht. Weiß hätte also

1. Ke4—e5 zu spielen Würde er mit 1. Ke4—d5 den Bauern c5 angreifen, so wäre er verloren, da Schwarz durch Ka5—b4 deckt und gleichzeitig den Bauern c4 attackiert, dessen Deckung Weiß aufzugeben gezwungen ist. Ebenso kann Schwarz nicht 1. ...., Ka5—b4 spielen, weil Weiß durch Ke5—d5 den c-Bauern erobert. Allerdings hilft auch kein anderer Zug. Z. B. 1. Ke4—e5, Ka5—a6; 2. Ke5—d5, Ka6—b6; 3. Kd5—d6 usw. Schwarz am Zuge würde ganz analog durch Ka5—a4 den Gewinn erzwingen.

Es bleibt noch übrig, auf einige Endspiele hinzuweisen, in denen entweder trotz eines Mehrbauern das Spiel remis bleibt oder nur durch das Opfer des Mehrbauern der Gewinn erzwungen werden kann. Letzterer Fall liegt bei der Stellung des Diagramm 101 vor.

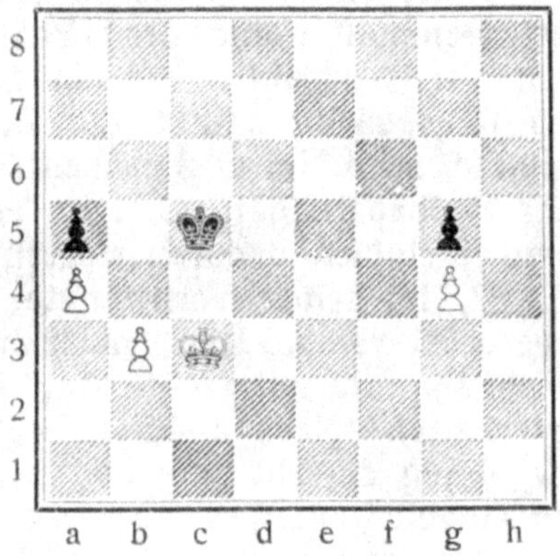

101

Weiß gewinnt hier nur auf folgende Weise: 1. b3—b4†, a5×b4†; 2. Kc3—b3, K~; 3. Kb3×b4 usw. Auf jedes andere Manöver von Weiß würde Schwarz die Opposition behaupten und dadurch remis machen. Z. B. 1. Kc3—c2, Kc5—c6!; 2. Kc2—d3, Kc6—d5 usw.

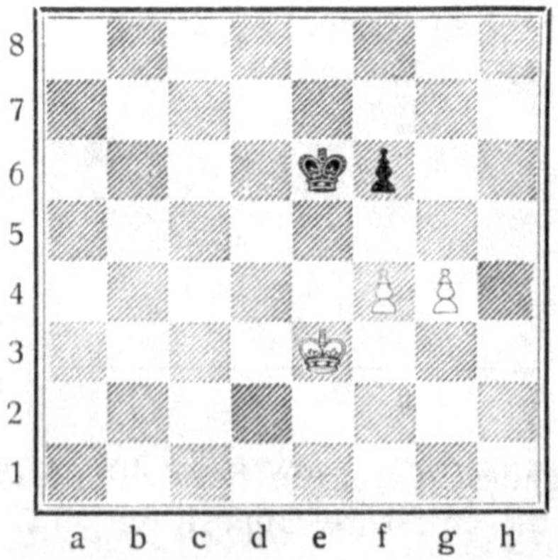

102

Nicht etwa: 1. Kc2—c3, Kc5—b4?; 2. Kc2—b2, Kb4—c5; 3. Kb2—c3 usw. wie bei der Stellung des Diagramm 25.

Ein Gegenstück zu diesem Beispiel bildet die Stellung des Diagramm 102, die eine der wenigen Ausnahmen ist, in denen der Mehrbesitz eines Bauern nicht zum Gewinn genügt.

Es scheint zunächst, als ob Weiß einfach dadurch gewinnt, daß er mit 1. Ke3—e4 in die Opposition geht, um auf Ke6—e7 mit 2. Ke4—d5, Ke7—d7; 3. f4—f5, Kd7—e7; 4. Kd5—c6 usw. fortzusetzen (vgl. Diagramm 95). Doch würde Schwarz 1. ...., f6—f5†! antworten und nach 2. g4×f5† mit Ke6—f6 nebst Kf6×f5 remis halten.

2. Gemischte Endspiele.

Wir kommen jetzt zu den Endspielen, in denen außer Bauern auch noch Figuren vorhanden sind.

Da es mir darauf ankommt, typische Stellungen zu geben, beschränke ich mich hier auf die Fälle, in denen außer dem König nur noch eine Figur vorhanden ist, auf die sich ja meistens die Endspiele mit mehr Figuren reduzieren lassen.

In fast allen Figurenendspielen fallen die bei den reinen Bauernendspielen angewandten Königsmanöver fort, soweit sie die Opposition betreffen, denn die Oppositionsmanöver sind Zugzwangmanöver, und solange noch Figuren auf dem Brett sind, sind Zugzwangstellungen sehr selten. Dagegen ist von derselben Wichtigkeit wie in den Bauernendspielen die Stärke der Bauernstellung und die Beherrschung von möglichst viel Terrain für den König. Als drittes wichtiges Moment kommt dann noch die Beweglichkeit der Figuren hinzu.

Ein gutes Beispiel hierfür ist die Stellung des Diagramm 103, die in einer Partie Post-Leonhard aus dem Jubiläumsturnier der Berliner Schachgesellschaft 1907 entstand.

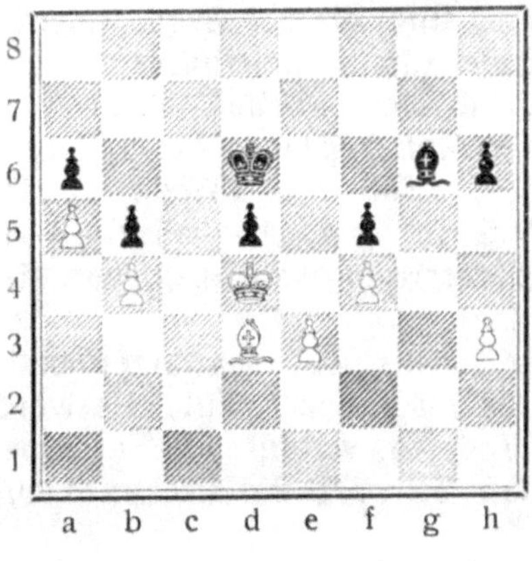

103

Die schwarze Bauernstellung ist schwächer als die weiße, da die auf schwarzen Feldern stehenden weißen Bauern vom Läufer nicht attackiert werden können, während Schwarz zwei vereinzelte Bauern auf weißen Feldern hat.

Ferner hat der schwarze Läufer weniger Beweglichkeit als der weiße, und endlich ist der schwarze König an das Feld d6 gebunden, da sonst der weiße auf c5 oder e5 eindringt. Diese Nachteile entscheiden die Partie. 1. ...., Lg6—h7; 2. h3—h4, Lh7—g6; 3. Ld3—c2, h6—h5 (auf Lg6—h7 würde h4—h5 dem Läufer das Feld g6 nehmen); 4. Lc2—d3, Lg6—h7; 5. Ld3—f1, aufgegeben; denn Weiß droht in zwei Zügen den Läufer nach f3 zu stellen, von wo aus die Bauern d5 und h5 angegriffen sind, während der schwarze Läufer bereits nach einem Zuge auf das einzige Feld gezwungen wird, von dem aus beide Bauern gedeckt sind, nämlich auf f7. Da er im zweiten Zuge dieses Feld wieder verlassen muß, geht ein Bauer und damit die Partie verloren. 5. ...., Lh7—g8; 6. Lf1—e2, Lg8—f7; 7. Le2—f3 und gewinnt oder 5. ...., Lh7—g6; 6. Lf1—g2, Lg6—f7; 7. Lg2—f3 und gewinnt.

Ein ähnliches Beispiel für den Kampf des Springers gegen den Läufer gibt das Endspiel Blackburne-Schlechter, das weiter unten besprochen ist.

Der Wert des Springers im Endspiel ist schwer gegen den des Läufers abzuwägen. Der Springer hat zwar den Vorteil der Unabhängigkeit von der Farbe der Felder, dafür wirkt aber der Läufer aus größerer Entfernung und bietet außerdem die Möglichkeit eines Tempogewinns in Zugzwangstellungen.

Zwei Läufer sind zwei Springern fast immer überlegen, da der Nachteil der Unzugänglichkeit von Feldern der einen Farbe wegfällt. Ein Turm gewinnt im allgemeinen stets gegen einen Läufer oder einen Springer, meist sogar noch gegen ein bis zwei Mehrbauern, unter der Voraussetzung natürlich, daß außer dem Turm noch Bauern vorhanden sind, die der Gegner nicht abtauschen kann. Ein instruktives Beispiel für die Spielführung in solchen Fällen gibt folgende Stellung, die in einer Partie Moll-Post entstand.

Weiß konnte hier auf folgende Weise den Gewinn forcieren; 1. Ta7×a5, b4—b3; 2. Ta5—a6, b3×a2; 3. Ta6×a2, Kg6—f7: 4. Ta2—c2, Lc3—b4; 5. Tc2—c4, Lb4—a5; 6. f3—f4! Die schwarzen Bauern müssen erst zerrissen werden, bevor sie mit Erfolg angegriffen werden können.

Nunmehr ist der Verlust des Schwarzen besiegelt, gleichgültig ob er den Bauern f4 schlägt oder nicht. Es würde nämlich folgen 6. ...., g5×f4; 7. Tc4×f4, worauf der Turm den Bauern h4 auf h5 angreift, ohne daß Schwarz ihn decken kann. Oder 6. ....,

104

Kf7—g6; 7. f4×g5, f6×g5; 8. Tc4—c6†, Kg6—g7; 9. Tc6—c5, was den Bauern g5 gewinnt, wenn Schwarz nicht durch Ld8 deckt und damit den Freibauern aufgibt.

Auch in diesem Falle ist Schwarz verloren: 9. Tc6—c5, La5—d8; 10. Ke2×d2, Kg7—g6; 11. Kd2—d3, Ld8—f6; 12. Tc5—c6, Kg6—g7; 13. Kd3—e4, Kg7—g6; 14. Tc6—a6, Kg6—f7; 15. Ke4—f5, Lf6—d8; 16. Ta6—g6 nebst Tg6×g5 usw.

Die Dame gewinnt gegen eine schwächere Figur so leicht, daß es nicht nötig ist, diese Fälle besonders zu besprechen. Es bleibt übrig, die Endspiele zu betrachten, in denen Dame gegen Dame, Turm gegen Turm oder kleine Figur gegen kleine Figur kämpft und der eine Spieler entweder einen Bauern mehr oder, bei gleicher Bauernzahl, einen Stellungsvorteil hat, der den Gewinn erzwingt. Die Regel ist, daß der Mehrbauer zum Gewinn genügt. Es gibt jedoch einige in der praktischen Partie häufig vorkommende Ausnahmen, auf die ich besonders hinweisen muß.

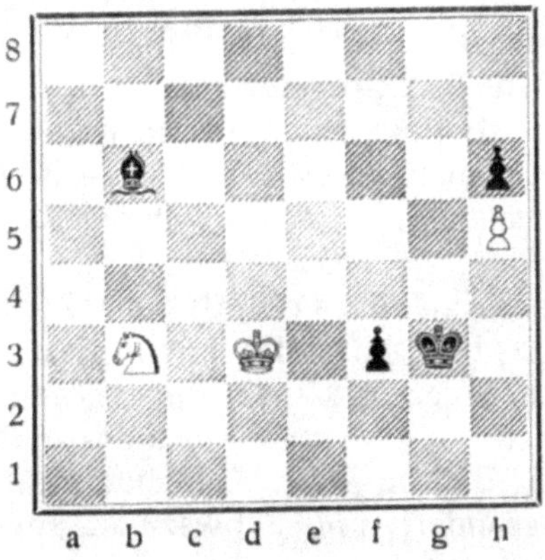

105

Die Stellung des Diagramm 105 zeigt ein Beispiel des Endspiels mit einem Randbauern und dem Läufer „von der falschen Farbe".

Weiß macht durch 1. Sb3—d2, f3—f2; 2. Sd2—e4†, Kg3—g2; 3. Se4×f2 remis, da nach Kg2×f2 Schwarz, um den Bauern h5 erobern zu können, dem weißen König den Weg nach der Ecke h1 freigeben muß und ihn von da nur vertreiben könnte, wenn sein Läufer von der weißen Farbe wäre.

In der Stellung des Diagramm 106 würde Weiß sogar, trotzdem er den Läufer von der Farbe des Verwandlungsfeldes seines Rand-

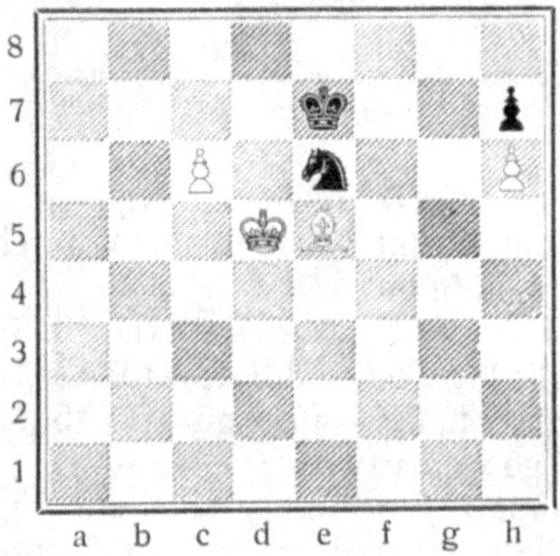

106

bauern hat, nicht durch 1. c6—c7, Se6×c7; 2. Le5×c7 gewinnen, weil er den Bauern h7 nicht erobern könnte.

Er kann ihn ja nur von g7 oder g8 aus angreifen, und diese beiden Felder sind ihm unzugänglich, weil er dem schwarzen König das Feld g8, f8 oder h8 lassen muß, wenn er ihn nicht pat setzen will. Stände der weiße Bauer noch auf h5, so würde Weiß gewinnen, weil dem König dann das Feld h6 zum Angriff auf den Bauern h7 offensteht. In der Diagrammstellung kann Weiß also nur gewinnen, wenn er sich den c-Bauern erhält. Der Sieg ist in der Tat möglich, und zwar durch einen Tempogewinn mit dem Läufer.

In der Diagrammstellung sei Weiß am Zuge. Schwarz am Zuge dürfte nicht Ke7—f7 spielen, weil 2. Kd5—d6 folgen würde und der Springer dann ziehen muß, so daß der c-Bauer ungehindert in die Dame geht.

Weiß muß daher so manövrieren, daß der Zug in der Diagrammstellung auf Schwarz übergeht. Er kann dies z. B. auf folgende Weise erreichen: 1. Le5—g3, Ke7—f7. Jetzt kann 2. Kd5—d6 nicht geschehen wegen Se6—d4; 3. c6—c7, Sd4—b5† nebst Sb5×c7. 2. Lg3—h2, Kf7—e7; 3. Lh2—e5. Weiß hat seinen Zweck erreicht, die Stellung ist unverändert, und Schwarz ist am Zuge. Der König darf aus dem obenerwähnten Grunde nicht ziehen. Aber auch Springerzüge helfen nichts: 3. ...., Se6—g5; 4. Le5—f6†! und der Springer geht verloren oder der c-Bauer wird Dame. Auf 3. Se6—f8 hätte 4. Le5—d6† entschieden und auf 3. Se6—d8 wäre 4. Le5—f6†, Ke7—e8; 5. Lf6×d8 usw. gefolgt.

Bei dieser Gelegenheit möchte ich darauf hinweisen, daß mit einem Springer sich nie ein Tempo gewinnen läßt, da er ein Feld, das ihm in einer ungeraden Anzahl von Zügen zugänglich ist, nie in einer geraden Zügezahl erreichen kann. Ein einfaches Beispiel ist die Stellung des Diagramm 107.

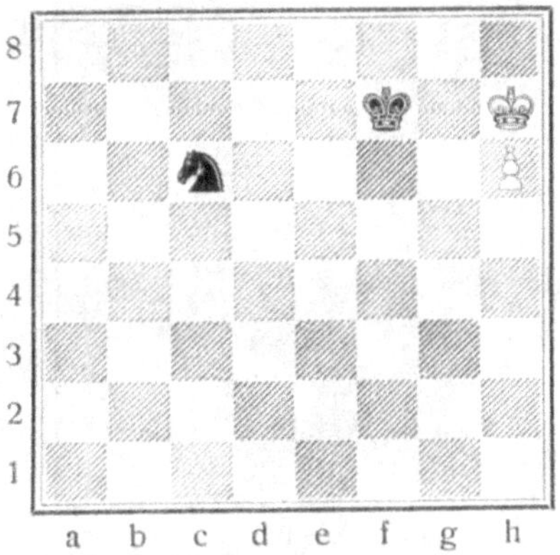

107

Weiß am Zuge verliert: 1. Kh7—h8, Sc6—e5; 2. Kh8—h7, Se5—d7; 3. Kh7—h8, Sd7—f8; 4. h6—h7, Sf8—g6‡. Schwarz am Zuge dagegen kann nicht gewinnen, da er nicht bei unveränderter Stellung den Zug auf Weiß übergehen lassen kann.

Im Endspiel Läufer gegen Läufer, für das die Stellung des Diagramm 103 bereits ein Beispiel lieferte, entscheidet ein Mehr-

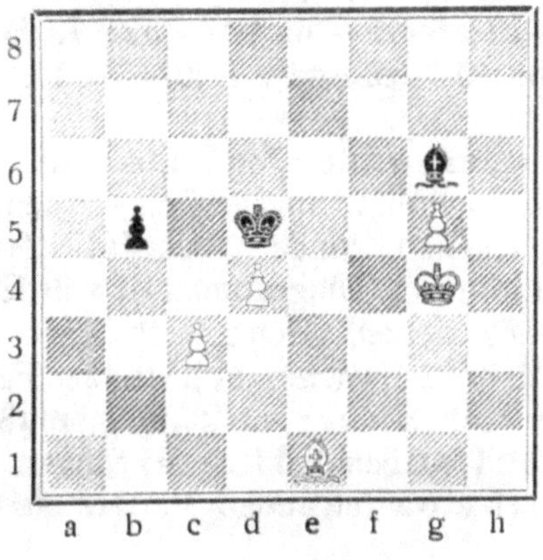

108

bauer meist, wenn die Läufer von gleicher Farbe sind. Es gelingt nämlich in der Mehrzahl der Fälle, den Abtausch des Läufers zu erzwingen, worauf eines der bekannten reinen Bauernendspiele entsteht; dagegen ist es im Endspiel mit ungleichen Läufern manchmal sogar trotz zweier Mehrbauern nicht möglich, zu gewinnen. Die Stellung des Diagramm 108 z. B. ist remis, da der weiße König keinen Platz findet, den g-Bauern zu umgehen, und er somit den schwarzen Läufer nicht vertreiben kann. Im allgemeinen ist der Gewinn bei zwei voneinander getrennten Freibauern auf die an der folgenden Stellung erläuterte Art zu erzwingen.

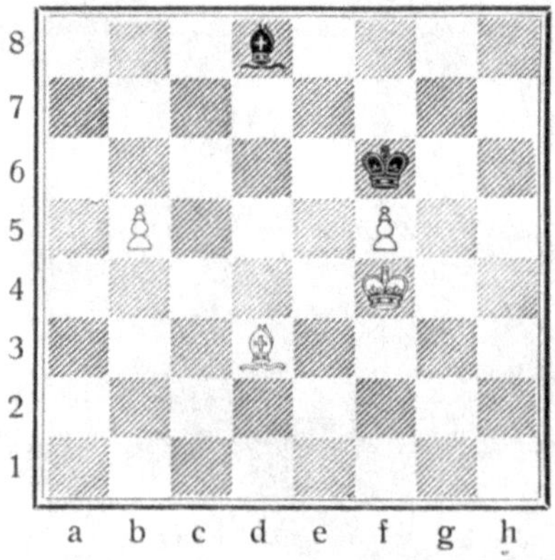

109

Der König marschiert zu dem Freibauern, der nicht vom feindlichen König, sondern nur von dem Läufer aufgehalten wird, und zwingt letzteren, sich zu opfern. Eilt der feindliche König, um dies zu verhindern, dem Läufer zu Hilfe, so wird wieder der von ihm verlassene Freibauer sein Tod.

1. Kf4—e4, Kf6—e7; 2. Ke4—d5, Ke7—d7; 3. Ld3—e4, Ld8—e7; 4. b5—b6, Le7—d8; 5. b6—b7, Kd7—c7; 6. Kd5—e6 und gewinnt oder 5. ...., Ld8—c7; 6. f5—f6, Lc7—h2; 7. Le4—c2, Kd7—e8; 8. Kd5—e6, Lh2—b8; 9. Lc2—g6†, Ke8—f8; 10. Ke6—d7 und gewinnt.

Sind die Bauern verbunden, so halte man die Regel fest, sie, falls sie vom feindlichen Läufer angegriffen werden, nicht auf Felder von der Farbe des eigenen, sondern des feindlichen Läufers zu stellen. In der Stellung des Diagramm 110 würde Weiß also nicht f4—f5, sondern e4—e5 ziehen. Denn nach 1. f4—f5 besteht keine Möglichkeit mehr, dem Schwarzen schwarze Felder zu nehmen. Und um die Bauern weiterführen zu können, muß man ja den Zugang zu schwarzen und weißen Feldern erzwingen. Im vorliegenden Falle würde das Spiel etwa folgenden Verlauf nehmen:

1. e4—e5, Lc7—a5; 2. Kf2—e3, Kg7—f7; 3. Ke3—e4, Kf7—e7; 4. f4—f5, La5—b4; 5. f5—f6†, Ke7—f8; 6. e5—e6, Lb4—a3; 7. Ld1—a4, La3—b4. Durchbringen kann Weiß nur den e-Bauern, da f6—f7 aus dem vorher erwähnten Grunde zwecklos ist. Um aber e6—e7 ziehen zu können, muß Weiß erst den Punkt e7 zum zweiten-

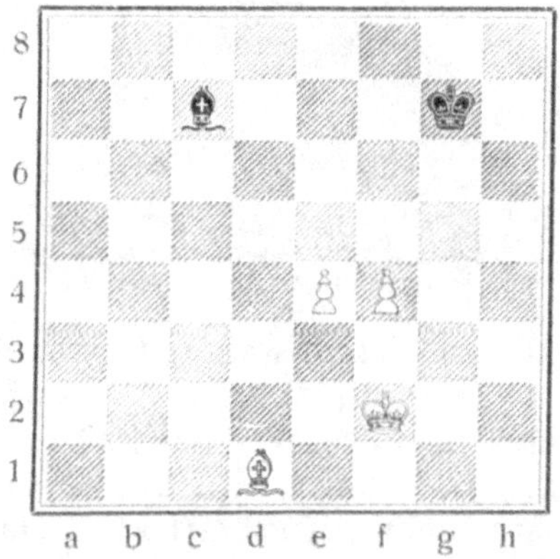

110

mal decken, damit der Läufer sich nicht für beide Bauern opfern kann. Also: 8. Ke4—d5, Lb4—a3. Auf Lb4—c3 würde e6—e7† folgen. 9. Kd5—c6, Kf8—e8; 10. Kc6—c7†, Ke8—f8; 11. Kc7—d7 und gewinnt.

Im Kampf des Springers gegen den Springer entscheidet meist ebenso wie im Kampf gleichfarbiger Läufer ein Mehrbauer den Sieg; häufig ist sogar schon ein Freibauer bei gleicher Bauernzahl ausschlaggebend, da er entweder den feindlichen König oder den Springer beschäftigt hält und so der Gegner nur eine Figur zur Verteidigung seiner Bauern frei hat. Ein lehrreiches Beispiel hierfür bildet das Endspiel Eduard Lasker-Rotlewi S. 136.

Am häufigsten und dabei am schwierigsten sind die Endspiele, in denen der Turm gegen den Turm spielt. Hier ist das Übergewicht eines Bauern selten zum Sieg ausreichend, wenn nicht außerdem die stärkere Partei noch durch größere Beweglichkeit des Turmes im Vorteil ist. Typisch für die in der praktischen Partie sehr oft vorkommenden Fälle, in denen dieses Moment den Ausschlag gibt, ist die Stellung des Diagramm 111.

Trotzdem Weiß den Mehrbauern bereits frei hat, kann er nur gewinnen, wenn er den schwarzen Turm durch das folgende Manöver in seiner Beweglichkeit einschränkt. 1. Tc7—c2, Td8—d7; 2. Tc2—a2, Td7—a7. Jetzt hat der schwarze Turm nur noch einen Zug, während der Weiße sich frei auf der a-Reihe bewegen kann. Er kann sich z. B. auf a5 aufstellen und so den schwarzen König verhindern, die

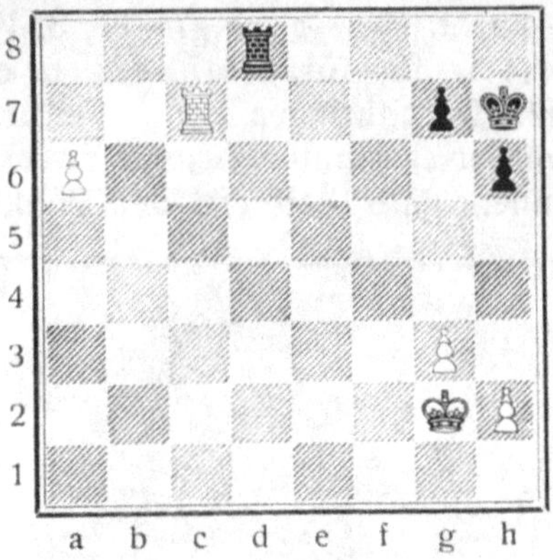

111

Bauern h2 und g3 zu attackieren, während der weiße König auf den Turm a7 marschiert und ihn erobert. Versucht andrerseits der schwarze König, dem weißen den Weg nach a7 zu verlegen, so dringt Weiß in das schwarze Bauernlager ein. Die Opposition der Könige nämlich kann Schwarz nicht aufrechterhalten, da der weiße Turm Tempozüge hat, der schwarze aber nicht. Z. B. 3. Kg2—f3, Kh7—g6; 4. Ta2—a5, Kg6—f6; 5. Kf3—e4, Kf6—e6; 6. Ta5—a4, g7—g6; 7. Ta4—a5, Ke6—d6; 8. Ke4—d4, Ke6—c6; 9. Kd4—e5 und gewinnt die Bauern.

Schwarz am Zuge würde in der Diagrammstellung remis machen, indem er durch 1. ....., Td8—d2†; 2. Kg2—h3, Td2—a2 seinen Turm hinter den weißen Freibauern stellt und so den weißen Turm bindet, während der eigene in der a-Reihe beweglich ist. Marschiert jetzt der weiße König auf den Damenflügel, so zwingt er zwar endlich den schwarzen Turm, sich für den Freibauern zu opfern, aber indessen erobert Schwarz mit dem König die weißen Bauern h2 und g3 und bekommt mit seinen zwei verbundenen Freibauern noch Gewinnchancen.

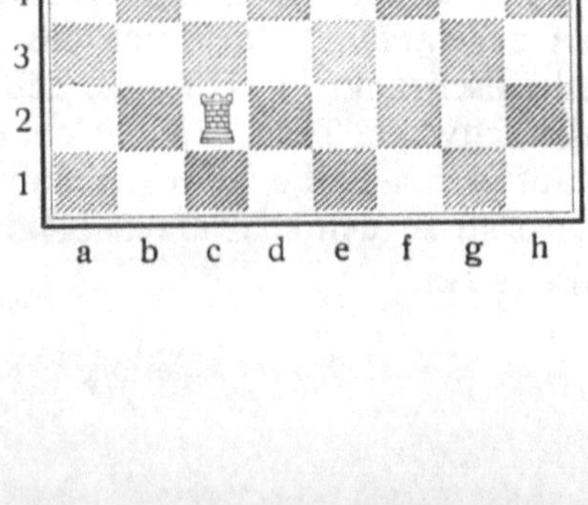

112

Ist überhaupt nur noch ein Bauer vorhanden, so hält die schwächere Partei remis, wenn ihr König das Verwandlungsfeld des Bauern beherrscht. Diagramm 112 zeigt eine für die stärkere Partie besonders günstige Stellung, die in diesem Endspiel fast stets zu erreichen ist. Aber auch hier erzwingt Schwarz durch ein hübsches Turmmanöver das Remis: 1. ...., Tc8—c7; 2. Tc2—g2, Tc7—d7†; 3. c6×d7 und Schwarz ist pat.

Noch größer ist die Remischance im Endspiel Dame gegen Dame, da hier der König der stärkeren Partei selten einem ewigen Schach entgehen kann.

Der Vollständigkeit halber stelle ich noch einige Fälle zusammen, in denen die Dame oder der Turm nicht mehr gegen einen vorgerückten Bauern gewinnen kann.

In der Stellung des Diagramm 113 kann Weiß noch remis machen, denn er hat in fünf Zügen den Bauern auf g7 vom König auf h7

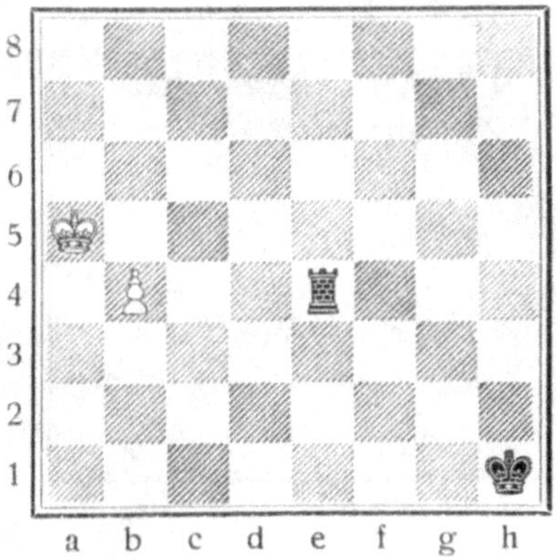

113

unterstützt, während Schwarz in dieser Zeit mit seinem König nicht mehr herankommt, so daß der Turm sich auf g8 für den Bauern opfern muß.

Zwei verbundene Freibauern gewinnen in Abwesenheit der Könige gegen einen Turm, sobald sie nur noch zwei Schritte zu den Verwandlungsfeldern haben.

In der Stellung des Diagramm 114 z. B. ist Weiß verloren, da Schwarz seinen Turm auf d7 opfert und dann g4—g3 zieht, worauf einer der beiden Bauern Dame wird.

Die Dame gewinnt gegen einen vorgerückten vom König unterstützten Freibauern, nur der Turm oder der Läuferbauer hält remis, wenn er bereits vom König gedeckt einen Schritt von seinem Verwandlungsfelde steht und die Dame dieses nicht zufällig gerade betreten kann.

114

Die folgenden Beispiele erläutern die drei Hauptfälle.

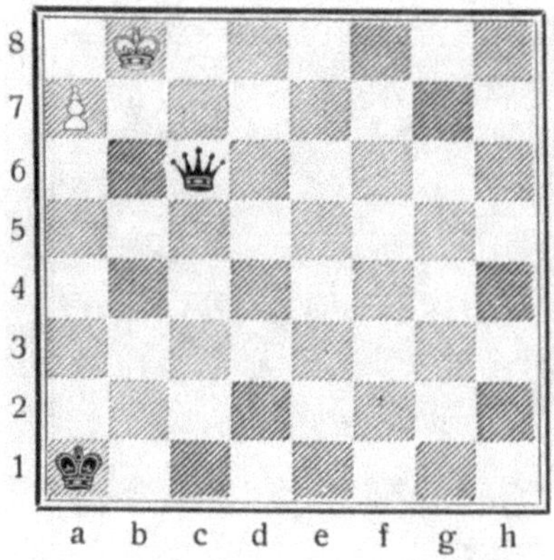

115

Schwarz muß, um den Bauern aufzuhalten, Dc6—b6† spielen. Weiß antwortet Kb8—a8 und wird pat, wenn Schwarz ihm nicht

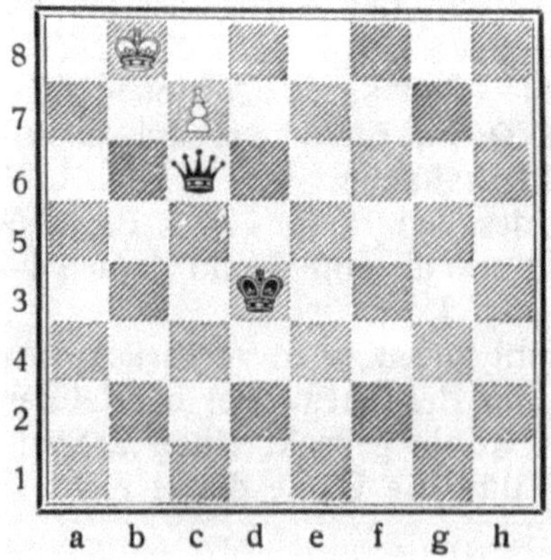

116

wieder die b-Linie zugänglich macht. Gewonnen ist das Endspiel nur, wenn der König der stärkeren Partei in zwei Zügen die Opposition erreichen kann. Stände also in obigem Beispiel der schwarze König auf d4, so gewinnt Schwarz wie folgt: 1. ...., Dc6—e8†; 2. Kb8—b7, De8—e7†; 3. Kb7—b8, Kd4—c5!; 4. a7—a8 Dame, Kc5—b6 und Weiß kann das Mat nicht decken.

Weiß macht remis. 1. ...., Dc6—b6†; 2. Kb8—a8, Db6×c7 und Weiß ist pat.

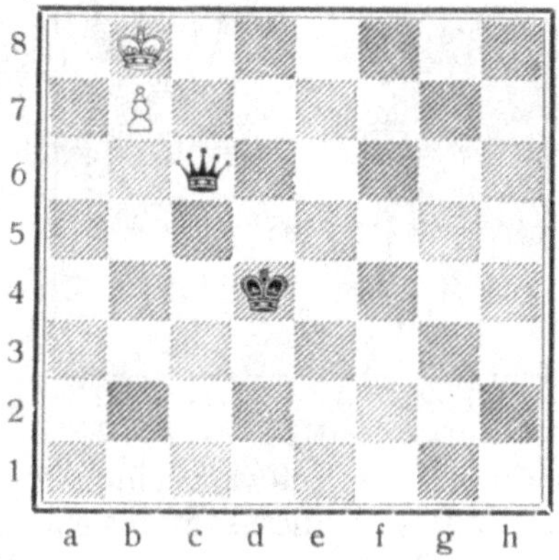

117

Weiß verliert. 1. Kb8—a7, Dc6—a4†; 2. Ka7—b6, Da4—b4†; 3. Kb6—c7, Db4—c5†; 4. Kc7—d8, Dc5—d6†; 5. Kd8—c8, Dd6—c6†; 6. Kc8—b8, Kd4—c5; 7. Kb8—a7, Dc6—a4†; 8. Ka7—b8, Kc5—c6; 9. Kb8—c8, Da4—a6 usw.

Wer das Gebiet des Endspiels eingehender studieren will, wird in den Büchern von Berger und Tattersall eine Fülle interessanten Materials finden.

3. Beispiele aus Meisterpartien.

Im folgenden stelle ich einige instruktive Beispiele von Endspielen zusammen, die der Turnierpraxis entnommen sind; auf Schritt und Tritt werden wir bei ihrer Betrachtung bemerken, wie überaus wichtig die gründliche Kenntnis der einfachen Endspieltypen ist, die wir im vorigen Kapitel besprochen haben.

Wir werden sehen, daß man oft recht viele Züge im voraus berechnen muß, um den richtigen Weg zu entdecken, daß sich aber tatsächlich fast stets jede Konsequenz mit unfehlbarer Sicherheit vorhersehen läßt, da man infolge des reduzierten Figurenmaterials nicht allzu viele Varianten in Betracht zu ziehen braucht. Daher ist das Streben berechtigt, den Figurenabtausch herbeizuführen, sobald auch nur der geringste Vorteil vorhanden ist, der die Aussicht gibt, eine der besprochenen Elementarendstellungen zu erreichen, in denen der Sieg erzwungen werden kann.

I. Aus einer Partie Teichmann-Blackburne (Berlin 1892).

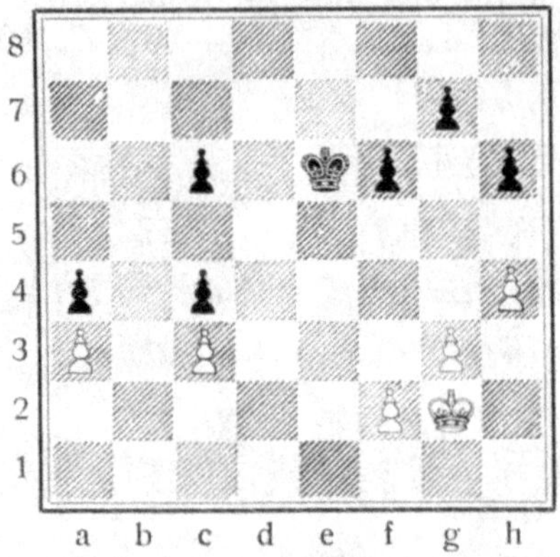

118

Auf dem Damenflügel hat Schwarz einen Bauern mehr. Aber infolge der Doppelung läßt sich dieses materielle Übergewicht nicht ausnutzen. Ein sichtbarer Vorteil des Schwarzen liegt jedoch darin, daß Weiß kein Zugzwangendspiel herbeiführen darf, da Schwarz immer noch den Zug c6—c5 übrig hat. Auch auf dem Königsflügel, hat Weiß eine mikroskopische Schwäche. Sein h-Bauer nämlich ist bereits vorgerückt und deshalb leichter angreifbar. Der Nachteil, der hierin liegt, tritt bald klar zutage.

1.	f2—f3	Ke6—f5
2.	Kg2—f2	h6—h5
3.	Kf2—g2	g7—g5
4.	Kg2—h3	Kf5—e5

Dadurch wird die eine Schwäche der weißen Stellung ausgenutzt. Weiß muß schlagen, denn auf Königszüge tauscht Schwarz und eröffnet seinem König das Feld f4, von wo aus er später entweder nach e3 oder nach g3 eindringt. Nach dem Tausch auf g5 aber erhält Schwarz die Chance, sich den entfernteren Freibauern (auf der h-Reihe) zu machen.

5.	h4×g5	f6×g5
6.	Kh3—g2	Ke5—f5
7.	Kg2—h2	Kf5—f6

Würde Schwarz sofort h5—h4 spielen, dann würde Weiß 8. Kh2—h3 antworten und nach h4×g3; 9. Kh3×g3 müßte Schwarz den Tempozug c6—c5 hergeben, um für den König das Feld f4 zu erobern. Auf 10. Kg3—g2!, Kf5—f4; 11. Kg2—f2 bliebe dann das Spiel remis, da der weiße König die Opposition behauptet, Schwarz also weder nach e3 oder nach g3 eindringen kann. Schwarz manövriert daher zunächst mit seinem Könige so, daß er das Feld f5 erst betritt, wenn der weiße König auf g3 steht.

8.	Kh2—g2	Kf6—g6
9.	Kg2—h2	h5—h4!

Jetzt geht weder 10. g3×h4, da Schwarz nach g5×h4 den entfernteren Freibauern hat, noch 10. f3—f4, da auf g5×f4; 11. g3×h4 zwar Weiß den entfernteren Freibauern erlangt, diesen jedoch nach Kg6—h5; 12. Kh2—h3, c6—c5! verliert.

10.	Kh2—h3	h4×g3
11.	Kh3×g3	Kg6—f5

Endlich hat Schwarz den Punkt f4 erobert, ohne sich der Möglichkeit begeben zu haben, wenn erforderlich, den Tempozug c6—c5 einzuschieben.

12.	Kg3—f2	Kf5—f4

Nach g2 darf jetzt der weiße König nicht ausweichen, weil Schwarz dann auf den Bauern c3 marschieren und in 7 Zügen den Bauern c4 zur Dame bringen würde, während Weiß nach 7 Zügen den Bauern f3 erst auf f7 hätte.

13.	Kf2—e2	Kf4—g3
14.	Ke2—e3	c6—c5 aufgegeben.

Weiß kann nämlich jetzt den f-Bauern nicht halten, sondern muß den g-Bauern dafür nehmen, und der schwarze König ist dann zwei Züge eher auf dem Damenflügel. Z. B.

15.	Ke3—e2	Kg3—g2
16.	Ke2—e3	Kg2—f1!
17.	Ke3—e4	Kf1—f2
18.	Ke4—f5	Kf2×f3
19.	Kf5×g5	Kf3—e3 usw.

Schwarz hätte den Gewinn auch dann erzwungen, wenn Weiß im zwölften Zuge nicht nach f2, sondern nach g2 gegangen wäre, nämlich: 12. Kg3—g2 Kf5—f4; 13. Kg2—f2.

Nun hat zwar Weiß die Opposition und gewinnt sie, nachdem Schwarz ihn durch c6—c5 herausdrängt mit 14. Kf2—e2, Kf4—g3; 15. Ke2—e3 wieder zurück, kann sie aber nach Kg3—h3!! nicht aufrechterhalten, da ihm das Feld der entfernten Opposition, d3, nicht zugänglich ist. Nach 16. Ke3—d2, Kh3—h2!; 17. Kd2—e3, Kh2—g3;

18. Ke3—e2, Kg3—g2; 19. Ke2—e3, Kg2—f1 entsteht dasselbe Ende wie vorher.

II. Aus einer Partie Eduard Lasker-Rotlewi (Hamburg 1910).

119

Weiß ist im Vorteil, denn Schwarz muß dauernd seinen König oder seinen Springer nahe dem weißen Freibauern halten, um gegen dessen Vorrücken gewappnet zu sein, während Weiß mit König und Springer die schwarzen Bauern attackieren kann. Zunächst stehen diese noch so weit zurück, daß der weiße König sich ihnen nicht nähern kann. Daher muß Weiß erst versuchen, sie zum Vorrücken zu zwingen.

1. Sd3—c5 b7—b6
2. Sc5—d3 a7—a5

Dieser Zug ist nun schon nötig, weil durch b7—b6 der Punkt c6 seine Deckung verloren hat, und daher der weiße Springer gelegentlich durch Schach auf c6 den a-Bauern zu erobern droht. Aus diesem Grunde konnte z. B. statt des Textzuges nicht Sf8—d7 geschehen, da dann 3. Sd3—e5 folgte. Abtauschen darf ja Schwarz den Springer nicht, denn sonst reduziert sich die Stellung auf ein leicht gewonnenes Bauernendspiel ähnlich dem an Hand des Diagramm 92 erläuterten. Also wäre, um die Drohung Se5—c6† zu decken, nur 3. ...., Sd7—b8 übriggeblieben, was den schwarzen Springer völlig deplacierte, so daß Weiß nach 4. Kf5—g6 ohne Mühe den Freibauern zur Dame geführt hätte.

3. Kf5—e5 c7—c6

Der König drohte über d5 nach c6 einzudringen.

4. Ke5—f5 Sf8—e6

Spielt Schwarz statt dessen, um der Drohung Sd3—e5—c4 zuvorzukommen, b6—b5, so gelangt der weiße König nach c5 und erobert dann leicht alle schwarzen Bauern. Schwarz versucht daher unter Aufgabe eines Bauern die beiden andern abzutauschen, um dann das Remis durch Opfer des Springers gegen den übrigbleibenden weißen Bauer zu erzwingen.

5.	Sd3—e5	c6—c5
6.	Se5—c4	b6—b5
7.	Sc4×a5	c5—c4

120

8.	Kf5—e5	Se6—c5
9.	Sa5—c6†	Ke7—f8!

Nicht Ke7—f7 wegen 10. Ke5—d4, Sc5—d3; 11. Sc6—e5†.

10.	Sc6—a7?	....

Weiß übersieht die folgende Remiskombination von Schwarz. Er hätte allerdings auch aus allgemein strategischen Rücksichten gegen den Springerzug mißtrauisch sein sollen, der die Figur auf den Rand, etwas aus dem Spiel bringt.

Die einzige Gewinnmöglichkeit bestand in 10. Sc6—d4. Dieser Weg ist schon deshalb viel plausibler als der tatsächlich von Weiß beschrittene, weil jetzt Weiß mit König und Springer zusammen die schwarzen Bauern attackiert, während beide Figuren des Schwarzen vom Kampfplatz entfernt sind. Die Folge konnte sein: 10 ...., b5—b4; 11. Ke5—d5, Sc5—d3; 12. Kd5×c4, Sd3×b2†; 13. Kc4—b3!, Sb2—d3; 14. Sd4—e2! usw. oder 10. ...., Sc5—d3†; 11. Ke5—e4, Sd3×b2; (b5—b4; 12. b2—b3) 12. Sd4×b5 usw.

10.	....	b5—b4!
11.	Ke5—d4	c4—c3

12.	b2×c3	Sc5—e6†
13.	Kd4—c4	b4×c3
14.	Kc4×c3	Se6×f4

und Weiß kann nicht verhindern, daß Schwarz schließlich seinen Springer gegen den a-Bauern opfert.

III. Aus einer Partie Blackburne-Schlechter (Wien 1898).

Weiß hat zuletzt De3—f4 gezogen. Es droht jetzt c4—c5, und Schwarz ist genötigt, die Damen zu tauschen, da b7—b5 mit

121

b2—b4 beantwortet würde. Das entstehende Endspiel aber steht für Schwarz sehr schlecht, da der Bauer d6 schwach ist, und Weiß sich gelegentlich den d-Bauern frei zu machen droht.

1.	....	Dh5—f5
2.	Df4×f5	Ld7×f5
3.	Sf3—d4	Lf5—g6
4.	Te1×e8	Ta8×e8
5.	Th1—e1	Te8×e1

Wenn Schwarz den Tausch vermeiden will, muß er dem Weißen die e-Linie überlassen, und das wäre sicherer Verlust, weil der schwarze Turm keine Wirkungslinie hat.

Er müßte nach d8 ziehen, damit durch Sd4—b5† kein Bauer verlorengeht, und der weiße Turm besetzt dann die siebente Linie, wodurch auch noch der schwarze Läufer an seinen Platz gefesselt wird.

6.	Kf2×e1	Lg6—d3
7.	b2—b3	Kc7—d7

Schwarz ist zu völliger Passivität verurteilt. Weiß kann in aller Ruhe darangehen, sich den Bauern frei zu machen.

8.	Ke1—d2	Ld3—e4
9.	g2—g3	Le4—b1
10.	a2—a3	Lb1—e4
11.	Kd2—e3	Le4—b1
12.	Sd4—f3	....

Um b3—b4 nebst c4—c5 ziehen und den Schwarzen zum Tausch auf c5 zwingen zu können, muß Weiß sich erst die Möglichkeit schaffen, den Bauern d6 zum zweiten Male anzugreifen. Er bereitet daher das Manöver Sf3—d2—c4 vor.

12.	....	Kd7—e7
13.	b3—b4	Lb1—f5
14.	c4—c5	Lf5—d7
15.	Ke3—d4	Ld7—e8
16.	Sf3—d2	Le8—d7
17.	Sd2—c4	d6×c5†
18.	b4×c5	f7—f6

Es ist noch gar nicht leicht, den Positionsvorteil in den Sieg umzusetzen. Sehr schlecht wäre der Bauernvorstoß d5—d6†, da dem Schwarzen dann die Punkte c6 und e6 gangbar sind. Weiß schafft erst ganz systematisch Angriffspunkte, indem er die schwarzen Bauern vorlockt.

19.	Sc4—b2	Ld7—f5
20.	a3—a4	Ke7—d7
21.	a4—a5	a7—a6

Damit ist der schwarze Damenflügel lahmgelegt. Der Textzug ist erzwungen, da sonst Weiß durch a5—a6 auch seinen c-Bauern frei macht. Jetzt macht sich Weiß an den Königsflügel.

22.	Sb2—c4	Kd7—c7
23.	Sc4—d6	Lf5—d7
24.	Kd4—e4	Ld7—a4
25.	g3—g4	La4—c2†
26.	Ke4—d4	Lc2—g6

Schwarz will h7—h5 spielen, um auch einen Freibauern und so die einzige Gegenchance zu bekommen.

27.	h2—h3	Kc7—b8

Jetzt würde auf h7—h5 Sd6—f5 folgen, worauf der Tausch erzwungen und der Bauer g7 rückständig ist, so daß der h-Bauer bald fällt.

28.	Sd6—f5	Lg6×f5
29.	g4×f5	Kb8—c7

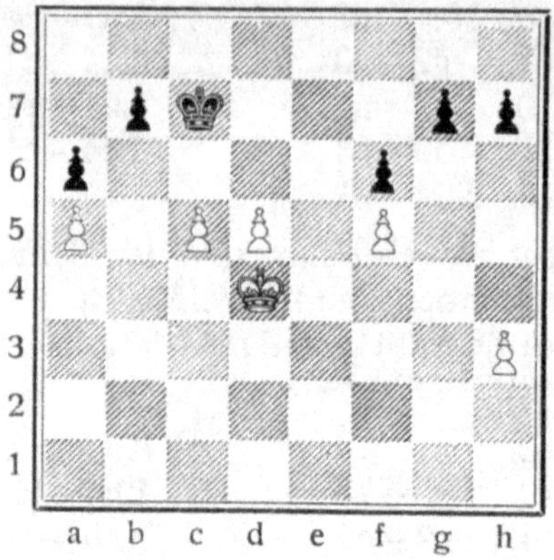
122

Es sieht so aus, als könnte sich Schwarz statt des Textzuges durch g7—g5 einen Freibauern machen, der das Remis sichert. Denn auf 30. h3—h4 käme h7—h6 und es ist nicht ersichtlich, wie Weiß gewinnen soll. Aber g7—g5 geht nicht wegen 30. f5×g6 e. p. Der Unterschied der Bauernstellung, der den Sieg für Weiß entscheidet, liegt dann darin, daß der weiße Freibauer auf d5 unangreifbar ist, weil ihm die Stütze des c-Bauern durch b7—b6 nicht genommen werden kann, während der schwarze Freibauer f6 durch den Vorstoß h3—h4—h5 jederzeit isoliert werden kann. Weiß würde also erst etwa den König in der g-Linie aufstellen und dann den h-Bauern schieben. Die getrennten Bauern werden darauf vom König leicht erobert. Auf den Textzug stößt Weiß ebenfalls den h-Bauern vor, um h7—h6 zu erzwingen und so Schwarz auf Königszüge zu beschränken. Der Freibauer d6 führt dann das Ende herbei:

30.	Kd4—e4	Kc7—d7
31.	Ke4—f4	Kd7—e7
32.	Kf4—g4	Ke7—d7
33.	h3—h4	Kd7—c8
34.	h4—h5	h7—h6

Sonst folgt h5—h6 nebst Kg4—h5 usw.

35.	Kg4—f4	Kc8—d7
36.	Kf4—e4	Kd7—c7
37.	d5—d6†	Kc7—c8
38.	Ke4—d5	Kc8—d7
39.	c5—c6†	....

Vgl. Diagramm 101.

39.	....	b7×c6†
40.	Kd5—c5	und gewinnt.

IV. Aus einer Partie Bird-Janowski. Gespielt in Hastings 1908.

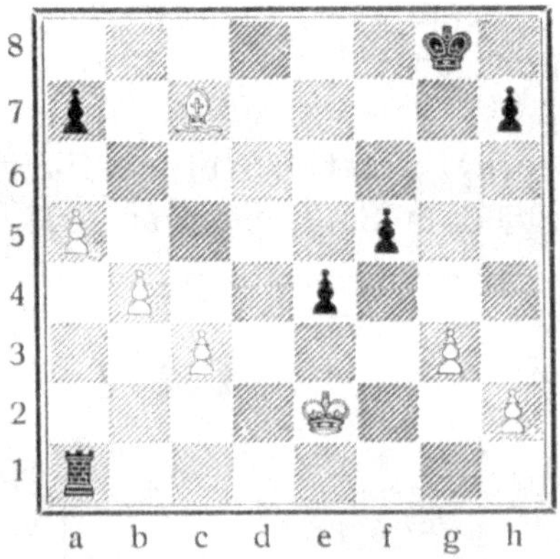

123

Trotz des materiellen Übergewichts ist der Sieg für Schwarz nicht leicht, da Weiß eine bedrohliche Bauernmajorität auf dem Damenflügel hat. Zunächst muß der König, als starke Endspielfigur, in den Kampf eingreifen.

1.	....	Kg8—f7
2.	b4—b5	Kf7—e6
3.	b5—b6	a7×b6
4.	a5×b6	Ke6—d7
5.	Lc7—e5	....

Droht b6—b7. Aber da Weiß noch einen Läuferzug machen muß, um den Bauern zu decken, geht der h-Bauer verloren, und deshalb ist das Textmanöver schlecht. h2—h3 war geboten; dann drohte die Auflösung der schwarzen Bauern durch g3—g4 und ihre Eroberung durch den König.

5.	....	Kd7—c6
6.	Le5—d4	Ta1—a2†
7.	Ke2—e3	Ta2×h2
8.	Ke3—f4	Th2—d2
9.	g3—g4	Td2×d4!

Schwarz reduziert damit die Stellung auf ein Schulendspiel, das gewonnen ist. Während nämlich die beiden weißen Freibauern getrennt werden, so daß sie sich nicht gegenseitig decken können und verlorengehen, erhält Schwarz zwei Freibauern in der g- und h-Linie, die verbunden sind und daher nicht erobert werden können.

10.	c3×d4	e4—e3!
11.	Kf4×e3	f5×g4
12.	Ke3—f4	h7—h5
13.	d4—d5†	Kc6×b6
14.	Kf4—e5	Kb6—c7

Aufgegeben.

V. Aus einer Partie Steiner-Forgacz.
Gespielt in Szekésfehervár 1907.

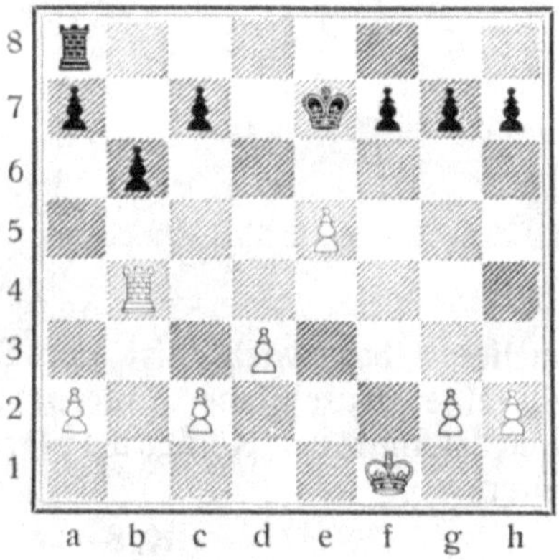
124

Weiß hat infolge der größeren Beweglichkeit seines Turmes einen Vorteil, den er in lehrreicher Weise ausnützt.

1. Tb4—g4 g7—g6

Diesen Zug provoziert Weiß, um auf f6 eine Schwäche zu schaffen.

2. Kf1—e2 Ke7—e6
3. Tg4—f4 Ta8—f8

Schwarz darf den Turm natürlich nicht in die siebente Linie lassen.

4. d3—d4 c7—c5

Dieser Zug würde die Partie gewinnen, wenn die Türme bereits getauscht wären, denn dann führte der entferntere Freibauer, den Schwarz in der b-Linie erhält, die Entscheidung herbei. Von dem beweglicheren Turm unterstützt aber werden die Mittelbauern des Weißen verderblich. Statt des Textzuges war f7—f5 notwendig, damit der Turm f8 wieder frei wurde.

5.	c2—c3	c5×d4
6.	c3×d4	f7—f5

Wären die Türme nicht da, so würden dem Weißen sogar die verbundenen Freibauern nichts nützen, denn Schwarz bekommt auf beiden Flügeln einen Freibauern und gewinnt.

7.	Ke2—d3	g6—g5
8.	Tf4—f2	Tf8—c8
9.	g2—g4	f5—f4

Auf f5×g4 würde 10. Tf2—f6†, Ke6—e7; 11. Tf6—h6 gewinnen.

10.	h2—h4	h7—h6
11.	h4×g5	h6×g5
12.	Tf2—h2	Tc8—f8
13.	Th2—h6†	Ke6—e7
14.	d4—d5	f4—f3
15.	Th6—e6†	Ke7—d7
16.	Te6—f6!	Aufgegeben.

Denn nach Tf8×f6; 17. e5×f6 erobert Weiß den f-Bauern und erreicht noch den Freibauern, den Schwarz auf dem Damenflügel bekommt, die Bauern d5 und f6 aber sind unangreifbar. (Kd7—e8, d5—d6, Ke8—f7, d6—d7 usw.).

Die Folgen des Zuges Te6—f6 mußten sehr genau ausgerechnet werden. Stände der b-Bauer z. B. schon auf b5, so würde Weiß verlieren. Nämlich in 4 Zügen stände dann Schwarz mit dem a-Bauern auf a3 und mit dem b-Bauern auf b4. Weiß hätte indessen den f-Bauern erobert und wäre in die d-Linie zurückgekehrt. Schwarz würde nun durch b4—b3 gewinnen, da nach a2×b3 der Bauer a3 ungehindert zur Dame geht.

VI. Aus einer Partie Charousek-Heinrichsen.
Gespielt in Köln 1898.

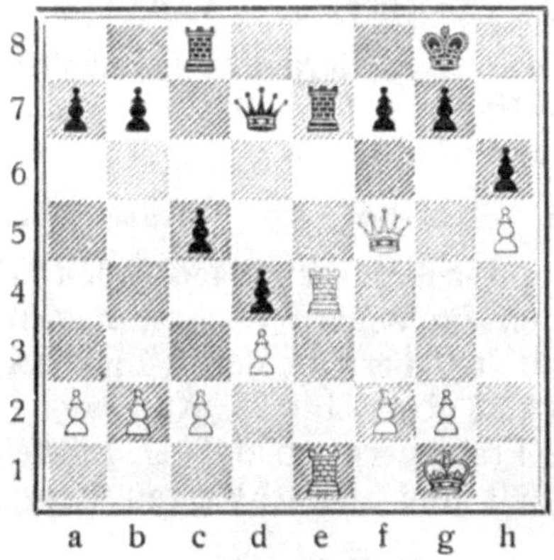

125

Weiß steht besser: erstens, weil er die einzige offene Linie des Bretts besitzt, und zweitens, weil die schwarzen Bauern des Damenflügels vorgerückt, also für ein Königsendspiel geschwächt sind. Nach dem Abtausch von Dame und einem Turm sichert der Besitz der e-Linie das Eindringen des weißen Königs nach e4 und von da nach d5. Die Schwäche der schwarzen Bauern entscheidet dann den Verlust.

1.	Df5×d7	Te7×d7
2.	Te4—e8†	Tc8×e8
3.	Te1×e8†	Kg8—h7
4.	Kg1—h2	g7—g6
5.	Kh2—g3	....

g6×h5 ist keine Drohung, da Weiß durch Te8—e5 den Bauern sofort zurückgewinnt. Schwarz würde durch das Schlagen nur seine Bauern auseinanderreißen.

5.	....	Kh7—g7
6.	Kg3—f4	Kg7—f6
7.	Te8—e5	b7—b6
8.	Kf4—e4	Td7—d6
9.	f2—f4	Td6—e6

Schwarz hofft wohl, durch den entfernteren Freibauern, der ihm auf der h-Linie winkt, Gewinnchancen zu bekommen. Er unterschätzt aber die Schwäche seiner Damenflügelbauern. Allerdings würde auch ohne den Turmtausch Weiß gewinnen, indem er durch 10. g2—g4, Td6—d7; 11. h5×g6, f7×g6; 12. g4—g5†, h6×g5; 13. f4×g5† erst den Königsflügel feststellt und dann den Damenflügel so aufreißt, wie er es auch nach dem Textzug tut.

10.	h5×g6	f7×g6
11.	Ke4—d5	Te6×e5
12.	f4×e5†	Kf6—e7

Ständen die schwarzen Bauern des Damenflügels nicht so exponiert, so wäre das Endspiel für Schwarz gewonnen, eben wegen des Freibauern auf der h-Linie.

13.	b2—b4!	Aufgegeben.

Denn Weiß gewinnt ruhig nach b4×c5 den d-Bauern und hält mit seinem König den Freibauern noch auf, den Schwarz durch Avancieren des g- und h-Bauern in der h-Linie erlangt.

Auf 13. ...., c5×b4 aber folgt 14. Kd5×d4. Weiß deckt dann durch d3—d4 seinen Freibauern, so daß er für seinen König volle Bewegungsfreiheit erhält und alle schwarzen Bauern erobert.

II. Das Mittelspiel.

Eine strenge Trennung des Begriffs „Mittelspiel" von dem der Eröffnung und des Endspiels ist nicht möglich. Im allgemeinen umfaßt man mit dem Namen Mittelspiel den Teil der Partie, der nach der Beendigung der Figurenentwicklung beginnt und bis zu der Phase der Partie dauert, in der so viele Figuren abgetauscht sind, daß die Könige in den Kampf eingreifen können, ohne sich Matgefahren auszusetzen. Aber einerseits kommen manchmal schon im Entwicklungsstadium Züge vor, die eher als Mittelspielmanöver anzusehen sind, und andererseits vereinfachen sich manchmal Mittelspiele so, daß sie, obwohl die Könige noch nicht in den Kampf eingreifen können, ausgesprochen den Charakter von Endspielen annehmen.

Man könnte versuchen, die Mittelspiele in solche einzuteilen, die auf Königsangriff angelegt sind, und solche, die auf Endspielvorteile hinzielen, weil in ersteren die dauernden Positionsmerkmale oft nicht gelten, die die letzteren völlig beherrschen; doch verschwimmen die Grenzen auch hier oft, da die Partie, wenn ein Königsangriff abgewehrt ist, meist wieder in das ruhigere und feinere, gewissermaßen philosophischere Positionsspiel steuert.

Wir werden wieder versuchen, einige allgemeine strategische Leitsätze auf induktivem Wege zu entwickeln, doch müssen wir uns hier darüber klar sein, daß die beste Auslegung dieser allgemeinen Gesetze oft nur auf dem empirischen Wege der Meisterturnierpraxis zu finden ist, da wir häufig vor dem Probleme stehen, positionelle Bewertungen vorzunehmen, die sich der eindeutigen Abschätzung selbst bei fein geschultem Positionsblick entziehen, und die auch variantenmäßig kaum analysiert werden können, weil die Anzahl der zu analysierenden Varianten viel zu groß wäre.

Für den unerfahrenen Spieler ist zur Ausbildung der Fähigkeit, das Mittelspiel vernünftig zu führen, bereits viel durch die Kenntnis der bisher erläuterten Endspiele gewonnen. Sie schafft ihm die nötige elementare Grundlage für den Zuschnitt der Bauernstellung im Hinblick auf das Endspiel, das durch Figurenabtausch entstehen könnte. Der Anfänger steht ja allerdings der Forderung des Abtauschs der Figuren, sobald ein Vorteil erreicht ist, der im Endspiel den Sieg entscheidet, stets mit einer ausgesprochenen, der Lust zum „Kombinieren" entspringenden Abneigung gegenüber. Abtausch, besonders Damentausch, gestalte das Spiel langweilig und häßlich. Nun, mit solchen Reden beweist eben der Anfänger nur, daß ihm das Wesen des Schachspiels noch nicht aufgegangen ist, das in eiserner Konsequenz und Logik gipfelt. Diese verlangt die Wahl des kürzesten klaren Weges, der zum Mat führt.

Wer erst stark genug spielt, um konsequent spielen zu können, der wird bald die Konsequenz als wichtiges Schönheitskriterium anerkennen.

Konsequent spielen heißt seine Kombinationen der Durchführung eines leitenden Planes unterordnen. Die Schwierigkeit ist nur, einen vernünftigen Plan zu finden. Ein konsequent durchgeführter falscher Plan hilft natürlich nichts. Immerhin ist ein falscher Plan noch besser als gar keiner. Und mit der Zeit sammelt man Erfahrungen, eignet man sich eine gewisse Routine an, die aus der großen Zahl der möglichen Manöver solche von vornherein auszuscheiden gestattet, die bei richtigem Gegenspiel keinen Vorteil bringen können.

Der plausibelste Plan, den der Lernende auf Grund der bisher erworbenen mehr oder weniger elementaren Kenntnisse im frühen Stadium des Mittelspiels fassen kann, ist einen Angriff zu inszenieren, der Materialgewinn verspricht oder den feindlichen König in eines der weiter oben an Beispielen illustrierten Matnetze treibt.

Was sind dann aber die Merkmale, die Angriffen dieser Art Erfolg versprechen? Wann hat ein Spieler Aussicht, mit einem direkten Angriff gegen den König durchzudringen, und was für Angriffsobjekte soll er sich aussuchen, wenn er auf Materialgewinn ausgeht?

Bereits in dem Kapitel über elementare Kombinationen haben wir festgestellt, daß es selbstverständlich keinen Zweck haben kann, einen Stein anzugreifen, der sich einfach durch Flucht auf ein Feld retten kann, das ihm ebensoviel Bewegungsfreiheit läßt wie er vorher gehabt hat.

Anfänger sündigen stets gegen diese elementare Regel und ruinieren ihre Partie meist schon im frühesten Stadium durch Manöver wie z. B. folgendes:

1. a2—a3, 2. b2—b4 und dann, nachdem der Läufer nach b6 gegangen ist, auch noch 3. Ta1—b1, 4. a3—a4 und 5. a4—a5. Schwarz zieht indessen a7—a6, damit der Läufer nach a7 kann, und was ist der Erfolg? Der schwarze Läufer steht auf a7 genau so gut wie auf c5. Weiß aber hat zu seinem Angriffsmanöver fünf Züge gebraucht, während Schwarz nur drei Deckungszüge machen mußte. Also hat Schwarz zwei Tempi gewonnen, die er zur Verbesserung seiner Figurenstellung benutzen konnte. Außerdem hat Weiß seine Bauernstellung in einer Weise geändert, die, wie wir später sehen werden, eine wahrscheinlich dauernde Schwächung schafft.

Diese mögliche Schwächung der Bauernstellung ist die wichtigste

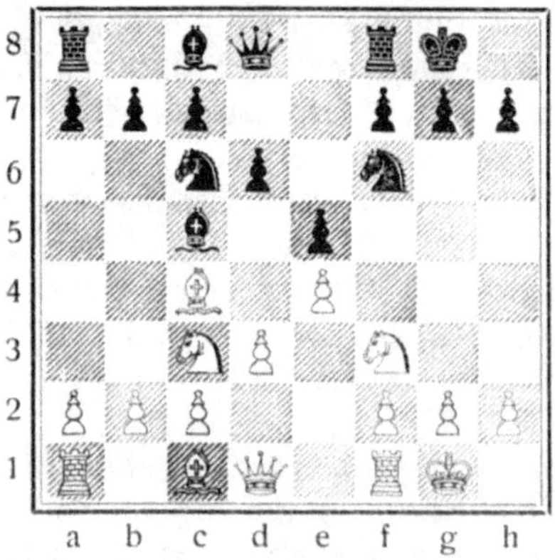

126

Erwägung, die allen Angriffen vorausgehen muß, die Bauernzüge einschließen. In der folgenden Stellung z. B. wäre zwar das Bestreben von Schwarz gerechtfertigt, die weiße Dame aus ihrer domi-

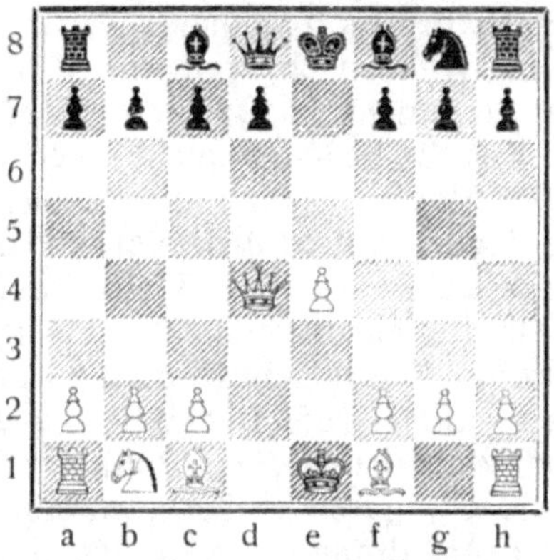

127

nierenden Stellung zu vertreiben, weil ihr auf dem ganzen Brett kaum ein Feld zur Verfügung steht, von dem aus sie so viele Felder beherrscht; aber es wäre ganz schlecht, für diesen Zweck den Zug c7—c5 zu wählen, weil dadurch der d-Bauer rückständig wird und weil dem Königsläufer das schöne Entwicklungsfeld c5 benommen ist. Der rückständige d-Bauer würde dem Weißen ein gutes Angriffsobjekt bieten, ähnlich wie wir es in der Partie Capablanca-Blanco bei dem rückständigen e-Bauer sahen.

Will Schwarz die Dame von d4 vertreiben, so ist Sg8—e7—c6 oder Dd8—f6 angebracht, weil dadurch die Figurenentwicklung nicht beeinträchtigt und die Bauernstellung nicht geschwächt wird.

Materialgewinn ist vom Angriff auf einen Stein offenbar nur dann zu erhoffen, wenn er irgendwie an seinen Platz gebunden ist.

10*

Handelt es sich um eine Figur, so ist das einzige Mittel der Fixierung die Fesselung, während ein Bauer auch dadurch fixiert werden kann, daß das vor ihm liegende Feld besetzt oder öfter angegriffen gehalten wird, als der Gegner es verteidigen kann.

Diagramm 126 liefert ein gutes Beispiel für typische Angriffsmanöver, die durch Fesselung einer Figur entstehen. Weiß spielt 1. Lc1—g5 und droht, falls Schwarz keine Gegenmaßregeln ergreift, den gefesselten Springer durch Sc3—d5 und vielleicht — nach Wegziehen des Springers f3 — durch Dd1—f3 öfter zu attackieren als er verteidigt ist.

Die Wendungen, die sich hierauf ergeben können, kommen in gleicher oder ähnlicher Form in der praktischen Partie so häufig vor, daß ich sie ganz ausführlich erörtern will. Ihr genauestes Studium wird dem Lernenden von großem Nutzen sein, da sich wichtige Anhaltspunkte ergeben für die richtige Beurteilung von Doppelbauern und offenen Turmlinien, die sehr häufig die Begleiterscheinungen der Abwickelung von Fesselungskombinationen sind.

Da der Springer f6 bereits zweimal gedeckt ist und der dreimalige Angriff seitens Weiß noch weit im Felde liegt, brauchte Schwarz im nächsten Zuge noch nichts für die weitere Deckung von f6 zu tun, falls der Zug 2. Sc3—d5 nicht noch aus Gründen unerwünscht ist, die mit Materialgewinn direkt nichts zu tun haben. Solche Gründe sind jedoch tatsächlich vorhanden. Läßt nämlich Schwarz den Zug Sc3—d5 zu, so kann Weiß durch den bloßen Abtausch auf f6 die Basis für einen gefährlichen Angriff legen. Nachdem nämlich Schwarz auf f6 mit dem Bauern wieder geschlagen hat, verlieren die Punkte f6 und h6 die Deckung, die der g-Bauer ihnen vorher gewährte, und Weiß kann diese Punkte sehr wahrscheinlich als Standplätze für seine Figuren erobern, worauf bereits allerhand Matkombinationen der Art drohen, die im Kapitel über elementare Kombinationen erläutert wurden.

Nehmen wir z. B. an, Schwarz spiele Lc8—g4; 2. Sc3—d5, Sc6—d4 (Diagramm 128).

Es wäre jetzt verfrüht, durch Abtausch auf f6 den schwarzen Königsflügel aufzureißen, weil Weiß noch nicht bereit steht, auf den durch das Verschwinden des g-Bauern hervorgerufenen Schwächen f6 und h6 mit seinen Figuren einzudringen. Und falls er nicht dazu kommt, könnte sogar Schwarz aus der Öffnung der g-Linie Nutzen schlagen, indem er in ihr seine Türme zur Wirkung bringt.

Spielt z. B. Weiß 3. Lg5×f6, g7×f6; 4. Dd1—d2, mit der Drohung Dd2—h6 nebst Sd5×f6 und Mat auf h7, so kommt ihm Schwarz durch 4. ...., Sd4×f3†; 5. g2×f3, Lg4×f3; 6. Dd2—h6, Kg8—h8 zuvor, weil nun Sd5×f6 mit Tf8—g8† beantwortet werden

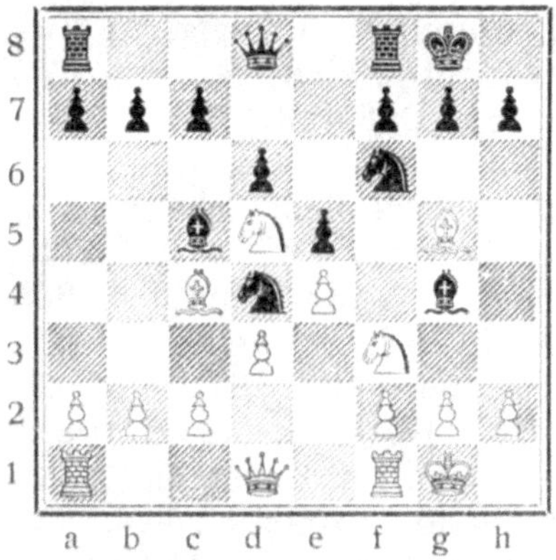

128

würde. Auch 6. h2—h3, mit der Absicht, Kg8—h8 durch Kg1—h1 und Tf1—g1 zu begegnen, bringt dem Weißen keinen Gewinn, da Schwarz Zeit hat, mit c7—c6 den Springer zu attackieren und so den Punkt f6 zu entlasten. Zwar könnte Weiß einen Matangriff in der g-Linie unter Aufgabe des Springers versuchen, doch kann sich Schwarz genügend verteidigen: 7. Kg1—h2, c6×d5; 8. Th1—g1†, Kg8—h8; 9. Dd2—h6, Tf8—g8; 10. Tg1×g8†, Dd8×g8; 11. Ta1—g1, Dg8×g1†; 12. Kh2×g1, Ta8—g8†; 13. Kg1—f1, Lf3—g2†; 14. Kf1—e2, d5×c4 und Weiß muß sich mit Remis durch ewiges Schach begnügen.

Erhält sich in der Diagrammstellung Weiß den Läufer statt des Springers und spielt 3. Sd5×f6†, g7×f6; 4. Lg5—h6?, so kommt Schwarz durch Dd8—d7 in Vorteil. Weiß muß die Drohung Lg4×f3 nebst Dd7—h3 durch 5. c2—c3 parieren, und Schwarz antwortet dann Sd4×f3†; 6. g2×f3, Lg4—h5. Jetzt droht Dd7—h3 und Lh5×f3, so daß Weiß 7. Kg1—h1, Kg8—h8; 8. Tf1—g1 spielen muß. Die Folge könnte dann sein: Tf8—g8; 9. Dd1—e2, Dd7—h3; 10. Tg1—g3, Tg8×g3; 11. f2×g3, Ta8—g8 und Schwarz ist im Besitz der einzigen offenen Linie.

Die richtige Spielweise für Weiß ist in der Diagrammstellung 3. Dd1—d2, um bereits zum Einbruch auf h6 vorbereitet zu sein, wenn der g-Bauer verschwindet, und um sich die Wahl zwischen Sd5×f6 und Lg5×f6 offen zu halten, je nachdem wie Schwarz sich verteidigt. Lg4×f3 geht jetzt überhaupt nicht, denn es folgt 4. Lg5×f6, und Schwarz kann die Spielweise des Weißen nicht mehr mit Dd8—d7 nachahmen, weil Mat in vier Zügen durch Sd5—e7, Lf6×g7, Dd2—g5 und Dg5—f6 droht. Auch kann Schwarz den Läufer auf f6 nicht zurückschlagen wegen 5. Dd2—h6. Schwarz kann dann die Drohung Sd5×f6 nebst Dh6×h7 nur durch Damenopfer decken, denn der Abtausch des Springers durch 5. ...., Sd4—e2†; 6. Kg1—h1, Lf3×g2†; 7. Kh1×g2, Se2—f4† hilft nichts wegen 8. Sd5×f4, e5×f4; 9. Kg2—h1, worauf Weiß zuerst zur Besetzung der g-Linie gelangt und dadurch leicht gewinnt: 9. ...., Kg8—h8; 10. Tf1—g1, Tf8—g8; 11. Tg1×g8†, Dd8×g8; 12. Ta1—g1 nebst Mat oder Damengewinn.

Die einzige Antwort, die dem Schwarzen auf 3. Dd1—d2 zur Verfügung steht, ist daher c7—c6. Doch schlägt auch dann der Angriff des Weißen durch, wenn er nach 4. Sd5×f6†, g7×f6; mit 5. Lg5—h4 die Schwäche f6 fixiert und die Besetzung des schwachen Punktes h6 der Dame überläßt. Die Folge könnte sein Lg4×f3; 6. Dd2—h6, Sd4—e2†; 7. Kg1—h1, Lf3×g2†; 8. Kh1×g2, Se2—f4†; 9. Kg2—h1, Sf4—g6. Es ist Schwarz nun zwar gelungen, die Angriffslinie der Dame auf f6 zu unterbrechen, doch hat er dazu viele Züge gebraucht, deren Erfolg nur die günstigere Stellung des Damenspringers ist, während die anderen Figuren noch auf den in der Eröffnung eingenommenen Plätzen stehen. Weiß hat indessen einen wichtigen Vorsprung gewonnen, er steht bereits zur Besetzung der offenen g-Linie mit den Türmen bereit. Der Springer g6, der die g-Linie zustopft, ist nur durch den Bauern h7 gedeckt, falls Weiß dafür sorgt, daß Schwarz nicht die Linie des den f-Bauern fesselnden Läufers c4 durch d6—d5 unterbricht. Hieraus ergibt sich folgende Fortsetzung: 10. d3—d4!!, Lc5×d4 (e5×d4; 11. e4—e5!!, d6×c5; 12. Tf1—g1 usw.); 11. c2—c3, Ld4—b6; 12. Ta1—d1!, Kg8—h8; 13. Tf1—g1, Dd8—e7; 14. Td1—d3, Tf8—g8; 15. Td3—h3!, Tg8—g7 (Sg6×h4?; 16. Dh6×h7†); 16. Th3—f3 nebst Lh4×f6.

Wir haben festgestellt, daß Schwarz wirklich etwas gegen den Zug 2. Sc3—d5 tun muß. Hierfür stehen ihm drei verschiedene Wege zu Gebote. Er kann entweder den Punkt d5 direkt durch Lc8—e6 oder Sc6—e7 decken, oder indirekt die Drohung durch h7—h6; 3. Lg5—h4, g7—g5 zu decken versuchen, da nach 4. Lh4—g3 der Springer f6 wieder lebendig wäre.

Die Absicht von 1. ...., Lc8—e6 ist, auf 2. Sc3—d5 den Springer einfach zu schlagen. Von 2. Lc4×e6 würde nur Schwarz Vorteil haben, denn die f-Linie würde den schwarzen Türmen ein Wirkungsfeld schaffen, und der Bauer auf e6 würde die Punkte d5 und f5 beherrschen, die sonst vielleicht früher oder später von weißen Figuren hätten eingenommen werden können.

Nach 1. ...., Sc6—e7 könnte zwar Weiß durch 2. Lg5×f6, g7×f6 wieder die schwarze Königstellung aufreißen, aber Schwarz kommt zu f6—f5 und eventuell f5—f4, und er hat dann wieder Angriffschancen in der offenen g-Linie. Da der weiße Damenläufer nicht mehr auf dem Brett ist, ist es sehr schwer für Weiß, die Punkte f6 und h6 zu Schwächen zu stempeln.

Wenden wir uns endlich zu der bei ungeübten Spielern beliebtesten Methode, einer Fesselung zu begegnen. Dies ist die Vertreibung des fesselnden Läufers durch Aufzug der Bauern: 1. ...., h7—h6; 2. Lg5—h4, g7—g5. In den meisten Fällen, in denen, wie in der Stellung unseres Diagramms, der die Bauern vor dem König vorstoßende Spieler keine Möglichkeit hat, schnell Verteidigungsfiguren auf den Königsflügel zu werfen, kann der Gegner einen entscheidenden Angriff erlangen, indem er eine Figur für die zwei vorgeschobenen Bauern opfert und dadurch die feindliche Königstellung völlig entblößt. Im vorliegenden Falle gewinnt Weiß leicht durch das Springeropfer auf g5, weil nach h6×g5; 4. Lh4×g5 der Springer f6 gefesselt bleibt und ihm nun der Schutz des g-Bauern fehlt. Schwarz muß Sc3—d5 durch Lc8—e6 verhindern, und Weiß fährt dann einfach mit 5. Kg1—h1 fort, wodurch f2—f4 ermöglicht wird. Dies öffnet die f-Linie für den Turm, und der Springer f6 ist dann wiederum angegriffen, ohne daß eine weitere Verteidigungsmöglichkeit besteht.

Da der ungeübte Spieler durch Fesselungen ähnlich der eben ausführlich besprochenen in verlorene Stellungen gerät, weil er nicht weiß, welche positionellen Gesichtspunkte die richtige Verteidigung diktieren, sucht er gewöhnlich Fesselungen von vornherein durch Aufzug des Turmbauern vorzubeugen. Abgesehen von dem dadurch entstehenden Tempoverlust, der, wie schon bei der Besprechung der Eröffnung hervorgehoben, für die Entwicklung die nachteiligsten Folgen haben kann, hat ein solcher Bauernzug noch verschiedene andere Bedenken.

Bei jedem Bauernzuge ist zu überlegen, ob das Feld oder die Felder, die der Bauer vorher beherrschte, nicht später seiner Deckung bedürfen werden. Dies ist meist bei den Feldern der Fall, die durch die Bauern der Rochadeseite geschützt sind. Zieht einer dieser Bauern auf, so mag, wie wir dies im vorigen Beispiel nach Abtausch auf f6 bei den Feldern f6 und h6 sahen, der Gegner eine Gelegenheit finden, die Felder, die durch den Bauernzug ihre Deckung verloren haben, als Einbruchspunkte für seine Figuren zu einem gefährlichen Königsangriff benutzen.

Das zweite Bedenken ist, daß der vorrückende Bauer selbst leicht ein Objekt des Angriffs wird. Der Gegner mag, wie in dem an Diagramm 128 zuletzt erläuterten Spiel, die Möglichkeit finden, den vorgerückten Bauern durch ein Figurenopfer wegzuräumen und dadurch den König des Schutzes zu berauben, den er durch die Rochade gesucht hatte; oder er mag den Bauern in der benachbarten Linie heranschieben und durch Abtausch eine Linie für seine Türme öffnen.

Die folgenden Beispiele werden zur Klärung dieses überaus

wichtigen Punktes beitragen, mit dessen Verständnis der Lernende einen großen Schritt vorwärts tut.

Die Stellung des Diagramm 129 entstand in einer Partie v. Schewe-Teichmann, Berlin 1907. Weiß zog 1. h2—h3, um den Fesselungszug Lc8—g4 zu verhindern. Dies ist hier insofern nicht unberechtigt, als der Springer f3 zur Deckung des Punktes d4 ge-

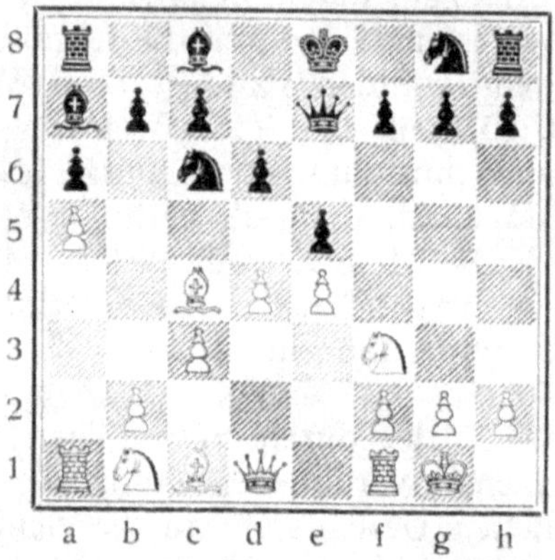

129

braucht wird. Der Bauernzug hat jedoch die oben geschilderten Schattenseiten, und Weiß muß darauf bedacht sein, genügend Figurenmaterial für einen Kampf auf dem Königsflügel bereit zu halten, damit Schwarz nicht die durch den Bauernzug geschaffenen Schwächen zu einem Einbruch mit einer Figurenübermacht ausnutzen kann. Weiß gebraucht diese Vorsicht nicht und geht überraschend schnell zugrunde. 1. ...., Sg8—f6; 2. d4×e5?. Hierdurch öffnet Weiß ohne Grund die Linie des Läufers a7 und die durch den Aufzug des h-Bauern geschaffene Schwächung des Punktes g3 wird dadurch erhöht, denn nun ist der Bauer f2 gefesselt, der den Punkt g3 noch deckte. 2. ...., Sc6×e5; 3. Sf3×e5?. Statt seinen Königsflügel zu schützen, tauscht Weiß eine Figur des Königsflügels weg. 3. ...., De7×e5; 4. Sb1—d2, Lc8×h3!. Dieses Opfer hat Weiß durch seine beiden letzten Züge heraufbeschworen. Die schwarze Dame dringt jetzt auf g3 ein. Der Rest spielt sich von selbst. 5. g2×h3, De5—g3†; 6. Kg1—h1, Dg3×h3†; 7. Kh1—g1, Sf6—g4; 8. Sd2—f3, Dh3—g3†; 9. Kg1—h1, La7×f2; 10. aufgegeben.

Diagramm 130 zeigt eine Stellung aus einer Partie Marshall-Burn, Ostende 1907.

Durch das Aufziehen des g-Bauern sind die Punkte f6 und h6 hier nicht sonderlich geschwächt, da sie durch den Läufer gedeckt sind. Doch ermöglicht die vorgeschobene Stellung des g-Bauern dem Weißen unter Umständen die Öffnung der h-Linie für die Türme

130

durch Abtausch des h-Bauern für den g-Bauern. Allerdings muß Weiß erst für die Sicherstellung des eigenen Königs sorgen, der, solange er noch nicht rochiert hat, durch eine Öffnung der Zentrumslinien in Gefahr geraten könnte. In der vorliegenden Partie machte Weiß den verfrühten Angriff 1. h2—h4 und hätte durch das Opfer e7—e5; 2. d4×e5, d6×e5; 3. Sf3×e5, Sd7×e5; 4. Lf4×e5, Dd8—d5 selbst in die Verteidigung gedrängt werden können. Schwarz versäumte dieses Gegenspiel und gab Weiß damit die ersehnte Gelegenheit zu einem sofortigen Sturm auf den König. 1. h2—h4, Tf8—e8; 2. h4—h5. Dies erzwingt die Öffnung der h-Linie. Stände der schwarze Bauer auf g7 statt auf g6, so hätte das Stürmen mit dem weißen h-Bauern keinen Zweck, da Schwarz ihn einfach ruhig bis h6 laufen läßt und dann g7—g6 zieht. 2. ...., Sf6×h5; 3. Th1×h5! Weiß beendet die Partie in brillantem Stile. Schwarz hat eben durch verkehrte Figurenaufstellung für Opferkombinationen eine willkommene Basis geschaffen. Der Textzug öffnet dem Läufer d3 eine Angriffslinie und zerreißt die schwarzen Bauern vollständig, so daß Dame und Turm des Weißen leicht in der h-Linie einbrechen können: 3. ...., g6×h5; 4. Ld3×h7†!!, Kg8×h7; 5. Sf3—g5†, Kh7—g6 (auf Kh7—g8 gewinnt 6. Dd1×h5, Sd7—f6; 7. Dh5×f7†, Kg8—h8; 8. 0—0—0 usw.); 6. Sd2—f3, e7—e5; 7. Sf3—h4†, Kg6—f6; 8. Sg5—h7†, Kf6—e7; 9. Sh4—f5†, Ke7—e6; 10. Sf5×g7†, Ke6—e7; 11. Sg7—f5†, Ke7—e6; 12. d4—d5†, Ke6×f5; 13. Dd1×h5†, Kf5—e4; 14. 0—0—0 nebst f2—f3 bzw. Td1—d4.

In Fällen, in denen man bereits nach derselben Seite rochiert hat, auf der der Gegner seine Rochadestellung durch den Aufzug eines Bauern schwächt, hat es erklärlicherweise selten Zweck, den Angriff wie im vorigen Beispiel durch einen Bauernvorstoß einzuleiten, da dieser ja auch die eigene Rochadestellung schwächt. Eine Attacke mit den Bauern der eignen Rochadeseite ist immer nur dann gerechtfertigt, wenn man auf dieser Seite schnell genug eine Figurenübermacht konzentrieren kann und so das Eindringen des Gegners auf den durch die Bauernzüge hinterlassenen Schwächen zu hindern in der Lage ist.

Nehmen wir etwa die Position des Diagramm 131 an. Hier wäre das Vorstoßen des h-Bauern nicht der richtige Weg, den Angriff zu führen, da ja der weiße Turm nicht mehr in der h-Linie steht und

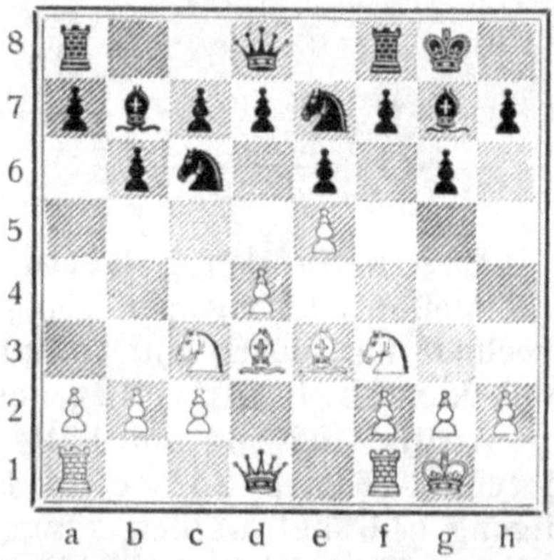
131

auch in absehbarer Zeit nicht dahin zurückgebracht werden kann. Die Ausnutzung der durch den Zug g7—g6 auf f6 und h6 geschaffenen Schwächen muß hier vielmehr durch Figurenmanöver vor sich gehen, und zwar bietet sich dafür eine Möglichkeit in dem Manöver Dd1—d2 nebst Le3—h6, wodurch Weiß den schützenden Läufer g7 wegbringt und dann bei Gelegenheit mit der Dame und mit einem Springer auf f6 und h6 einzudringen droht, z. B. (ich entnehme die Zugfolge einer Partie, die ich einmal beobachtete und als besonders lehrreich notierte):

1. Dd1—d2, d7—d6; 2. Le3—h6, d6×e5; 3. Lh6×g7, Kg8×g7; 4. d4×e5. Die Schwäche des Punktes f6 ist nun noch besonders fühlbar, weil der weiße Bauer e5 sie bereits beherrscht. 4. ...., Dd8—d7; 5. Sc3—e4, Se7—d5; 6. Ld3—c4, Ta8—d8; 7. Lc4×d5, e6×d5; 8. Se4—f6, Dd7—e6; 9. Dd2—g5, Lb7—c8 (dies wendet sich gegen die Drohung Sf6—g4); 10. Ta1—e1, De6—f5; 11. Dg5—h4, h7—h6; 12. Sf3—d4, Sc6×d4; 13. Dh4×d4, c7—c5; 14. Dd4—d2, d5—d4; 15. f2—f4, c5—c4; 16. g2—g4, Df5—e6; 17. f4—f5, De6—c6; 18. Te1—e4, Lc8—b7; 19. Tf1—f3!, Dc6—c5; 20. Dd2×h6†, Kg7×h6; 21. Tf3—h3† nebst Mat durch Th7 oder Sh7.

Was wir über die Schwächung von Feldern durch Bauernzüge festgestellt haben, gilt keineswegs nur von den Bauern der Rochadeseite, sondern ganz allgemein. Solange es noch nicht zu einem Nahkampf, etwa einem Königsangriff, gekommen ist, stehen die Mittelbauern, d. h. die d- und e-Bauern (unter Umständen auch die c- und f-Bauern, wie wir in den Beispielpartien sehen werden), meist am besten in der vierten Reihe (für Weiß) bzw. in der fünften Reihe (für Schwarz), denn von dort aus beherrschen sie Zentrumspunkte des Gegners. Sobald einer dieser Bauern einen Schritt vorzieht, schwächt er die vorher von ihm beherrschten Felder, und er stärkt sie für den Gegner, der seine Steine auf diesen Feldern postieren kann. Einen Bauern in der Mitte über die zwischen der vierten und fünften Reihe liegende Grenze ins feindliche Lager vorzuschieben, hat gewöhnlich nur dann einen Sinn, wenn sich im feindlichen Lager bereits eine Schwäche vorfindet, die der vorrückende Bauer aufs Korn nimmt.

Betrachten wir etwa die Stellung des Diagramm 132, in der Schwarz am Zuge ist. Auf Grund der eben angestellten Überlegung

132

wäre der Plan, c5—c4 zu spielen (um dann etwa die andern Flügelbauern folgen zu lassen und sich schließlich einen Freibauern zu schaffen), von zweifelhafter Güte, weil der Bauer von c4 aus keine Felder beherrscht, auf denen sich schwarze Figuren aufstellen könnten. Ja, wenn der weiße e-Bauer etwa auf e3 stände, dann wäre die Sache anders. Dann würde Schwarz durch c5—c4 tatsächlich zur klaren Beherrschung von d3 kommen, und er würde drohen, seinen Springer oder Läufer auf diesem Felde anzusiedeln und so die Beweglichkeit der weißen Figuren einzuschränken.

Auch wenn statt des weißen e-Bauern der a-Bauer gezogen hätte, würde der Vorstoß des schwarzen c-Bauern einen Sinn haben, weil das Feld b3 geschwächt wäre und schwarze Figuren von diesem Felde aus das weiße Lager einklemmen könnten.

Zwar ist die Idee, durch den Vorstoß des c-Bauern eine Bauernmajorität auf dem Damenflügel zu erhalten, die im Endspiel von

Vorteil ist, nicht unbedingt von der Hand zu weisen, doch ist der unmittelbare Nachteil des Vorstoßes, wie oben erklärt, die Freigabe der Punkte, die der Bauer vorher beherrschte. Im vorliegenden Falle würde die Freigabe des Druckes auf den Punkt d4 Weiß sofort in die Lage versetzen, mit Sf3—e5 nicht nur die Wirkungskraft seines Königsläufers erheblich zu erhöhen, sondern auch Terrain auf dem Königsflügel zu gewinnen. Wie wir bereits von weiter oben angestellten Überlegungen wissen, trägt ein solcher Terraingewinn immer den Keim gefährlicher Angriffe in sich, weil das größere Terrain eine größere Beweglichkeit der Figuren zur Folge hat. In der Diagrammstellung könnte z. B. auf c5—c4, 2. Sf3—e5, Lc8—e6; 3. f2—f4 folgen, was den schwarzen Läufer durch f4—f5 von der notwendigen Deckung des Punktes d5 wegzuzwingen droht. Deshalb wird Schwarz sich wohl oder übel zu g7—g6 entschließen müssen, was wieder die Punkte f6 und h6 schwächt und auch auf die Dauer kaum den Vorstoß f4—f5 verhindert, da Weiß nach entsprechender Vorbereitung g3—g4 spielen wird.

Selbst Spieler, die große praktische Erfahrung haben, machen meist grobe positionelle Fehler durch Bauernvorstöße im Zentrum, weil ihr Schachverstand für die Erkenntnis der etwas abstrakten Lehre nicht geschult ist, daß man Bauern so stellen soll, daß sie möglichst viele Felder beherrschen. Betrachten wir etwa die Stellung des Diagramm 133.

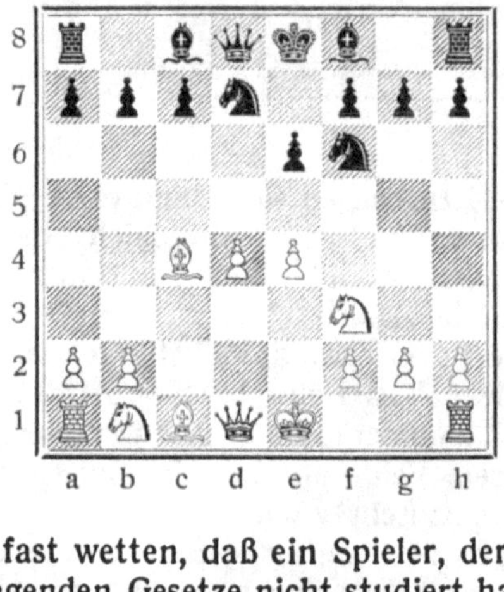

133

Man könnte fast wetten, daß ein Spieler, der die dem Positionsspiel zugrunde liegenden Gesetze nicht studiert hat, entweder d4—d5 oder e4—e5 spielen würde. Der Vorstoß des d-Bauern ist sicher schlecht, und der des e-Bauern hat ebenfalls die schwersten Bedenken. Stößt Weiß den d-Bauern vor, so gibt er die Beherrschung der Felder c5 und e5 auf, ohne die Beherrschung gleichwertiger Felder zu gewinnen. Wenn der schwarze c-Bauer bereits nach c5 vorgerückt wäre, käme der Vorstoß d4—d5 eher in Betracht, weil nach e6×d5, e4×d5 Weiß einen Freibauern erhält. Aber mit Lf8—d6 blockiert Schwarz den Bauern auf absehbare Zeit und erhält gleichzeitig eine ideale Entwicklung für den Königsläufer. Deshalb ist wahrscheinlich das schwarze Spiel aussichtsreicher.

In der Diagrammstellung wäre das einzige Argument für den Vorstoß e4—e5 die Vertreibung des schwarzen Springers von dem Felde, von dem aus er den Königsflügel am besten verteidigt. Aber der Springer nimmt auf d5, dem Felde, dessen Beherrschung Weiß durch e4—e5 aufgegeben hat, eine dominierende Stellung ein, und die Zugänglichkeit des Feldes d5 für die schwarzen Figuren ist sicher ebensoviel wert wie die Zugänglichkeit des Feldes e4 für die weißen Figuren. Auch das Feld f5 geht nach e4—e5 in den Besitz des Schwarzen über, der bei Gelegenheit dort einen Springer aufpflanzen könnte und endlich wird auch der d-Bauer durch den Vorstoß des e-Bauern für das Endspiel geschwächt, falls es zum Abtausch der kleinen Figuren kommt, und die schwarzen Türme und die Dame den d-Bauern in der d-Linie aufs Korn nehmen können. Selbst nachdem auch noch die Türme und die Damen abgetauscht sind, bleibt der Bauer schwach, weil der schwarze König wahrscheinlich nach d5 gelangen kann. Der Vorstoß e4—e5 hat eher Berechtigung, wenn der schwarze c-Bauer bereits gezogen hat und wenn Weiß den schwarzen Königsläufer abtauschen kann; denn dann würde der weiße Bauer von e5 aus das Feld d6 beherrschen, auf das vielleicht ein weißer Springer über e4 eindringen könnte. Denkbar wäre also z. B. die Zugfolge 1. Sb1—c3, c7—c6; 2. Lc1—g5, Lf8—e7; 3. 0—0, 0—0; 4. e4—e5, Sf6—d5; 5. Lg5×e7, Dd8×e7; 6. Sc3—e4 zum Vorteil für Weiß. Die logische Spielweise für Schwarz nach 1. Sb1—c3 würde die Reduzierung der weißen Stärke im Zentrum durch c7—c5 sein. Es könnte folgen 2. Lc1—e3, c5×d4; 3. Sf3×d4, Lf8—c5 oder Sd7—e5.

Im allgemeinen läßt sich über Bauernvorstöße auf dem von den Königen entfernten Flügel dasselbe sagen, was wir von den Königsflügelbauern festgestellt haben. Bei jedem Bauernzuge ist zu bedenken, daß sowohl die von dem Bauern ungeschützt gelassenen Felder schwach werden als auch die vorrückenden Bauern selbst zum willkommenen Angriffsobjekt für den Gegner werden können. Wir werden hierauf bei der Erläuterung der Meisterpartien des öfteren zurückzukommen Gelegenheit haben.

Aus den vorangehenden Betrachtungen darf der Lernende keineswegs den Schluß ziehen, daß Bauernvorstöße unbedingt nachteilig sind. Oft führen natürlich Angriffe, die Bauernvorstöße in sich schließen, zu unmittelbaren Vorteilen — Materialgewinn oder Matnetze — die die Nachteile der geschwächten Bauernstellung mehr als aufwiegen. Es handelt sich dann jedoch fast immer um aggressive Bauernzüge und nicht um verteidigende. Ein aggressives Vorgehen mit den Bauern ist dann gerechtfertigt, wenn das durch das Aufziehen der Bauern gelockerte Terrain im Besitz der eigenen Figuren ist, und wenn das Terrain des Gegners durch das Vorgehen derart eingeengt wird, daß seine Figuren ihre Beweglichkeit einbüßen und so die Aussicht besteht, daß sie keine ausreichende Verteidigungsstellung einnehmen können.

Einige Beispiele werden dies klarlegen. In der Stellung des Diagramm 134, die in einer Matchpartie Erich Cohn-Eduard Lasker Berlin 1909 entstand, hat Weiß durch das Vorgehen der Bauern auf

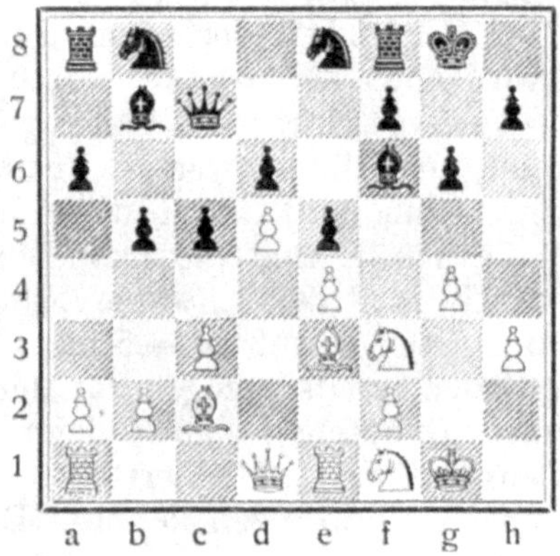

134

dem Königsflügel unleugbar Schwächen in seiner eigenen Königsstellung hervorgerufen, die ihm verderblich werden könnten, wenn die schwarzen Figuren ebenso frei und beweglich ständen, wie die weißen. Doch sind die meisten schwarzen Figuren auf engem Raum auf der Damenseite zusammengepfercht und daher schwer manövrierbar, während Weiß ohne Schwierigkeit alle seine Streitkräfte auf dem Königsflügel konzentrieren kann. Daher hat Weiß die beste Aussicht, mit seinem Angriff siegreich durchzudringen, ehe es Schwarz gelingt, durch Figurenabtausch das Endspiel herbeizuführen, in dem er die Schwächen der weißen Bauernstellung auf dem Königsflügel ausnützen könnte. Der Verlauf der Partie ist sehr instruktiv für die Art, in der der Angriff in ähnlichen Stellungen zu führen ist. Es geschah: 1. Sf1—g3, Lf6—g7; 2. Kg1—h2, f7—f6; 3. Te1—g1, Sb8—d7; 4. Sf3—h4, Kg8—f7. Angesichts der bedrohlichen Anhäufung der weißen Figuren, die mit Dd1—d2, Tg1—g2, Ta1—g1 und Sh4—f5 fortgesetzt werden könnte, entschließt sich der schwarze

König zur Flucht. Aber auch auf dem Damenflügel findet er nicht die ersehnte Ruhe, denn die vorgeschobene Stellung des b- und c-Bauern macht es dem Weißen leicht, auch dort eine Bresche zu legen. 5. Sh4—g2, Kf7—e7; 6. Dd1—e2, Sd7—b6; 7. Tg1—f1, Lb7—c8. Die Absicht des Schwarzen ist, f6—f5 zu spielen und so auf dem Königsflügel zum Gegenangriff zu kommen. 8. f2—f4, Ke7—d8? Nun sollte Schwarz aber konsequenterweise auch wirklich f6—f5 fortsetzen. 9. f4×e5, d6×e5; 10. De2—f2, Sb6—d7; 11. a2—a4!, Lc8—b7; 12. a4×b5, a6×b5; 13. Ta1×a8†, Lb7×a8. Hiermit hat Weiß seinen Zweck erreicht. Er hat sich auf dem Damenflügel Angriffslinien geöffnet und steht bereit, aus der Schwäche des Bauern c5 mit b2—b4 seinen Nutzen zu ziehen. Schwarz hat dann nur die Wahl, durch Bauerntausch eine weitere Linie für den weißen Turm, oder durch Vorschieben des Bauern eine Diagonale für den weißen Läufer zu öffnen, worauf Weiß eine große Figurenübermacht zum Angriff führen kann. Die schwarze Stellung ist daher mit größter Wahrscheinlichkeit verloren. Nur durch ein Versehen des Weißen entging Schwarz später seinem Schicksal.

Der tiefere Grund, weswegen die weiße Stellung in Diagramm 134 gewonnen oder zum mindesten viel aussichtsreicher ist als die schwarze, liegt darin, daß die weißen Figuren mehr Platz haben, sich nach Belieben zu gruppieren und umzugruppieren. Deshalb hat Weiß gute Chancen, eine Truppenmajorität ins Spiel zu bringen, sobald sich irgendwo eine Einbruchsmöglichkeit bietet.

Daß es günstig sein muß, mehr Terrain zu besitzen als der Gegner, folgt logisch aus dem Gesetz der Erhöhung der Figurenbeweglichkeit. Ein Terrainbesitz ist nun im allgemeinen durch Bauernketten begrenzt, und bewegliche Bauernketten sind daher günstiger als unbewegliche, weil die erstern durch Avancieren das beherrschte Gebiet vergrößern zu drohen. Diese avancierenden Bauernketten brauchen nicht ganz geschlossen zu sein, wofern nur die durch die fehlenden Glieder freien Punkte von den dahinterstehenden Figuren gegen Einbruch des Feindes geschützt sind. Bewegliche Bauernketten sind besonders gefährlich im Zentrum, weil ihr Avancieren das feindliche Lager in zwei Teile teilt, deren Kommunikation sehr erschwert ist. Auf dem Flügel ermöglicht das Vorgehen einer Bauernkette meist nur dann einen erfolgreichen Angriff, wenn das Zentrum gegen einen Durchbruch des Gegners gesichert ist, weil solch ein Durchbruch den feindlichen Figuren gestattet, in das durch das Vorgehen der Bauern gelockerte Flügelterrain seitlich einzudringen.

Ein gutes Beispiel hierfür liefert die Partie Aljechin-Capablanca aus dem New Yorker Turnier 1927, die sich unter den im letzten Kapitel ausführlich glossierten Meisterpartien findet.

Der Lernende könnte fragen: Warum machen denn selbst erstklassige Meister Bauernzüge, die dauernde Schwächen schaffen, obwohl sie doch aus Erfahrung die Merkmale solcher Schwächen genau kennen?

Die Erklärung liegt darin, daß schwächende Bauernzüge meist durch eine bedrohliche Postierung feindlicher Figuren erzwungen werden. Zwar kann eine solche bedrohliche Postierung bei richtigem Spiel von vornherein verhindert werden, aber wenn ein Spieler auf Gewinn spielt, muß er oft einer Balancierung der Streitkräfte, die zum Remis führen würde, dadurch ausweichen, daß er einen Teil seiner Stellung schwächt, um ein Übergewicht an Streitkräften auf einem andern Schauplatz zur Geltung zu bringen. Ob das Übergewicht auf dem einen Schauplatz durchdringen wird, ehe die Schwächung auf dem andern Schauplatz Verderben bringt, ist immer eine Frage, die das Positionsurteil entscheiden muß, und je mehr praktische Erfahrung ein Meister hat, je seltener führt ihn sein Positionsurteil irre, gleiche Schachbegabung vorausgesetzt.

Unter den vielen verschiedenen Manövern, die zur Provozierung schwächender Bauernzüge dienen, wollen wir einige Typen heraussuchen, die besonders häufig zur Anwendung kommen.

Die Stellung des Diagramm 135 entstand in der Partie Teichmann-Rubinstein, Karlsbad 1911. Schwarz hat gerade Lc8—b7

135

gespielt. Dies gibt Weiß Gelegenheit, den Zug g7—g6 zu provozieren, indem er einen Springer auf f5 festzusetzen droht. Es geschah: 1. Sd2—f1, Dd8—c7; 2. Sf1—g3, g7—g6. Der folgende Angriff des Weißen ist eine sehr gute Illustration für die Ausnützung der Schwächungen, die das Aufziehen des Bauern schafft, und ich bringe daher den Rest der Partie. 3. Lc1—g5, Ta8—d8; 4. a4×b5, a6×b5; 5. Dd1—c1. Nimm die schwachen schwarzen Felder ins Auge.

5. ...., Tf8—e8. Der beste Plan für Schwarz wäre die Öffnung der d-Linie und deren Besetzung mit den Türmen gewesen. Dies hätte die weiße Aktion auf dem Königsflügel vielleicht paralysiert. Die folgende Besetzung der a-Linie dagegen bringt die schwarzen Figuren zu weit vom Kampfplatz. 6. h2—h3. Ermöglicht einerseits den Eingriff des Springers nach h6 und f6 über h2—g4, und andrerseits den Vorstoß des f-Bauern gegen g6, um die f-Linie zu öffnen. 6. ...., Td8—a8; 7. Ta1×a8, Te8×a8; 8. Sf3—h2, Lb7—c8; 9. f2—f4, Sf6—e8; 10. f4—f5, Le7×g5; 11. Dc1×g5, Dc7—e7. Ja, wenn Weiß den Damentausch zuließe, stände Schwarz freilich für das Endspiel besser, weil er im Besitz der a-Linie ist, so daß der Turm auf a2 eindringen kann. 12. Dg5—h6, De7—f8; 13. Dh6—c1, Df8—g7; 14. Te1—f1. Droht Sh2—g4, f5×g6 und Sg4—h6† nebst Tf1×f7. 14. ...., g6—g5; dies verhindert zwar die Öffnung der f-Linie, gibt aber den Punkt h5 auf. Außerdem ist der Bauer g5 selbst exponiert und könnte bei Gelegenheit den Eingriff des weißen Turmes auf der h-Linie (nach h3—h4) ermöglichen. 15. Sh2—g4, Se8—f6. Schwarz übersieht wohl den 17. Zug, der den Zugang zu h6 und f6 wieder erzwingt. Mit f7—f6 hätte er den Widerstand etwas verlängert, obwohl nach 16. Lc2—b3†, Kg8—h8; 17. Sg3—h5, Dg7—f8; 18. Kg1—f2 nebst Tf1—h1 und h3—h4 der Angriff des Weißen ebenfalls überwältigend war. 16. Sg4×f6†, Dg7×f6; 17. h3—h4, h7—h6. Der Bauer darf nicht geschlagen werden wegen Sg3—h5 und Dc1—h6. 18. Sg3—h5, Df6—d8; 19. f5—f6. Damit ist endlich der Einbruch auf f6 erzwungen, und der Rest ist leicht. 19. ...., Kg8—h7; 20. h4×g5, Lc8—g4; 21. Sh5—g7, Kh7—g6; 22. Lc2—d1, Dd8—d7; 23. Sg7—f5, Lg4×f5; 24. e4×f5†, aufgegeben. Es könnte noch folgen: Kg6—h7, 25. Ld1—h5, h6×g5; 26. Dc1×g5, Ta8—g8; 27. Lh5—g6†, f7×g6; 28. Dg5—h4 mat.

Der Leser könnte den Einwand machen, daß erst die Gefährlichkeit der Zulassung des weißen Springers auf f5 nachgewiesen werden sollte, ehe die Schwächung g7—g6 in Betracht gezogen wird. Ganz allgemein ließe sich darauf sagen, daß die vorgeschobene Stellung des Springers offenbar das Spiel des Schwarzen einengen würde. Und die Nachteile einer solchen die Figurenbeweglichkeit hemmenden Einengung haben wir bereits früher besprochen. Doch wollen wir ein konkretes Beispiel aus einer Partie anführen, in der in einer fast identischen Stellung Schwarz die Ansiedlung des Springers auf f5 zuließ. Dieser Fall lag in der Partie Teichmann-Schlechter, Karlsbad 1911, vor. In der Stellung des Diagramm 136 zog Schlechter Lc8—b7, und es entwickelte sich daraufhin folgender Angriff: 1. Se3—f5, Tf8—e8;

2. Lc1—g5, Sf6—d7; 3. Lc2—b3, Sd7—f8; 4. Lb3—d5. Droht durch Ld5×c6 dem vom Springer f5 attackierten Läufer e7 die Deckung zu entziehen. 4. ...., Sf8—g6; 5. Lg5×e7, Sg6×e7; 6. Ld5×f7†!! Der Matangriff ist bereits da. Der Springer f5 tut seine Schuldigkeit. 6. ...., Kg8×f7; 7. Sf3—g5†, Kf7—g8; 8. Dd1—h5, Se7×f5; auf h7—h6 entscheidet nämlich Sf5×h6†. 9. Dh5×h7†, Kg8—f7; 10. Dh7×f5†, Kf7—g8; 11. Df5—g6. Ein feiner Zug, der Schwarz verhindert, mittels des Opfers g7—g6 seine Dame auf g7 zur Verteidigung heranzuziehen. 11. ...., Dc7—d7; 12. Te1—e3. Aufgegeben, denn gegen Te3—f3 ist kein Kraut gewachsen.

136

Auch im Zentrum und auf dem Damenflügel provoziert die Aufstellung eines Springers in der fünften Reihe (bzw. in der vierten Reihe, wenn es ein schwarzer Springer ist) oft Schwächen im Feindeslager, wenn der den Springer vertreibende Bauer die Deckung eines Bauern aufgibt, der in der Schußlinie eines Turmes

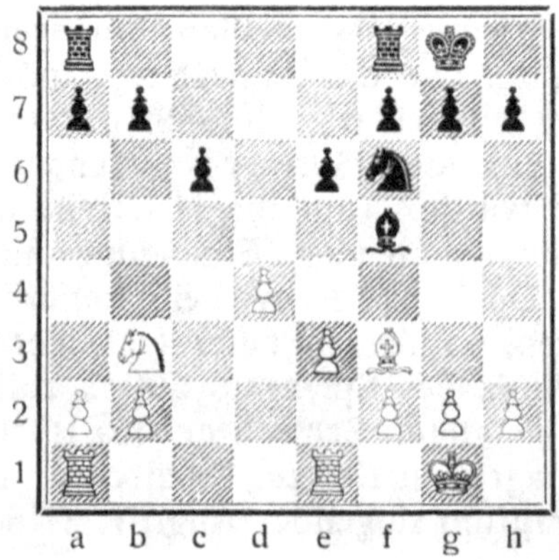

137

oder Läufers steht und sich nicht durch Avancieren dem Angriff entziehen kann.

In der Stellung des Diagramm 137 z. B. würde der Zug 1. Sb3—c5 für Schwarz sehr unangenehm sein, weil, nachdem er den Springer durch b7—b6 vertreibt, der Bauer c6 schwach wird, gegen den Weiß auf der c-Linie mit den Türmen drücken kann, ohne daß Aussicht besteht, den Bauern durch Vorstoß auf c5 zu sichern. Ähnlich liegt es in der Stellung des Diagramm 138 mit dem Zuge Sc3—d5. Vertreibt Schwarz den Springer gelegentlich mit c7—c6, so wird der Bauer d6 schwach.

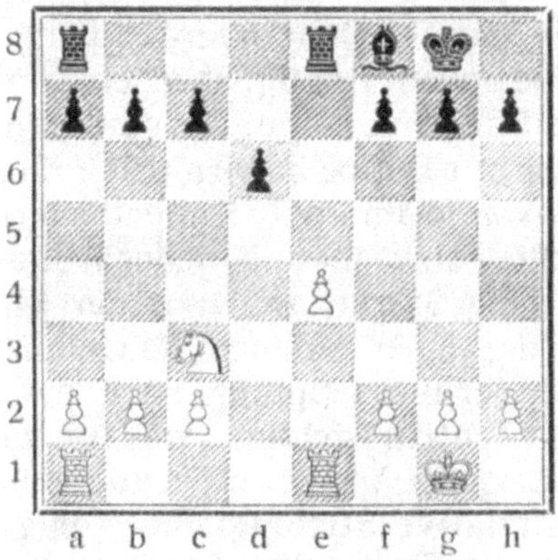

138

In ähnlicher Weise werden schwächende Bauernzüge oft durch Angriff mit einem Turm provoziert, wenn die Partie sich bereits dem Endspiel nähert. Beispiele hierfür werden wir öfter in den Meisterpartien finden, die im letzten Abschnitt besprochen sind.

Die Läuferstellungen, die am ehesten geeignet sind, schwächende Bauernzüge zu erzwingen, sind natürlich Stellungen in den langen

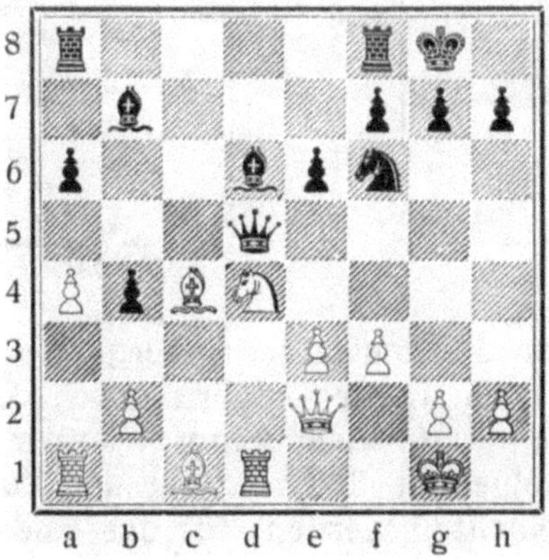

139

Diagonalen, die auf den König hinzielen. Betrachten wir als Beispiel die Stellung des Diagramm 139, die in meiner Partie gegen Tartakower im New Yorker Turnier 1924 entstand. Mein Gegner hätte mich mit Dd5—h5 zu einem schwächenden Bauernzuge zwingen können; denn g2—g3 würde die Deckung von f3 aufgeben und e6—e5 zur Folge haben, und auf h2—h3 oder g2—g4 käme Dh5—e5. Auch f3—f4 würde eine Schwächung bedeuten, da es die Linie des Läufers b7 verlängert und über kurz oder lang dem Vorstoß e6—e5 Kraft verleiht, durch den dem Läufer d6 wieder seineDiagonale geöffnet würde.

Weit schwerer als die durch Bauernzüge entstehenden Schwächen sind die durch Bauernverdopplung oder Isolierung hervorgerufenen Situationen richtig abzuschätzen. Der ungeübte Spieler versucht der Bauernverdopplung gewöhnlich ganz aus dem Wege zu gehen, weil er mit Doppelbauern trübe Endspielerfahrungen gehabt hat. Es ist zwar wahr, daß Doppelbauern im Endspiel in der Mehrzahl der Fälle schwach sind, jedoch bilden sie im Mittelspiel oft umgekehrt eine Stärke, weil mit der Bauernverdopplung immer die Entstehung einer offenen Turmlinie verbunden ist. Ferner führt eine Bauernverdopplung nach der Mitte hin meist zur Beherrschung von Zentrumsfeldern, was wie wir wissen, günstig ist. Für die Beurteilung der Vor- und Nachteile von Doppelbauern ist gewöhnlich deren relative Stellung zum König von Wichtigkeit. Vergleichen wir etwa die Stellungen der Diagramme 140 und 141.

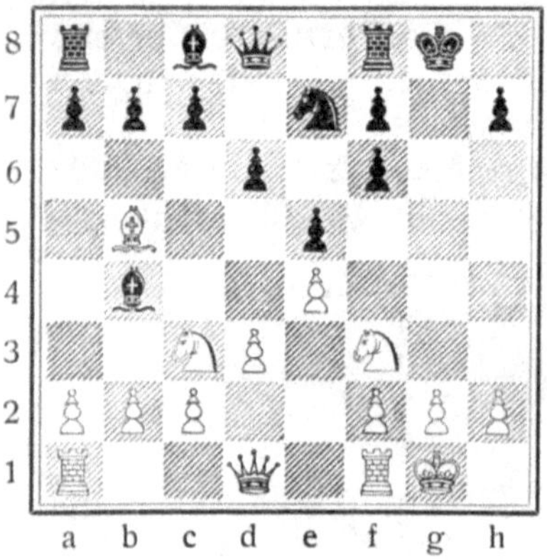
140

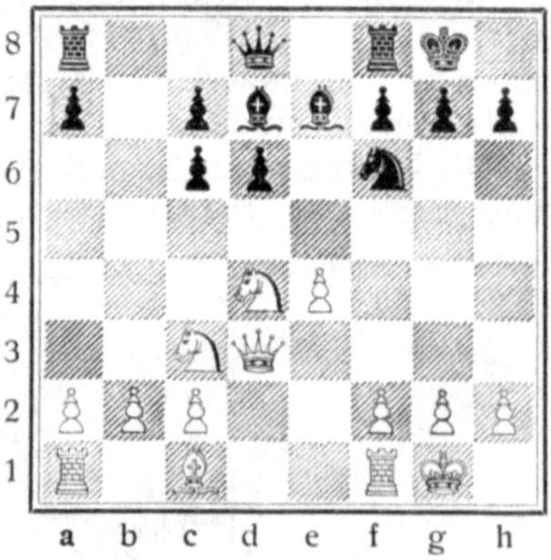
141

In der einen ist die schwarze Bauernkette durch das Verschwinden des g-Bauern, in der andern durch das des b-Bauern zerrissen. Der fehlende g-Bauer kann, wie wir ausführlich besprochen haben, infolge der Schwächung der Punkte f6 und h6 im Mittelspiel von Nachteil werden; für das Endspiel dagegen, in dem nur die Schwächung der Bauern selbst in Betracht käme, die durch die Zerreißung die Fähigkeit sich gegenseitig zu decken verloren haben, ist wenig zu fürchten, da die Bauern auf der f- und h-Linie im Deckungsbereich des Königs liegen. Der fehlende b-Bauer andererseits bildet keine Schwäche für das Mittelspiel, da hinter den Bauern nichts steht, was durch das Eindringen von weißen Figuren auf a6 und c6 bedroht würde; dagegen sind die Bauern auf a und c fürs Endspiel schwach, da sie nicht vom König gedeckt sind. Es soll nun aber damit durchaus nicht gesagt sein, daß Schwarz den Abtausch auf c6 hätte vermeiden müssen. Mit dem Verschwinden des b-Bauern hat Schwarz die Möglichkeit erhalten, seinen Damenturm in der b-Linie zur Wirkung zu bringen. Weiß wird früher oder später b2—b3 spielen müssen, und dann kann Schwarz gelegentlich seinen schwachen a-Bauern durch Vorstoß nach a4 und Abtausch gegen den b-Bauern loswerden. Auch der c-Bauer kann eventuell zum Druck gegen b3 verwendet werden. Allerdings leistet er im Mittelspiel auf c6 gute Dienste, da er den Punkt d5 beherrscht. Zur ausgesprochenen Schwäche würde der c-Bauer werden, wenn Schwarz sich je dazu verleiten ließe, den d-Bauern vorzustoßen, ohne dafür zu sorgen, daß der c-Bauer nachkommen kann. Denn dann würden beide schwarzen c-Bauern rückständig werden. Ähnlich würde in der Stellung des Diagramm 140 der f-Bauer eine wahrscheinlich zum Gewinn für Weiß ausreichende Schwäche werden, wenn er nicht nach f5 vorstoßen könnte. Deshalb dürfte z. B. Schwarz dem Weißen nicht Zeit lassen, einen seiner Springer nach g3 und den andern nach h4 zu bringen.

Isolierte Bauern sind im Endspiel immer schwach, wenn ein feindlicher Turm oder der König sie angreifen kann. Im Mittelspiel bilden sie eine Schwäche, wenn sie nicht vorwärts können,

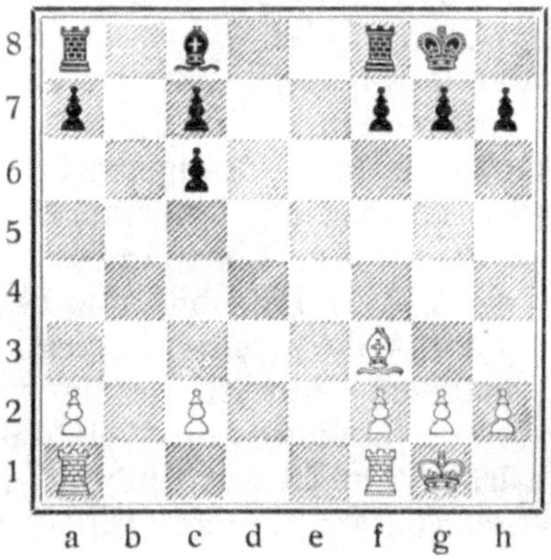

142

weil sie dann immer von Figuren gedeckt gehalten werden müssen, die für würdigere Zwecke ihre ganze Beweglichkeit wahren sollten. Betrachten wir zur näheren Erläuterung zwei typische Beispiele.

Die Stellung des Diagramm 142 entstand in einer Matchpartie Frederic Lazard-Eduard Lasker, Paris 1914.

Hier, wo die Bauernketten beider Spieler auseinandergerissen, sind, kommt der sofort in entscheidenden Vorteil, der die entstandene offene Linie in seine Gewalt bringen kann. In der Diagrammstellung ist Schwarz am Zuge. Wir ersehen übrigens daraus, daß Weiß die Eröffnung falsch behandelt haben muß. Er hat zwei Tempi verloren, denn er muß erstens noch den Bauern c6 schlagen und zweitens sollte er — als Weißer — dann am Zuge sein.

Dieser scheinbar mikroskopische Nachteil, mit dem Weiß aus der Eröffnung hervorgegangen ist, genügt schon, um ihn in die größten Schwierigkeiten zu bringen. Allerdings hilft dem Schwarzen der Umstand, daß sein Läufer die isolierten weißen Bauern angreifen kann, während der weiße Läufer nicht von der Farbe der Standfelder der schwarzen isolierten Bauern ist. Schwarz deckt natürlich nicht durch Lc8—b7 oder d7 den Bauern, da er dadurch seinen Läufer gewissermaßen zu einem Bauern degradieren und außerdem dem Weißen Gelegenheit geben würde, mit Tb1 bzw. Td1 unter Angriff auf den Läufer die Beherrschung einer offenen Linie zu erlangen; vielmehr nützt er die beiden Züge, die er in einer ausgeglichenen Stellung gratis hat, dazu aus, die Türme in die offene b-Linie zu bringen. Wenn auch in der b-Linie selbst nichts Angreifbares steht, so sichert doch ihre Beherrschung dem Schwarzen die Möglichkeit, je nach Umständen in die erste oder zweite Reihe vorzudringen und die Bauern so von der Seite her oder von hinten zu attackieren. Diese Drohung schränkt die Beweglichkeit der weißen Figuren, die ja stets zur Deckung der gefährdeten Bauern bereit sein müssen, in hohem Maße ein, und schafft dem Schwarzen dadurch das weit überlegene Spiel.

Der Verlauf der Partie war folgender: 1. ....., Ta8—b8; Weiß kann die Linie dem Schwarzen nicht durch Opponierung eines Turmes streitig machen, weil Lc8—f5 folgen würde. Darauf würde Weiß kaum etwas anderes haben als Turmtausch und c2—c3, und Schwarz dringt doch in der zweiten Linie ein. 2. Lf3×c6, Tb8—b2; 3. Lc6—e4, Lc8—e6; 4. a2—a3, Tf8—b8. Die b-Linie kann Weiß jetzt dem Schwarzen nicht mehr streitig machen. Zwar könnte er die d-Linie in Besitz nehmen, doch ist dies im vorliegenden Falle wertlos, da der Läufer e6 die Drohung, die Weiß durch Beherrschung der d-Linie ausüben würde, nämlich den Einbruch nach d7, zunichte macht. Weiß ist daher zu völliger Tatenlosigkeit verurteilt. Schwarz dagegen hat einen klar vorgezeichneten Weg. Aus dem Einbruch in die zweite Linie kann er nur dann Vorteil ziehen, wenn er den c-Bauern seiner Deckung berauben kann. Und die Möglichkeit hierzu bietet das Manöver c7—c5—c4 nebst f7—f5. Allerdings schwächt der Zug f7—f5 den Punkt e6, und dies könnte unter Umständen dem Weißen Gelegenheit zu einem Gegenangriff durch Eindringen in die e-Linie geben. Schwarz muß daher rechtzeitig einen Turm abtauschen. Dann genügt der König zur Verteidigung der e-Linie.

Aus diesen Erwägungen erklären sich die nächsten Züge ohne weiteres. 5. Tf1—e1, c7—c5; 6. h2—h3. Eine weitere, für Fälle ähnlich dem vorliegenden typische Unannehmlichkeit. Ehe der Turm herauskann, muß ein Zug hergegeben werden, um dem König ein Luftloch zu machen. 6. ...., c5—c4; 7. Te1—e3, Tb2—b1†; 8. Ta1×b1, Tb8×b1†; 9. Kg1—h2, f7—f5; 10. Le4—f3, Kg8—f7; 11. Lf3—e2 (droht Te3—c3), Tb1—b7. Nicht Tb1—b5 wegen Te3×e6 nebst Le2×c4†. 12. Te3—c3, Kf7—f6. Nun kann Le2×c4 wegen Tb7—c7 nicht geschehen. 13. f2—f4. Weiß will dem schwarzen König den Weg nach d4 verlegen, kann dies jedoch auf die Dauer nicht durchsetzen, während Schwarz durch Besetzung der d-Linie mit dem Turm den weißen König vom Damenflügel abgeschnitten halten kann. 13. ...., Tb7—d7; 14. Kh2—g3, Td7—d4; 15. Kg3—f3, Kf6—e7; 16. Tc3—e3, Ke7—d6; 17. Kf3—g3, Td4—d2; 18. c2—c3, Le6—f7. Td2—a2 wäre wegen Te3×e6† ein Fehler. Doch kann der a-Bauer seinem Schicksal nicht entgehen. 19. a3—a4, g7—g6. Unnötig. Es konnte gleich Td2—a2 geschehen. 20. Le2—f3, Td2—a2; 21. Lf3—d1, Lf7—d5; 22. Te3—e2, Ta2—a1; 23. Te2—d2, Kd6—c5; 24. Kg3—f2, Ta1—a3; 25. Td2—c2, Ta3×a4. Endlich hat Schwarz den materiellen Vorteil erstritten, zu dem die Besetzung der b-Linie im Mittelspiel den Grund legte. Der Gewinn durch Verwandlung des freien a-Bauern ist nur noch Sache der Technik.

Wie hier das infolge der Beherrschung einer offenen Linie von den Türmen entstehende Positionsübergewicht allmählich durch immer größere Einschränkung der Beweglichkeit der feindlichen Figuren sich in materiellen Gewinn umsetzt, so werden wir weiter unten in den Meisterpartien auch oft Fällen begegnen, in denen die überlegene Beweglichkeit der kleinen Offiziere schließlich zu klarer Gewinnstellung führt. Und wir haben hierin eigentlich nur eine praktische Bestätigung des Resultats zu erblicken, das wir auf Grund der eingangs erörterten ganz allgemeinen strategischen Gesichtspunkte voraussagen konnten.

Es bleibt übrig, eine typische Stellung zu untersuchen, in der ein isolierter Bauer im frühen Mittelspiel, also bei vollem Brett vorliegt. Es handelt sich hier, wie z. B. in der Stellung des Diagramm 143, fast stets um einen isolierten Damenbauer, den sich ein Spieler im Damengambit gefallen läßt, weil er als Äquivalent die Beherrschung zweier Zentrumspunkte erhält. Ob der Vorteil dieser Zentrumsbeherrschung den Nachteil aufwiegt, daß der Bauer ein Angriffsobjekt ist, das um so schwächer wird, je mehr Figuren getauscht werden, so daß dem Endspiel möglichst aus dem Wege gegangen werden muß, ist allerdings sehr fraglich. Die Mehrzahl der Meister neigt der Ansicht zu, daß der isolierte Mittelbauer lieber zu vermeiden ist, wenn er nicht die Wahl hat, sich im Notfalle durch Vorrücken, d. h. unter Aufgabe der Zentrumsbeherrschung, gegen einen Nachbarbauern abzutauschen.

Das Vorrücken des Bauern hat übrigens sogar eine gewisse Angriffstendenz. Denn das Terrain, das den den Bauern stützenden Figuren zur Verfügung steht, wird vergrößert und das des Gegners verkleinert, und wenn gar der vorgerückte Bauer durch Verschwinden oder Vorbeiziehen des benachbarten feindlichen Bauern frei wird, so teilt er leicht das Lager des Gegners in zwei Teile, deren Kommunikation unterbunden ist.

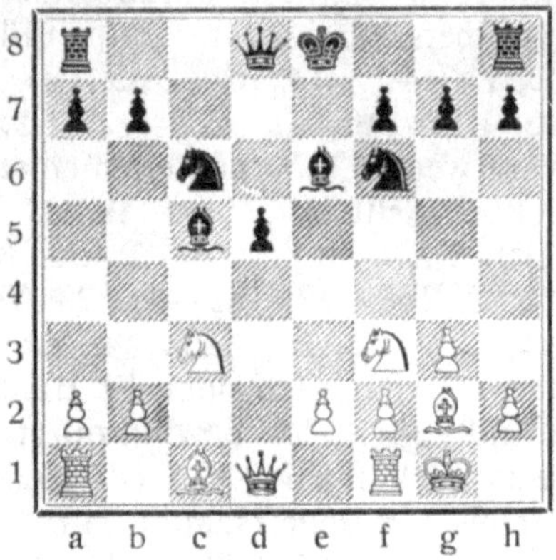

143

In der Diagrammstellung ist Weiß am Zuge, und es ist wahrscheinlich sein bester Plan, das Vorrücken des isolierten schwarzen Bauern durch 1. Sc3—a4, Lc5—e7; 2. Lc1—e3 zu verhindern. Später blockiert dann Weiß den Bauern durch Sf3—d4, und Schwarz ist auf eine mühselige Verteidigung angewiesen.

Weniger nachhaltig ist 1. Lc1—g5, weil dann Schwarz mit d5—d4 im Zentrum Terrain gewinnt. In der vierten Matchpartie Marshall-Eduard Lasker, Chicago 1923, folgte 2. Lg5×f6, Dd8×f6; 3. Sc3—e4, Df6—e7; 4. Se4×c5, De7×c5; 5. Ta1—c1, Dc5—b6. Der Bauer d4 ist jetzt genügend gedeckt und schränkt Weiß im Zentrum sehr ein. Marshall versucht es daher mit einem Angriff auf dem Königsflügel.

6. Sf3—g5, Le6—f5; 7. e2—e4. Jetzt ist der schwarze d-Bauer frei. Schlägt Schwarz den Königsangriff zurück, so hat er gute Gewinnaussichten. Die korrekte Fortsetzung würde Lf5—d7 sein, um Dd1—h5 mit Sc6—e5 zu beantworten, worauf f2—f4 an Ld7—g4 nebst d4—d3† und d3—d2 scheiterte und auch gegen andere Angriffsfortsetzungen eine genügende Verteidigung vorhanden zu sein scheint. Ich fürchtete in der Partie den Angriff, machte den schlechten Zug 7. ...., d4×e3 e. p. und verlor, da Marshall durch 8. Tc1×c6!, b7×c6; 9. Dd1—d6 einen noch viel stärkeren Angriff erhielt, der infolge der exponierten Stellung meines Königs nach Lf5—d7; 10. Dd6—e5†, Ke8—f8; 11. f2×e3, f7—f6; 12. Tf1×f6†, g7×f6; 13. De5×f6†, Kf8—e8; 14. Df6×h8†, Ke8—e7; 15. Dh8—e5†, Ke7—d8; 16. h2—h4, Kd8—c8; 17. Sg5—f7 eine für Schwarz wahrscheinlich unhaltbare Stellung ergab.

Die weitere Illustration des schwierigen Themas isolierter Zentrumsbauern will ich den Partien aus der Meisterturnierpraxis überlassen. Ehe ich zu ihnen übergehe, will ich nur noch kurz die Hauptrichtlinien, die wir in den vorangehenden Untersuchungen für die Führung des Mittelspiels gewonnen haben, resumieren.

1. Für den Aufbau einer gesunden Position gilt als fundamentale Regel die Postierung der Figuren und Bauern so, daß sie möglichst viele Punkte beherrschen.
2. Die feste Stellung eines Bauern im Zentrum (in der vierten Linie von Weiß aus, in der fünften von Schwarz aus) ist ein Vorteil, weil sie die Ansiedlung von Figuren in der nächsten Linie, die bereits im Feindesland liegt, ermöglicht, also Terraingewinn vorbereitet.
3. Das Avancieren von Bauernketten bringt Vorteil, weil es das Terrain des Gegners und damit dessen Figurenbeweglichkeit einschränkt. Ein solches Avancieren ist nur dann angebracht, wenn der Gegner nicht in das hinter den Bauern gelegene gelockerte Terrain eindringen kann.
4. Ein Durchbruch im Zentrum ist gewöhnlich erfolgreicher als ein Durchbruch auf einem Flügel, weil das Terrain des Gegners in zwei Teile geteilt wird, deren Kommunikation erschwert oder überhaupt unmöglich gemacht ist.
5. Jeder Bauernzug schwächt die Felder, die der Bauer vorher deckte. Daher macht jeder Bauernzug erst eine genaue Untersuchung nötig, ob der Gegner auf den geschwächten Feldern Figuren anpflanzen kann, und ob der damit verknüpfte Nachteil den Vorteil aufwiegt, der mit dem Bauernzuge angestrebt ist.
6. Jeder Bauernzug auf der Rochadeseite ruft eine weitere Schwächung dadurch hervor, daß der Gegner durch Vorschieben

und Abtausch eines benachbarten Bauern vielleicht eine offene Linie für seine Türme und damit einen Königsangriff erhalten kann.

7. Wenn Bauern nebeneinander stehen, beherrschen sie die größtmögliche Anzahl von Feldern. Wenn sie in diagonalen Reihen stehen, ist es ratsam, den Läufer vor Abtausch zu bewahren, der die Felder der Farbe beherrscht, die die Bauern nicht decken.
8. Doppelbauern, die nicht isoliert sind, haben neben dem Nachteil, daß sie eine Endspielschwäche bilden, wenn der Gegner ihr verbundenes Vorrücken hindern kann, den Vorteil, daß mit ihrem Entstehen immer eine Linienöffnung für die Türme verknüpft ist, und daß sie für Beherrschung von Zentrumsfeldern nützlich werden können.
9. Isolierte Bauern auf den Flügeln sind meist gefährliche Endspielschwächen, wenn sie nicht im Deckungsbereich des Königs liegen. Im Zentrum ist ihre Schwäche, wenn sie nicht blockiert sind, dadurch aufgewogen, daß sie einerseits Zentrumsfelder beherrschen und andererseits durch Avancieren das Terrain des Gegners einengen und die Kommunikation zwischen den Flügeln des Gegners stören können.
10. Angreifen soll man nur dort, wo man entweder mehr Terrain besitzt als der Gegner oder mehr Figuren konzentriert hat. Ein Angriff entsteht gewissermaßen ganz von selbst durch Aufbau von Figuren auf schwachen Punkten des Gegners, weil dies die Beweglichkeit der gegnerischen Figuren einschränkt und sie sich meist selbst im Wege stehen, wenn es sich darum handelt, sie zur Verteidigung zu konzentrieren.

Für ein erfolgreiches Manövrieren im Mittelspiel ist es am wichtigsten, die Schwächen der feindlichen Stellung richtig zu erkennen, an denen der Hebel des Angriffs angesetzt werden kann; diese Schwächen liegen, wie ausführlich dargelegt, in der überwiegenden Mehrzahl der Fälle in der Bauernstellung; ein Fehler im Aufbau der Figuren kann vermöge deren großer Beweglichkeit eher wieder gutgemacht werden, und ein Angriffspunkt, der vorhanden gewesen sein mag, ist somit nicht leicht fixierbar.

Bietet die feindliche Stellung noch keine Schwächen, so ist die Hauptaufgabe der Figurenmanöver der Versuch, solche hervorzurufen, und dies kommt entweder darauf hinaus, Bauernzüge des Gegners zu provozieren, oder solche Figurenzüge, durch die der Gegner sich selbst in seiner Beweglichkeit einschränkt.

Die taktischen Manöver, die diesem Zwecke dienen, wollen wir nun an Meisterpartien eingehender betrachten. In den Glossen zu diesen Partien habe ich mich bemüht, dem Lernenden immer und immer wieder zu zeigen, wie der die Kombinationen verbindende leitende Gedanke aus den besprochenen allgemeinen strategischen Gesetzen sich ergibt, damit er sich nicht in Einzelheiten verliert, die nur eine Belastung des Gedächtnisses bedeuten, sondern stets das Ganze im Auge behält, dem die verschiedenen Spielarten dienen, und so die Fähigkeit erwirbt, auch nach einer ungewöhnlichen Eröffnung seinen Weg durch das Mittelspiel zu finden.

Die Auswahl der Partien habe ich so getroffen, daß sich in einfacher Weise ein Anschluß an die früher betrachteten Eröffnungen ergibt. Zu den Eröffnungszügen selbst erübrigen sich daher in der Mehrzahl der Fälle ausführliche Glossen. Und auch die Endspiele werden meist durch einen kurzen Hinweis auf die früher untersuchten typischen Fälle ohne weiteres verständlich.

III. Partien aus der Meisterturnierpraxis.

1. Klassische Eröffnungen.

Partie Nr. 13.

Emanuel Lasker — Capablanca.

Gespielt in St. Petersburg 1914.

Spanische Partie (vgl. S. 56).

1.	e2—e4	e7—e5
2.	Sg1—f3	Sb8—c6
3.	Lf1—b5	a7—a6
4.	Lb5×c6	d7×c6
5.	d2—d4	e5×d4

In dieser Eröffnung erhält Schwarz ein gutes Figurenspiel, da er durch den Abtausch auf c6, der eine Läuferlinie öffnet, einen Entwicklungsvorsprung erreicht hat. Nimmt er dies nicht durch kühnes Vorgehen auf dem Damenflügel wahr, wo er einen Bauern mehr hat, sondern richtet sich statt dessen auf zahme Verteidigung ein, so hat er infolge der Bauernmajorität des Weißen auf dem Königsflügel mit einem ungünstigen Endspiel zu rechnen. Statt des Textzuges ist Lc8—g4 zu erwägen, was sehr chancenreich ist, falls Weiß nicht die besten Verteidigungszüge findet. Im letzteren Falle behält allerdings Weiß die Oberhand. (Vgl. Partie Emanuel Lasker-Marshall, New York 1914.)

6.	Dd1×d4	Dd8×d4

Schwarz muß tauschen. Denn läßt er die Dame stehen und spielt z. B. Lc8—e6, so folgt 7. Lc1—f4 mit Angriff auf c7. Die Antwort Lf8—d6 wäre dann schlecht, weil Weiß auf d6 tauscht und so auf d6 einen rückständigen Bauern schafft, der infolge der offenen d-Linie ein Kind des Todes ist.

7. Sf3×d4 Lf8—d6
8. Sb1—c3 Sg8—e7

Schwarz bereitet sich auf die kurze Rochade vor. Üblicher ist Lc8—d7 nebst langer Rochade. Und das ist wahrscheinlich auch besser, da dann der Bauer c7, der leicht zur Schwäche werden kann, wenn es Weiß gelingt, den schwarzen Königsläufer zu tauschen, vom König gedeckt ist.

9. 0—0 0—0
10. f2—f4 Tf8—e8

144

Schwarz will den Punkt e4 belagern. Mit f7—f5; 11. e4—e5, Ld6—c5 nebst Tausch auf d4 und Lc8—e6 konnte er auf Ausgleich spielen. Dieser war vermöge der ungleichen Läufer so gut wie gesichert.

11. Sd4—b3 f7—f6

Die logische Folge des vorigen Zuges. Der Bauer e4 soll erst am Vorrücken verhindert und dann vom Damenläufer in der Diagonale a8—h1 attackiert werden. Laskers überraschender Vorstoß nach f5, der dem Plane des Gegners in die Hände zu arbeiten scheint, gestaltet die Partie äußerst interessant. Weiß verpflichtet sich gewissermaßen, durch Königsangriff zu gewinnen, da das Endspiel infolge der Schwäche e4 ziemlich sicher verloren wäre. Entweder erwartet Capablanca den Vorstoß nicht, oder er fürchtet ihn nicht. Sonst hätte er f7—f5; 17. e4—e5, Ld6—b4; 13. Sc3—e2, Sf6—d5 gespielt.

12.	f4—f5!!	....

Außer der Einengung des Läufers c8 schafft der Zug den Vorteil, daß der Läufer c1 sich auf f4 zum Abtausch gegen den Läufer d6 stellen kann.

12.	....	b7—b6

Die Diagonale a8—h1 ist die einzige Linie, auf der der Läufer c8 Aussicht hat, zur Wirkung zu kommen. Aber sobald er sich aus der Linie c8—h3 wegrührt, droht Weiß einen Springer nach e6 zu pflanzen, worauf die schwarzen Türme sich kaum mehr bewegen können.

13.	Lc1—f4	Lc8—b7

Statt sich auf d6 einen schwachen Bauern machen zu lassen, sollte Schwarz auf f4 tauschen. Auch war es unbedingt nötig, vor Lc8—b7 erst noch c6—c5 zu spielen, damit der Springer b3 nicht über d4 nach e6 gelangt. Capablanca spielt diese Eröffnung ganz unter seiner Stärke.

14.	Lf4×d6	c7×d6
15.	Sb3—d4	Ta8—d8
16.	Sd4—e6	Td8—d7
17.	Ta1—d1	Se7—c8
18.	Tf1—f2	b6—b5
19.	Tf2—d2	....

Die Belagerung der d-Linie hält den Springer auf c8 fest. Mit seinen nächsten Zügen verhindert Weiß auch einen Befreiungsversuch des Läufers b7 durch c6—c5, und nachdem so Schwarz vollkommen die Bewegungsfreiheit seiner Figuren eingebüßt hat, wendet sich Weiß zur entscheidenden Attacke auf dem Königsflügel.

19.	....	Td7—e7
20.	b2—b4!	Kg8—f7
21.	a2—a3	Lb7—a8

Bereitet die folgende Öffnung der a-Linie vor. Da dort jedoch keine aussichtsreichen Einbruchspunkte für den Turm vorhanden sind, wäre es noch am besten gewesen, auf e6 die Qualität zu opfern. Nach genügender Deckung von d6 konnte dann der Springer nach c4 geführt werden, oder die Drohung c6—c5 konnte (mit dem Springer auf b6) ausgeführt werden.

22.	Kg1—f2	Te7—a7
23.	g2—g4	h7—h6
24.	Td2—d3	a6—a5
25.	h2—h4	a5×b4
26.	a3×b4	Ta7—e7

Schwarz sieht ein, daß in der a-Linie nicht zu holen ist. Er muß sich darauf beschränken, seine Figuren gegenseitig gedeckt zu halten. Er kann den Durchbruch des Weißen auf dem Königsflügel nicht verhindern.

27. Kf2—f3 Te8—g8
28. Kf3—f4 g7—g6
29. Td3—g3 g6—g5†
30. Kf4—f3 ....

Schlägt Schwarz den Bauern, so verliert er ihn durch Tg3—h3 sofort wieder und der Bauer h6 würde auch noch fallen.

30. .... Sc8—b6
31. h4×g5 h6×g5
32. Tg3—h3 Te7—d7
33. Kf3—g3 ....

145

Weiß bringt den König aus der Schußlinie des Läufers a8, um in der folgenden Kombination, mit der er die schwarze Partie in wenigen Zügen zertrümmert, nicht durch c6—c5 gestört zu werden.

33. .... La8—b7
34. Td1—h1 Kf7—e8

Nun folgt ein schöner Schluß.

35. e4—e5 d6×e5
36. Sc3—e4!! Sb6—d5
37. Se6—c5 Lb7—c8

Den Turm darf Schwarz nicht wegziehen wegen Sc5×b7 nebst Se4—d6†.

38. Sc5×d7 Lc8×d7
39. Th3—h7 Tg8—f8

40.	Th1—a1	Ke8—d8
41.	Ta1—a8†	Ld7—c8
42.	Se4—c5	Aufgegeben.

Es droht Mat in zwei Zügen. Schwarz kann nur durch Sd5—e7 decken und verliert darauf durch Sc5—e6.

Es ist ein schöner Sieg, den Lasker hier über Capablanca erfochten hat. Nachdem er dic Eröffnung mit tiefstem Positionsverständnis angelegt und seinen Figuren die überlegene Beweglichkeit gesichert hat, umklammert er den Gegner fester und fester, jedem Befreiungszug zuvorkommend, und geht zum Angriff vor, dem Schwarz, durch den Mangel an Bewegungsfreiheit hilflos, erliegt.

Partie Nr. 14.

Weiß: Capablanca. Schwarz: Aljechin.
Erste Matchpartie, gespielt in Buenos Aires 1927.
Französische Partie (vgl. S. 62).

1.	e2—e4	e7—e6
2.	d2—d4	d7—d5
3.	Sb1—c3	Lf8—b4
4.	e4×d5	e6×d5
5.	Lf1—d3	Sb8—c6
6.	Sg1—e2	Sg8—e7
7.	0—0	Lc8—f5
8.	Ld3×f5	....

Ein schwer verständlicher Abtausch, der nur die Beweglichkeit der schwarzen Figuren erhöht. Viel stärker erscheint Se2—g3. Schwarz kann dann nicht Sc6×d4 spielen, weil sowohl 9. Sg3×f5, Sd4×f5; 10. Ld3×f5, Lb4×c3; 11. b2×c3, Se7×f5; 12. Lc1—a3 als auch 10. ...., Se7×f5; 11. Sc3×d5 für ihn aussichtslos ist. Und nach 8. ...., Lf5×d3; 9. Dd1×d3, 0—0; 10. Lc1—d2 behielt wenigstens Weiß seinen Entwicklungsvorsprung, und Schwarz hat es nicht leicht, seinen Läufer günstig zur Wirkung zu bringen.

8.	...	Se7×f5
9.	Dd1—d3	Dd8—d7
10.	Sc3—d1	0—0
11.	Sd1—e3	Sf5×e3
12.	Lc1×e3	Tf8—e8

Schwarz hat bereits die Initiative. Er besetzt die e-Linie zuerst, während dieses Vorrecht eigentlich dem Weißen zukam.

13.	Se2—f4	Lb4—d6

Auf Sf4×d5, Ld6×h2† kann sich Weiß nicht einlassen, weil Schwarz einen Königsangriff erhalten würde, da seine Türme über e6 auf den Königsflügel gelangen können, ehe Weiß seine Türme zur Verteidigung mobilisieren kann.

14. Tf1—e1 ....

Schwarz drohte mit Ld6×f4; 15. Le3×f4, Te8—e4; 16. Lf4—e3, Ta8—e8 nebst Dd7—e6 die weit überlegene Stellung zu erhalten. Der Punkt e4 ist eine Schwäche im weißen Lager, die schwer zu beseitigen ist. Der Textzug ist keine genügende Verteidigung, wie die scharfe Kombination Aljechins beweist. Am besten war vielleicht noch Sf4—h3. Dies ließ die Möglichkeit offen, den Punkt e4 entweder mit dem Springer oder sogar mit f2—f3 ins Auge zu nehmen, und es ermöglichte auch Le3—d2 nebst Opponierung der Türme.

146

14. .... Sc6—b4!
15. Dd3—b3 Dd7—f5
16. Ta1—c1 ....

Mit Sf4—d3 konnte Weiß zwar Bauernverlust vermeiden, aber nach Sb4×d3; 17. c2×d3 stand er nicht nur für das Endspiel schlecht, sondern die Postierung der schwarzen Figuren war so überlegen, daß Weiß auch mit einem gefährlichen Königsangriff zu rechnen hatte.

16. .... Sb4×c2
17. Tc1×c2 Df5×f4

Ich kann mich nicht enthalten, hier eine Glosse aus der New York Times wiederzugeben, die für amerikanische Schachberichterstattung kennzeichnend ist. Zu dem 17. Zuge von Schwarz bemerkte die Times, daß Schwarz ein Damenopfer (sic) brachte, das sich der Weltmeister jedoch nicht gestatten durfte, anzunehmen.

18.	g2—g3	Df4—f5
19.	Tc2—e2	....

Weiß muß unbedingt dem Schwarzen die e-Linie streitig machen.

19.	....	b7—b6
20.	Db3—b5	h7—h5

Begegnet der Drohung Le3—f4, schafft das in Turmendspielen für den König wichtige Luftloch, und droht h5—h4 mit Öffnung der h-Linie.

21.	h2—h4	Te8—e4

Droht nicht nur Turmverdopplung sondern auch Te4×h4

22.	Le3—d2	....

Jetzt geht Te4×h4 nicht, weil Te2—e8† dem weißen König ein Fluchtfeld schafft. Der Textzug gibt zwar noch einen zweiten Bauern auf, doch gewinnt ihn Weiß durch den Besitz der e-Linie gleich zurück.

22.	....	Te4×d4
23.	Ld2—c3	Td4—d3
24.	Lc3—e5	Ta8—d8
25.	Le5×d6	Td8×d6
26.	Te2—e5	Df5—f3
27.	Te5×h5	....

Weiß hat sich noch bestmöglich aus der Affaire gezogen. Er hat ein Endspiel mit Dame und Turm produziert, das meist gute Remischancen birgt, und er dringt mit seinem Turm in das schwarze Lager, so daß er die schwarzen Damenflügelbauern attackieren kann. Die bleibende Stärke des schwarzen Spiels ist jedoch der freie Mittelbauer, der auch schließlich die Partie gewinnt.

27.	....	Df3×h5
28.	Te1—e8†	Kg8—h7
29.	Db5×d3†	Dh5—g6
30.	Dd3—d1	Td6—e6
31.	Te8—a8	....

Weiß gewinnt jetzt wirklich auch seinen zweiten Bauern zurück, aber sein Turm und seine Dame geraten außer Verbindung, und die Zusammenwirkung der schwarzen Dame mit dem Turm und dem Freibauer entscheiden schnell die Partie.

31.	....	Te6—e5
32.	Ta8×a7	c7—c5
33.	Ta7—d7	Dg6—e6

34.	Dd1—d3†	g7—g6
35.	Td7—d8	d5—d4
36.	a2—a4	Te5—e1†
37.	Kg1—g2	De6—c6†
38.	g2—g3	Te1—e3
39.	Dd3—d1	Dc6—e6
40.	g3—g4	Te3—e2†
41.	Kg2—h3	De6—e3
42.	Dd1—h1	De3—f4
43.	h4—h5	Te2—f2
44.	Aufgegeben.	

Dieses Endspiel liefert eine ausgezeichnete Illustration für die Vorteile, die die Beherrschung einer offenen Linie in der Brettmitte gewährt.

Partie Nr. 15.

Weiß: Niemzowitsch. Schwarz: Tarrasch.

Gespielt in St. Petersburg 1914.

Damengambit.

1.	d2—d4	d7—d5
2.	Sg1—f3	c7—c5
3.	c2—c4	e7—e6
4.	e2—e3	Sg8—f6
5.	Lf1—d3	Sb8—c6
6.	0—0	Lf8—d6
7.	b2—b3	0—0
8.	Lc1—b2	b7—b6
9.	Sb1—d2	Lc8—b7
10.	Ta1—c1	Dd8—e7

Schwarz ist ebensogut entwickelt wie Weiß. Vielleicht ist sein Damenspringer sogar etwas vorteilhafter postiert, weil er mehr Beweglichkeit hat. Weiß hat als Kompensation eine weniger verbaute Damenläuferdiagonale. Er faßt den Plan, diesem Läufer noch mehr Kraft zu verleihen, indem er den lockernden Zug g7—g6 provoziert.

11.	c4×d5	e6×d5
12.	Sf3—h4	g7—g6

Weiß hat seinen Zweck erreicht, doch hat er einen Zug verloren, da der Springer wieder nach f3 zurück muß, um im Spiel zu bleiben. Dieser Tempoverlust ist wahrscheinlich nicht gut, da die Partie einen offenen Charakter anzunehmen beginnt, und wie wir bereits wissen, zählt in offenen Partien jedes Entwicklungstempo.

13. Sh4—f3 Ta8—d8

Sf6—e4 wäre verfrüht wegen 14. d4×c5, b6×c5?; 15. Ld3×e4, d5×e4; 16. Sd2×e4.

14. d4×c5 ....

Dieser Zug sieht verdächtig aus, weil er den Bauern d5 beweglich macht, der sowohl dem Läufer b7 als auch dem Turm d8 durch Vorstoß bei Gelegenheit Angriffslinien öffnen kann. Weiß steht etwas gedrängt und hätte wohl am besten getan, mit Dd1—e2 und Tf1—d1 zunächst mehr Streitkräfte im Zentrum zu mobilisieren.

14. .... b6×c5
15. Ld3—b5 ....

um den Springer loszuwerden, der den Vorstoß d5—d4 stützt.

15. .... Sf6—e4
16. Lb5×c6 Lb7×c6
17. Dd1—c2 ....

Weiß ahnt es nicht, daß sein Verderben vor der Tür steht; sonst hätte er g2—g3 gezogen. Schwarz hatte jedoch in jedem Falle infolge der überlegenen Stellung seiner Figuren gute Gewinnaussichten.

17. .... Se4×d2

Der Beginn einer brillanten Matkombination.

18. Sf3×d2 d5—d4!

Derselbe Zug wäre geschehen, wenn Weiß mit der Dame zurückgeschlagen hätte.

19. e3×d4 ....

e3—e4 würde auch nicht helfen, da Schwarz mit f7—f5 auch noch den Königsturm heranzieht.

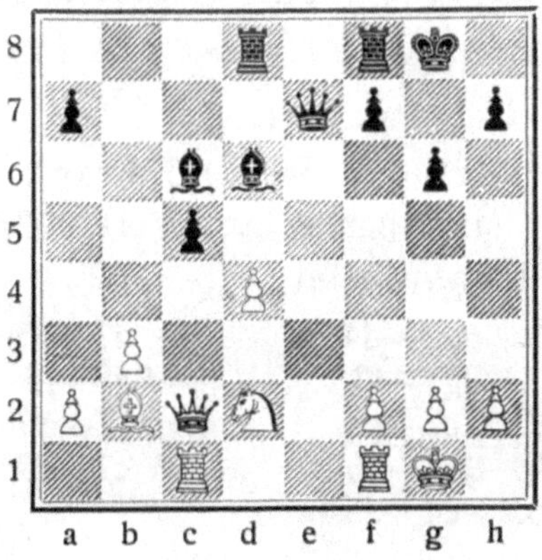

147

19.	....	Ld6×h2†!!
20.	Kg1×h2	De7—h4†
21.	Kh2—g1	Lc6×g2!

Emanuel Lasker gewann eine berühmte Partie gegen Bauer in einem Turnier zu Amsterdam mit einem ähnlichen Doppelopfer, und dies ist wahrscheinlich der Grund, weswegen der vorliegenden Partie nicht der erste Schönheitspreis zuerkannt wurde, den sie unbedingt verdient hätte, wenn die Gewinnkombination nicht den genannten Vorläufer gehabt hätte.

Falls Weiß den Läufer schlägt, folgt Dh4—g4 nebst Td8—d5 und Td5—h5. Weiß muß auf h5 die Dame gegen den Turm geben und verliert dann auch noch den Springer durch das Damenschach auf g5.

22.	f2—f3	Tf8—e8
23.	Sd2—e4	Dh4—h1†
24.	Kg1—f2	Lg2×f1

Weiß kann diesen Läufer nicht schlagen, da Dh1—h2† die Dame gewinnen würde.

25.	d4—d5	f7—f5
26.	Dc2—c3	Dh1—g2†
27.	Kf2—e3	Te8×e4†!
28.	f3×e4	f5—f4†

Mit Dg2—g3 hätte Schwarz das Mat zwei Züge schneller erzwungen.

29.	Ke3×f4	Td8—f8†
30.	Kf4—e5	Dg2—h2†
31.	Ke5—e6	Tf8—e8†

nebst Mat im nächsten Zuge.

Herr Tarrasch hat diese Partie im großen Stil seiner Jugend gespielt.

Partie Nr. 16.

Weiß: Eduard Lasker. Schwarz: Frank Marshall.

Erste Matchpartie, New York 1923.

Damengambit (vgl. S. 72).

1.	d2—d4	d7—d5
2.	Sg1—f3	Sg8—f6
3.	c2—c4	e7—e6
4.	Sb1—c3	c7—c5
5.	c4×d5	....

Tarrasch empfiehlt 5. e2—e3, doch wird der Textzug von den meisten Meistern bevorzugt.

5. .... e6×d5
6. Lc1—g5 Lc8—e6

Marshall wählte diesen Zug nach langer Überlegung. Ich war recht erstaunt darüber, da ich mich erinnerte, daß er selbst gegen diesen Zug den Angriff e2—e4 in einer Partie gegen Erich Cohn, Nürnberg 1906, angewandt hatte und daß seitdem der Läuferzug für schlecht galt.

Allerdings erinnerte ich mich auch dunkel, daß die Stellung in einer Partie des Wettkampfs Lasker-Schlechter vorkam, und daß Lasker e2—e3 und nicht e2—e4 fortsetzte. Ich fragte damals Lasker, weshalb er nicht e2—e4 gezogen hatte, und er antwortete, daß er keinen Vorteil für Weiß in diesem Vorgehen sehen konnte.

Endlich fiel mir ein, daß Marshall mich vielleicht nur zu g2—g3 verleiten wollte, was in dieser Stellung wegen c5×d4 nebst Lf8—c5 nicht gut ist. Dieser Gedanke schien mir um so wahrscheinlicher, als ich in einer Partie in Chicago 1917 gegen Marshall tatsächlich Lc1—g5 nach g2—g3 gezogen hatte, ehe ich Lf1—g2 spielte (vgl. Partie Nr. 8). Ich hatte zwar die Partie gewonnen, aber die Eröffnung hätte zu Marshalls Vorteil führen sollen. Daher entschloß ich mich, alle Bedenken gegen e2—e4 fallen zu lassen.

7. e2—e4 d5×e4

Marshall brauchte recht lange, ehe er sich zu diesem Zuge entschloß, und ich folgerte daraus, daß ich keine von ihm vorbereitete Variante gewählt hatte.

8. Lf1—b5† Le6—d7

Diesmal dachte Marshall eine volle halbe Stunde nach. Ich hatte eigentlich Sb8—c6 und auf Sf3—e5 Dd8—b6 erwartet, mit unabsehbaren Komplikationen. Daß der Rückzug des Läufers nicht gut sein konnte, davon war ich fest überzeugt, da ich jetzt zwei Figuren mehr im Spiel hatte.

9. Lg5×f6 Dd8×f6
10. Sc3×e4 Df6—b6

Als ich im neunten Zuge abtauschte, beabsichtigte ich 11. Lb5×d7 zu spielen und daraus Nutzen zu ziehen, daß Schwarz Rochadeschwierigkeiten hat. Jetzt kam mir aber die Idee, die Entwicklung des schwarzen Damenspringers hintanzuhalten und deshalb von dem Tausch auf d7 abzusehen. So zog ich denn Dd1—e2, was auch sehr stark ist, aber wohl die Situation unnötigerweise kompliziert. Denn nach 11. Lb5×d7, Sb8×d7; 12. 0—0, Lf8—e7; 13. d4×c5, Sd7×c5; 14. Se4×c5, Db6×c5; 15. Ta1—c1 kann Schwarz die Partie angesichts des gewaltigen Entwicklungsvorsprunges von Weiß kaum halten.

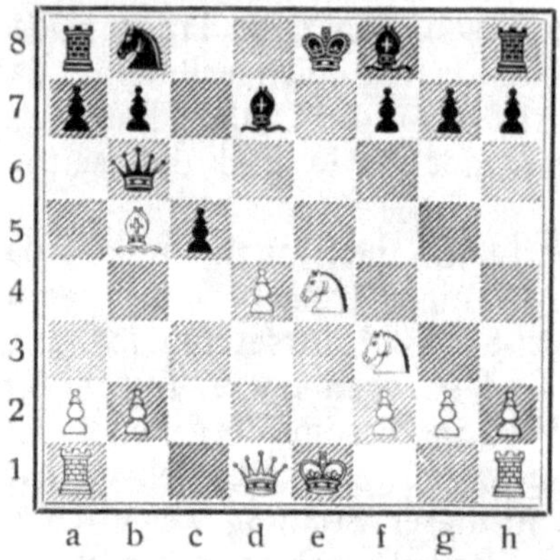

148

11. Dd1—e2 Lf8—e7

Auf Ld7×b5 würde 12. Se4—d6 Doppelschach den König in die d-Linie treiben, wo er nach 13. Sd6×b5 und 14. 0—0—0 bald dem Angriff erliegen würde.

12. d4×c5 ....

Diesen Bauern kann Schwarz nicht so leicht zurückgewinnen, falls er sich nicht auf ein mühseliges Endspiel mit einem isolierten Doppelbauern einlassen will (Ld7×b5; 13. c5×b6, Lb5×e2; 14. Ke1×e2, a7×b6; 15. Se4—c3 usw.). Allerdings kostet der Bauerngewinn Zeit, und Marshall zieht daraus den größtmöglichen Nutzen.

12. .... Db6—a5†
13. Sf3—d2 ....

Nach der Partie schlug Soldatenkoff hier b2—b4 vor, was tatsächlich dem Weißen einen schwer zu parierenden Angriff verschafft, da seine Türme in den Kampf eingreifen, ehe Schwarz die seinen mobilisieren kann.

13. .... 0—0
14. Lb5—d3 ....

Jetzt würde der Abtausch auf d7 nur Ausgleich erzielen, da der Bauer c5 fällt. Auf d3 steht der Läufer zum Angriff bereit und Schwarz kann sich kaum an dem c-Bauer vergreifen, da Weiß einfach rochiert, worauf Sd2—b3 Schwarz arg ins Gedränge zu bringen droht. Marshall denkt natürlich nicht daran, sich auf eine solche schwierige Verteidigung einzulassen, sondern sinnt bereits auf Angriff.

14.	....	f7—f5

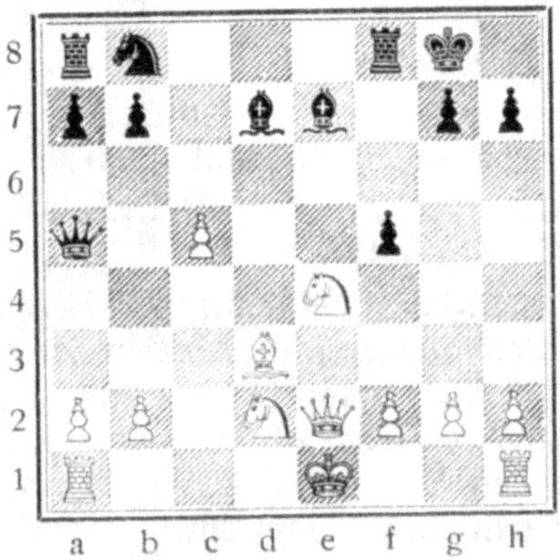

149

15.	0—0!!	....

Ein überraschendes Opfer, durch das Weiß die Initiative behält. Schwarz kann den Springer nicht nehmen, wie aus folgenden Varianten hervorgeht: 16. De2×e4, Da5×d2; 16. De4×h7†, Kg8—f7; 17. Dh7—h5†, Kf7—e6; 18. Ta1—d1 usw. oder: 16. ...., Ld7—f5; 17. De4—d5†, Kg8—h8; 18. Ld3×f5, Tf8×f5; 19. Dd5×f5, Da5×d2?; 20. Ta1—d1 usw. Die überlegene Entwicklung verschafft Weiß in allen Varianten den Sieg.

15.	....	Tf8—e8
16.	Sd2—b3	Da5—c7
17.	Se4—g3	....

Mit diesem schlechten Zuge wirft Weiß beinahe die Früchte seiner Arbeit fort. Auf g3 steht der Springer schlecht, da Schwarz ihm mit g7—g6 fast alle Bewegungsfreiheit rauben kann. Der richtige Zug war Se4—c3, um Le7×c5 mit De2—c2 zu beantworten. Der Springer strebt schließlich doch nach c3, so daß ein Verlust von zwei Zügen entsteht, den Schwarz dazu benutzt, um den Damenflügel zu entwickeln. Ferner hat Schwarz die gefährlichen zwei Läufer, und von f6 aus drückt sein Königsläufer bald sehr unangenehm auf b2.

17.	....	g7—g6
18.	De2—c2	Le7—f6
19.	Sg3—e2	Sb8—c6
20.	Se2—c3	Sc6—b4

21. Ld3—c4† Kg8—h8
22. Dc2—d2 Ld7—c6

Ta8—d8 würde Weiß mit Dd2—d6 beantworten.

23. Sc3—b5 Lc6×b5
24. Lc4×b5 Te8—e4
25. Dd2—d6 ....

Auf 25. f2—f3 treibt Schwarz erst mit Ta8—d8 die Dame vom Angriff auf den Springer weg und kann dann den Turm e4 ziehen.

25. .... Dc7—g7
26. Ta1—d1 ....

Sehr stark, da Schwarz nun nicht zur Besetzung der d-Linie kommt und es auch nicht riskieren darf, einen der hängenden Bauern zu schlagen. Sb4×a2 würde mit 27. c5—c6 beantwortet werden, und auf Lf6×b2 käme einfach 27. Sb3—a5, mit der schwer zu deckenden Drohung, den Bauern b7 zu gewinnen, worauf der vorgeschrittene c-Bauer den Sieg verspricht.

26. .... a7—a6

Der Läufer scheint plötzlich verloren, da Lb5—d3 an Ta8—d8 scheitert und Lb5—a4 mit Sb4×a2; 28. c5—c6, b7—b5 beantwortet werden könnte. Doch hat Weiß eine ausreichende Verteidigung durch den Gegenangriff:

27. c5—c6! ....

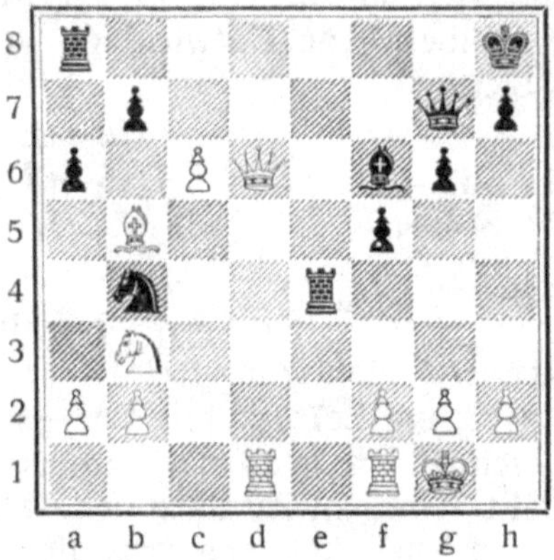

150

Falls Schwarz jetzt den Läufer schlägt, so folgt 28. c6×b7, Dg7×b7; 29. Dd6×f6†, Db7—g7; 30. Df6×g7†, Kh8×g7; 31. a2—a3 mit gewonnenem Endspiel.

27. .... b7×c6
28. Lb5×c6 Sb4×c6

29.	Dd6×c6	Dg7—f8
30.	Td1—d2	a6—a5
31.	Td2—c2	....

Um das Feld d2 für den Springer frei zu machen, den Schwarz durch a5—a4 zu deplacieren droht.

31.	....	a5—a4
32.	Sb3—d2	Te4—e2
33.	Sd2—f3	Te2—e8

Ein unverständlicher Zug, wofern Schwarz nicht die Falle 34. Tf1—c1 Lf6×b2!; 35. Tc2×b2, Ta8—c8 im Sinne hatte. Der gegebene Plan war Te2×c2; 34. Dc6×c2, Ta8—c8 nebst Df8—b4. Es war dann durchaus noch nicht leicht für Weiß, den Gewinn zu forcieren.

34.	Dc6—c4	Te8—e4
35.	Dc4—c6	Te4—e8
36.	Dc6—b5	Te8—b8
37.	Db5—e2	Tb8—e8
38.	De2—d1	Ta8—d8
39.	Dd1—c1	....

Endlich steht die Dame unangreifbar und gleichzeitig drohend; sie stützt den Einfall des Turmes ins feindliche Lager.

39.	....	Df8—f7
40.	a2—a3	Td8—b8
41.	h2—h4!	....

Ein starker Zug, der vieles leistet. Er schafft dem König ein Luftloch, verhindert ein gelegentliches g6—g5—g4 und droht seinerseits gelegentlich Sf3—g5.

41.	....	Df7—g7

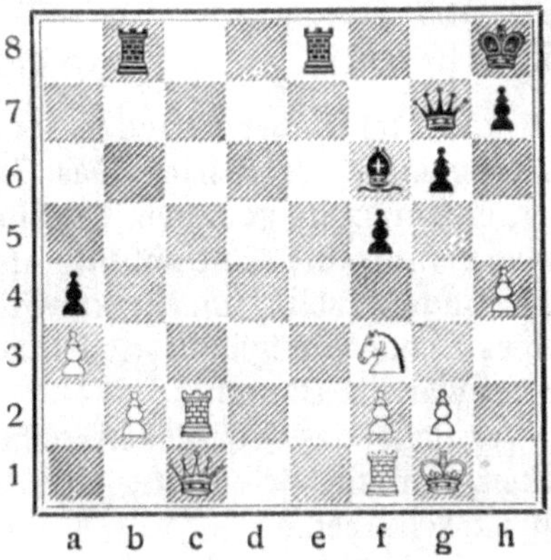

151

42. Tc2—c7! ....

Jetzt darf Schwarz nicht Lf6×b2 spielen wegen 43. Dc1—c5, Lb2×a3; 44. Dc5—a7, La3—e7; 45. Tf1—e1, Tb8—a8; 46. Da7×a8, Te8×a8; 47. Te1×e7, Dg7—a1; 48. Kg1—h2, Kh8—g8; 49. Sf3—e5 und gewinnt.

42.	....	Te8—e7
43.	Tc7—c8†	Te7—e8
44.	Tc8×e8†	Tb8×e8
45.	Dc1—c6	Dg7—f8

Schlägt Weiß jetzt den a-Bauern, so gewinnt Schwarz nach Lf6×b2 auch noch den Bauern a3.

46.	Tf1—b1	Te8—e2
47.	b2—b4	a4×b3 e. p.
48.	Tb1×b3	Df8—d8
49.	Tb3—b1?	....

Eine Verrechnung. Ich übersah, daß Schwarz im 53. Zuge den Turm auf e7 von der Dame gedeckt zwischenziehen kann. Tb3—b7 mit der Drohung Tb7—d7 hätte schnell gewonnen. Z. B. Lf6—e7; 50. Tb7—d7, Dd8—b8; 51. Dc6—c3† und Dc3—c4† mit Turmgewinn.

49.	....	Lf6×h4
50.	Sf3×h4	Dd8×h4
51.	Dc6—c3†	Kh8—g8
52.	Tb1—b8†	Kg8—f7
53.	Tb8—b7†	Te2—e7
54.	Dc3—b3†	Kf7—g7
55.	Db3—c3†	Kg7—f7
56.	Dc3—b3†	Kf7—g7
57.	Db3—c3†	Kg7—f7
58.	Tb7×e7†	Dh4×e7

Weiß hat jetzt seinen Mehrbauern wieder verloren, hat aber in seinem Freibauern eine gefährliche Waffe. Das Endspiel ist typisch und daher dem Lernenden zum genauen Studium zu empfehlen. Der Plan von Schwarz muß die Entblößung des weißen Königs von den schützenden Bauern sein, um irgendwie eine Stellung zu erreichen, in der ewiges Schach möglich ist. Daraus erklärt sich der folgende Sturm der schwarzen Bauern.

Weiß hingegen versucht das Vorrücken seines Freibauern mit der Dame so zu decken, daß sie gleichzeitig bereit steht, den König gegen ewiges Schach zu schützen.

59.	a3—a4	De7—e2
60.	Dc3—c7†	Kf7—e6
61.	Dc7—b6†	Ke6—e5
62.	Db6—c5†	Ke5—e6
63.	Dc5—c6†	Ke6—f7

Natürlich nicht Ke6—e5 wegen Dc6—e8†.

64.	Dc6—c1	g6—g5
65.	a4—a5	f5—f4
66.	Dc1—f1	De2—a2
67.	Df1—b5	Kf7—g6
68.	Db5—b6†	Kg6—h5
69.	a5—a6	g5—g4
70.	a6—a7	g4—g3
71.	f2×g3	f4×g3

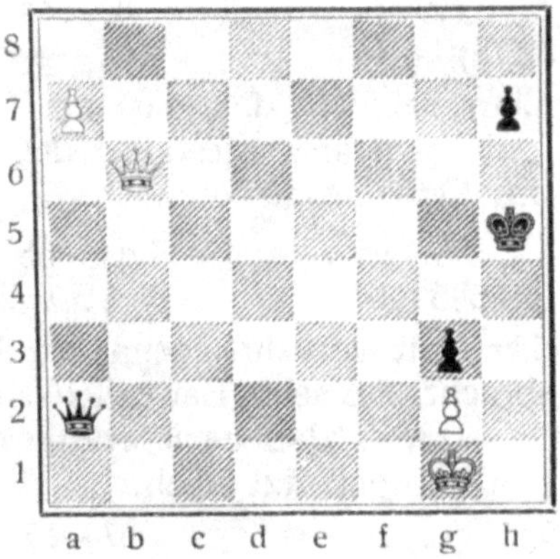

152

In dieser Stellung braucht Weiß nur danach zu streben, das Feld f3 mit Schach zu betreten, da dann a7—a8 geschehen kann, ohne daß dem König auf b1 Mat droht, weil die Dame auf f1 zwischensetzen kann.

72.	Db6—c5†	Kh5—g6

Wegen der eben erwähnten Drohung kann der König sich nicht in der Nähe des Bauern g3 halten.

73.	Dc5—d6†	Kg6—f7
14.	Dd6—f4†	Kf7—e7
75.	Df4—e3†	Ke7—d7
76.	Kg1—f1	....

Droht De3×g3, denn Da2×a7 geht dann nicht wegen Dg3—g7†.

76.	....	Da2—a6†
77.	Kf1—e1	Kd7—c7

Auf Da6—c6 würde 78. De3—d3†, Kd7—c8; 79. Dd3—f5†, Kc8—d8; 80. a7—a8D†!, Dc6×a8; 81. Df5—f8† folgen.

78.	De3×g3†	Kc7—d7
79.	Dg3—g7†	Kd7—c8
80.	Dg7—g8†	Kc8—b7
81.	Dg8—b8†	Aufgegeben.

Partie Nr. 17.

Weiß: Grünfeld. Schwarz: Tartakower.

Gespielt am Semmering 1926.

Angenommenes Damengambit.

1.	d2—d4	d7—d5
2.	c2—c4	d5×c4
3.	Sg1—f3	Lc8—g4

Es ist sehr unwahrscheinlich, daß das von Schwarz gewählte Entwicklungssystem gut ist, denn es gestattet dem weißen Springer unter Tempogewinn ins Zentrum zu kommen.

4.	Sf3—e5	Lg4—h5
5.	Se5×c4	....

Dies aber ist sicher ganz verkehrt, denn der Springer wird dadurch auf ein Feld gebracht, das seine Beweglichkeit verringert. Der gegebene Zug war Sb1—a3, so daß nach Sb8—d7 6. Sa3×c4 der weiße Königsspringer auf e5 gestützt blieb.

5.	....	e7—e6
6.	Dd1—b3	Sb8—c6
7.	e2—e3	Ta8—b8
8.	Sb1—c3	....

Weiß spielt diese Partie ohne Initiative. Nachdem er schon den Königsspringer auf den Damenflügel gespielt hat, auf dem Schwarz durch die Abwesenheit des Läufers etwas geschwächt ist, sollte er wenigstens Umschau halten, ob er aus diesen beiden Momenten keinen Vorteil ziehen konnte, indem er das Schwergewicht des Spiels auf den Damenflügel verlegte. Dies konnte z. B. durch 8. Lc1—d2, Sg8—f6; 9. Sc4—a5, Sc6×a5; 10. Ld2×a5, Lf8—d6; 11. Lf1—b5†, Sf6—d7; 12. Sb1—d2 oder 10. ...., Dd8—d7; 11. Sb1—a3, c7—c6; 12. Ta1—c1 (droht Tc1×c6) nebst Sa3—c4—e5 geschehen.

8.	....	Sg8—f6
9.	Lf1—e2	Lh5×e2

10. Sc3×e2 Lf8—b4†
11. Se2—c3 ....

Verliert ein zweites Tempo ohne ersichtlichen Grund. Nach Lc1—d2 kam Weiß wenigstens zur Besetzung der c-Linie.

11. .... 0—0
12. 0—0 Sf6—d5

Da e3—e4 wegen Sc6×d4 nicht angeht, besitzt Schwarz im Punkte d5 eine sehr starke Operationsbasis. Weiß sollte immer noch versuchen, mittels Lc1—d2 auf Abtausch der Läufer zu spielen, da er dann vielleicht den Punkt c5 für seinen Turm gewinnen und Schwarz die offene fünfte Reihe streitig machen könnte.

153

13. Sc3×d5 Dd8×d5
14. Db3—c2 ....

Es ist schwer verständlich, warum Weiß zögert, Lc1—d2 zu spielen. Er könnte doch unmöglich der Fortsetzung Lb4×d2, 15. Sc4×d2, Dd5×b3; 16. Sd2×b3 aus dem Wege gehen wollen, die ihm zum Abtausch der dominierenden schwarzen Dame verholfen und das Feld c5 für den Springer erobert hätte, von dem Schwarz ihn kaum vertreiben konnte, weil b7—b6 bei der offenen c-Linie den c-Bauern zu sehr schwächen würde. Auch 14. ...., Lb4—e7; 15. Ta1—c1 war offenbar für Weiß günstig, da es den Vorstoß des schwarzen e-Bauern verhinderte. Der Textzug des Weißen dagegen ermöglicht diesen Vorstoß, der Weiß der einzigen Stärke, seines Zentrumsbauern, beraubt.

14. .... e6—e5
15. Sc4×e5 Sc6×e5

16.	d4×e5	Dd5×e5
17.	Lc1–d2	....

Endlich! Jetzt aber kann sich Weiß durch den Abtausch allerhöchstens in ein Remisendspiel hineinretten. Schwarz hat den Vorteil, daß er zur Besetzung der d-Linie kommt und daß er auf dem Damenflügel die Bauernmajorität hat. Die Folge zeigt, wie diese beiden Vorteile zum Siege ausreichen können, wenn die Verteidigung nicht dauernd auf der Höhe steht.

17.	....	Lb4×d2
18.	Dc2×d2	Tf8–d8
19.	Dd2–c2	Td8–d5
20.	Ta1–d1	Tb8–d8
21.	Td1×d5	Td8×d5
22.	Tf1–d1	g7–g6
23.	Td1×d5	De5×d5
24.	a2–a3	c7–c5
25.	h2–h3	....

Der beste Plan für Weiß war wahrscheinlich, so schnell wie möglich mit den Königsflügelbauern vorzulaufen, um den schwarzen König der ihn schützenden Bauern durch Abtausch zu berauben und so die Möglichkeit eines ewigen Schachs herauszukonstruieren. Daher war wohl h2–h4 angebracht, um bei erster Gelegenheit h4–h5 durchzusetzen.

25.	....	b7–b5
26.	f2–f4	....

Hier erscheint e3–e4 besser, denn so wie Weiß spielt, wird der Bauer e3 zu einem neuen Sorgenkind.

26.	....	c5–c4
27.	Dc2–c3	Dd5–e4
28.	Kg1–f2	....

Nach Dc3–d4 gewinnt Schwarz einfach durch Damentausch, denn sein König gelangt nach d5, und der weiße König kann auf die Dauer sich nicht auf c3 zur Deckung des Bauern d4 halten, weil Schwarz beliebig viele Tempozüge mit dem König nach e4 und zurück nach d5 hat.

28.	....	a7–a5!
29.	g2–g4	h7–h6

Auf De4–h1 könnte Weiß mit g4–g5 nebst Dc3–f6 Remischancen erhalten.

30.	h3–h4	De4–h1
31.	Kf2–g3	Dh1–g1†

32.	Kg3—f3	Dg1—h2
33.	g4—g5	h6—h5

Auf 34. Dc3—f6 folgt jetzt Dh2×h4; 35. Df6—d8†, Kg8—h7; 36. Dd8—f6, Dh4—g4† nebst Dg4—e6.

34.	Kf3—e4	Dh2×h4
35.	Dc3×a5	Dh4—h1†
36.	Ke4—e5	Dh1—c6

Droht Dc6—c5† und Dc5—f5† nebst Df5—c2.

37.	Da5—a7	h5—h4
38.	f4—f5	g6×f5
39.	Ke5×f5	Dc6—f3†
40.	Kf5—e5	h4—h3
41.	Ke5—d4	Df3—g4†
42.	Aufgegeben.	

Partie Nr. 18.

Weiß: Marshall. Schwarz: Eduard Lasker.

Wiener Partie (vgl. S. 52).

16. Wettkampfpartie, New York 1923.

1.	e2—e4	e7—e5
2.	Sb1—c3	Sg8—f6
3.	Lf1—c4	Sb8—c6
4.	d2—d3	Lf8—c5
5.	f2—f4	d7—d6
6.	Sg1—f3	Lc8—g4

Besser Lc8—e6.

7.	h2—h3	....

Die hiermit eingeleitete Attacke auf dem Königsflügel schließt den Verlust der Rochade in sich. Ob der Besitz zweier Läufer und der offenen f-Linie diesen Verlust aufwiegt, der die Verbindung der Türme sehr erschwert, ist fraglich. Das Problem kann nur durch eingehende Versuche gelöst werden. Mit 7. Sc3—a4 würde Weiß eine starke Stellung erhalten.

7.	....	Lg4×f3
8.	Dd1×f3	Sc6—d4

Hier sollte erst e5×f4 geschehen, um L×f4 mit Sd4, Dg3, Sh5 zu beantworten, auch nach 9. Df3×f4, Sc5 hat Schwarz keine Schwierigkeiten mehr.

9.	Df3—g3	Dd8—e7

Ob Schwarz Sd4×c2† nebst Sc2×a1 riskieren darf, ist bei der beschränkten Bedenkzeit in einer Turnierpartie schwer zu entscheiden. Weiß erhält durch Dg3×g7 nebst f4×e5 und Th1—f1 einen sehr gefährlichen Angriff und der Textzug erscheint daher am besten, da er diesen Angriff durch Deckung des Punktes f7 unter gleichzeitiger Entwicklung vermeidet und dabei immer noch die Bedrohung des weißen Königs aufrecht erhält.

10. Ke1—d1 ....

In der zweiten Wettkampfpartie versuchte Marshall hier Lc4—b3 und bei richtigem Spiel hätte er die Partie nicht zu verlieren brauchen, doch nahm er wohl an, daß ich mir inzwischen die Spielweise genauer angesehen hatte.

10. .... c7—c6

Früher oder später muß dieser Zug geschehen, um nach Lc1—g5 das Feld d5 zu decken.

11. f4×e5 d6×e5
12. Th1—f1 Th8—g8
13. Lc1—g5 0—0—0

Weiß ist jetzt um eine gute Fortsetzung verlegen. Wahrscheinlich muß er a2—a4 spielen, um der folgenden Attacke von Schwarz zu begegnen. Schwarz könnte dann h7—h6 antworten, worauf Weiß den schwarzen Königsspringer entfesseln muß, da er nicht gut abtauschen und die g-Linie für Schwarz öffnen kann.

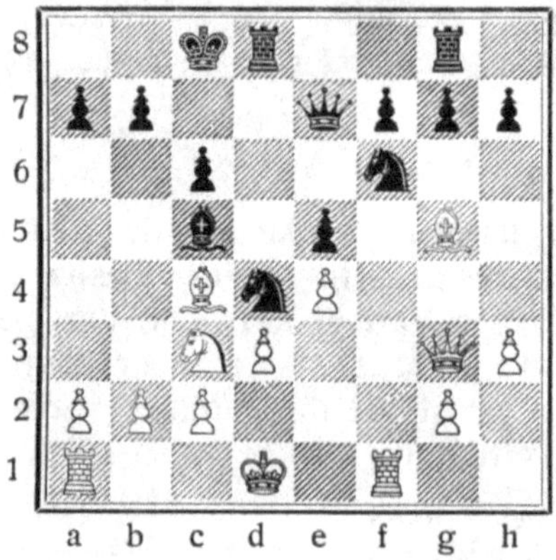

154

14. Dg3—h4 b7—b5
15. Lc4—b3 a7—a5!!

Hiermit bietet Schwarz ein Bauernopfer an, das Weiß nicht annehmen darf, da nach 16. Lg5×f6, g7×f6; 17. Dh4×f6,

De7×f6; 18. Tf1×f6, a5—a4. 19. Lb3×f7, Tg8×g2 das weiße Spiel zusammenbricht. Andererseits kann Weiß auch nicht einen Läufer durch a2—a3 retten, da Sd4×b3 nebst Td8×d3 folgen würde. Das weiße Spiel ist eben bereits verloren.

16.	g2—g4	a5—a4
17.	Lg5×f6	g7×f6
18.	Dh4×f6	De7×f6
19.	Tf1×f6	a4×b3
20.	a2×b3	Tg8—g7
21.	Sc3—e2	Lc5—e7

Der weiße Springer hat auf f5 oder h5 gute Aussichten und deshalb wird er am besten abgetauscht. Sofort geht aber Sd4×e2 nicht wegen Tf6×c6† nebst Tc6×c5.

22.	Tf6—f1	Sd4×e2
23.	Kd1×e2	Kc8—b7

Zwar führen jetzt schon verschiedene Wege zum Sieg, aber Le7—g5 war zweifellos der beste Zug, weil der Läufer dort eine beherrschende Stellung einnahm und Weiß gar keine Gegenchancen ließ.

24.	Tf1—f5	f7—f6
25.	Ta1—f1	Td8—f8

Um Tg7—g5 zu spielen. Das folgende Manöver Marshalls gab mir jedoch die Idee, auf den Damenflügel herüberzuschwenken.

26.	c2—c3	Tf8—a8
27.	b3—b4	Ta8—a2

Ich vermutete, daß Marshall diesen Zug provozieren wollte, um g4—g5 spielen zu können, nahm jedoch, wie sich bald zeigt, mit Recht an, daß meine Türme und der Läufer ihn in ein Matnetz zwingen würden.

28.	g4—g5	Ta2×b2†
29.	Ke2—e3	Le7—d8!

Natürlich nicht f6×g5, wegen Tf5—f7

30.	g5×f6	Tg7—g3†
31.	Tf1—f3	....

(Diagramm 155.)

Tf5—f3 scheitert an Ld8—b6—; 32. d3—d4, e5×d4†; 33. c3×d4, Tb2—b3† nebst Abtausch der Türme und Lb6×d4. Oder 33. Ke3—d3, Tg3—g8 usw.

31.	....	Ld8—b6†
32.	d3—d4	e5×d4†
33.	c3×d4	....

Stellung nach dem 31. Zuge von Weiß.

Auf Ke3—f4 würde einfach Tg3×f3†; 34. Kf4×f3, d4×c3 folgen, denn nach 35. f6—f7 gewinnt Tb2—f2†; 36. Kf3—g4, Tf2×f5; 37. Kg4×f5, c3—c2.

33.	Tb2—b3†
34. Ke3—e2	Lb6×d4??

Ein durch Übermüdung begründeter Fehler, der den leichten Sieg aus der Hand gibt. Am schnellsten gewann 34. ...., Tg3×f3;

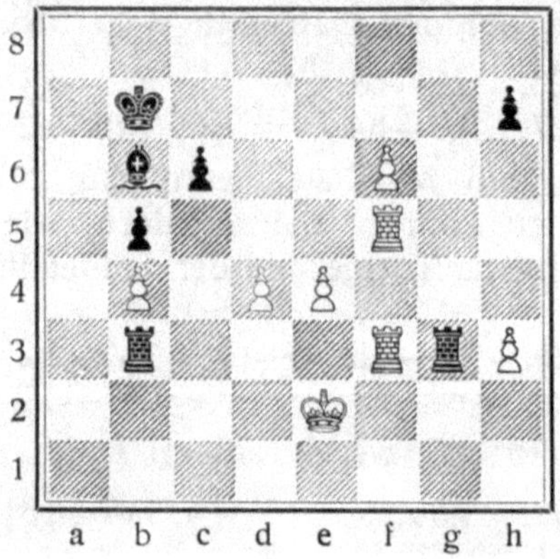

35. f6—f7, Tf3×h3; 36. f7—f8D, Th3—h2†; 37. Tf5—f2, Tb3—b2† nebst Tb2×f2 oder 36. Ke2—d2, Lb6×d4; 37. f7—f8D, Th3—h2†; 38. Kd2—c1, Ld4—e3†; 39. Kc1—d1, Tb3—b1 mat. Auch 34. ...., Tg3—g2†; 35. Ke2—f1, Tb3—b2 nebst Lb6×d4 oder 35. Tf3—f2, Tg2×f2†; 36. Ke2×f2, Lb6×d4†; 37. Kf2—g2, Tb3×b4; 38. f6—f7, Ld4—g7; 39. f7—f8D, Lg7×f8; 40. Tf5×f8, Tb4×d4 war ein klarer Gewinnweg. Als ich Lb6×d4 spielte, hielt ich das folgende Turmendspiel

für gewonnen. Es scheint jedoch selbst bei bestem Spiel von Schwarz Remis zu sein.

35.	Tf3×g3	Tb3×g3
36.	f6—f7	Ld4—g7
37.	f7—f8D	Lg7×f8
38.	Tf5×f8	Tg3×h3

Hierauf ist die Partie sicher entschieden, weil der weiße e-Bauer den schwarzen Turm beschäftigt hält, so daß er nicht mehr dazu kommt, den b-Bauern zu schlagen. Wenn es überhaupt einen Gewinnweg gab, so lag dieser im Freimachen der verbundenen Bauern durch Tg3—b3 und Tb3×b4. Weiß hatte dann eine sehr

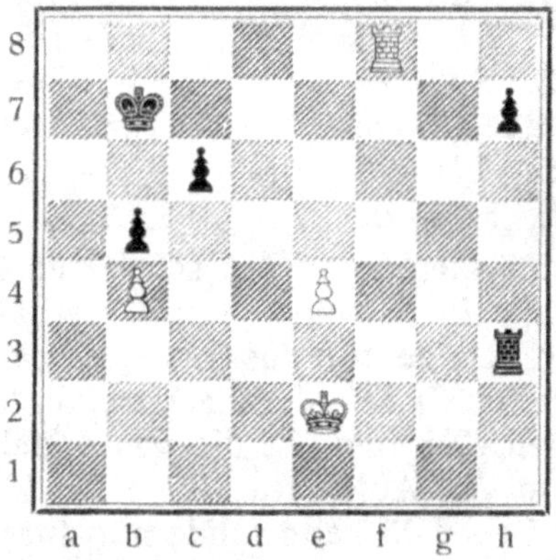
157

schwere Verteidigung, am besten noch 39. Tf8—f7†, Kb7—b6; 40. Tf7×h7, Tb3×b4; 41. Th7—h4! (Ke2—f3, c6—c5; 42. e4—e5, Kb6—c6 gewinnt wahrscheinlich), c6—c5; 42. Th4—g4, c5—c4; 43. e4—e5, Tb4—b2†; 44. Ke2—d1, Kb6—c5 und Schwarz hat wohl doch Gewinnchancen.

39.	e4—e5	Kb7—c7

Auch c6—c5; 40. b4×c5, Th3—h5!; 41. Ke2—d3, Th5×e5; 42. Tf8—f7†, Kb7—c6; 43. Tf7×h7, Te5×c5; 44. Th7—h2 nebst Th2—c2 führt zum Remis.

40.	Tf8—f7†	Kc7—d8
41.	e5—e6	Th3—h4
42.	Tf7—d7†	Kd8—e8
43.	Td7—c7	Th4—c4
44.	Tc7×h7	Tc4×b4
45.	Ke2—d3	Tb4—c4
46.	Tc7—b7	Tc4—c1
47.	Kd3—c4	Tc1—c5

48.	Tb7—c7	b5—b4
49.	Tc7—b7	Tc5—h5
50.	Ke4—d4	c6—c5†
51.	Kd4—c4	Remis

2. Moderne Eröffnungen.

Partie Nr. 19.

Weiß: Aljechin. Schwarz: Capablanca.

Gespielt in New York 1927.

Unregelmäßig.

1.	d2—d4	Sg8—f6
2.	c2—c4	e7—e6
3.	Sg1—f3	b7—b6
4.	g2—g3	Lc8—b7
5.	Lf1—g2	c7—c5
6.	d4—d5	....

Dieser Vorstoß blockiert zwar den schwarzen Damenläufer, hat aber mehrere Nachteile im Gefolge. Erstens erhält nach dem Abtausch auf d5 Schwarz eine für das Endspiel gefährliche Bauernmajorität, so daß Weiß sich beinahe die Verpflichtung auferlegt, im Königsangriff zu siegen. Zweitens ist die weiße Stellung im Zentrum nicht stark genug, um viel Aussichten für einen Königsflügelangriff zu versprechen. Der Bauer d5 kann solide nur durch e2—e4 gedeckt werden, doch wäre der e-Bauer in der offenen Linie selbst nicht sehr gesund. Besonders der für das Freimachen des d-Bauern so erwünschte Vorstoß e4—e5 ist von Schwarz sicher dauernd zu verhindern, da er das Feld e5 öfter beschießen kann als Weiß, wenn er sich, wie Capablanca es tut, mit seinem Königsläufer auf g7 aufstellt. Am besten hätte Weiß einfach rochiert und auf c5×d4 mit dem Springer wiedergenommen, obwohl Schwarz dann den weißen Königsflügel des schützenden Läufers g2 durch Abtausch berauben konnte. Denn Weiß hätte bei dieser Spielweise einen erheblichen Entwicklungsvorsprung erhalten, und die Schwäche des Punktes h3 war beim Fehlen des schwarzen Damenläufers nicht so sehr zu fürchten.

6.	....	e6×d5
7.	Sf3—h4	....

Vielleicht war Sf3—g5 vorzuziehen, da dann der Springer die Wahl hatte, entweder über h3 und f4 oder über f3 ins Spiel zurückzukehren. Allerdings steht der Springer auf h4 besser im Falle Weiß mit f2—f4—f5 angreifen will. Aber ein solches Vorgehen hat eben, wie oben bemerkt, wenig Aussicht auf Erfolg.

7.	....	g7—g6
8.	Sb1—c3	Lf8—g7
9.	0—0	0—0
10.	Lc1—f4	d7—d6
11.	c4×d5	....

Als logische Folge des zehnten Zuges scheint hier Sc3×d5 viel stärker. Die Drohung war dann nicht nur Sd5×f6 und Lg2×b7, sondern auch Lf4×d6!, so daß z. B. 11. ...., Dd8—d7 nicht geschehen konnte. Auch der zweimalige Abtausch auf d5 hätte offenbar den Bauern nicht gerettet. Verhältnismäßig am besten war wohl für Schwarz 11. ...., Sb8—c6. Weiß hatte jedoch dann in Dd1—d2 eine sehr starke Fortsetzung, die sowohl Lf4—g5 als auch Ta1—d1 mit gutem Angriffsspiel drohte. Nach dem Textzuge erhält Schwarz die Initiative.

11.	....	Sf6—h5
12.	Lf4—d2	Sb8—d7
13.	f2—f4	....

Hiermit macht Weiß zwar den Punkt e5 dem Schwarzen streitig, aber die e-Linie wird dafür schwerer gegen einen Einbruch zu verteidigen. Auch steht jetzt Schwarz schon bereit, durch Avancieren der Damenflügelbauern den Weißen einzuengen und sich schließlich einen Freibauern zu schaffen, der das Endspiel zu seinen Gunsten entscheiden würde.

13.	....	a7—a6
14.	Lg2—f3	Sh5—f6
15.	a2—a4	....

Weiß verhindert Schwarz, seinen Mehrbauer auf dem Damenflügel kampflos zur Geltung zu bringen, schafft aber somit eine Schwächung des Feldes b3, die Schwarz sofort ausnützt.

158

15. .... c5—c4
16. Ld2—e3 Dd8—c7

um mit der Dame wiederzunehmen, falls Weiß auf Sd7—c5 den Springer schlägt.

17. g3—g4 ....

Die schwarze Königstellung ist so fest, daß ein Angriff im Zentrum jetzt aussichtsreicher erscheint als auf dem Königsflügel, da der Punkt d4 dem weißen Läufer zugänglich ist, so daß der Vorstoß e2—e4—e5 vielleicht durchgesetzt werden kann. Nach 17. Le3—d4, Sd7—c5; 18. e2—e4, Sc5—b3; 19. e4—e5, Sb3×d4; 20. Dd1×d4, Sf6—d7; 21. Dd4—f2, d6×e5; 22. d5—d6, Dc7—b8 hatte Weiß zum mindesten etwas Gegenspiel durch seinen Freibauern.

17. .... Sd7—c5
18. g4—g5 Sf6—d7
19. f4—f5 Tf8—e8
20. Le3—f4 Lg7—e5
21. Lf3—g4 ....

Nach diesem Zuge bricht das weiße Spiel ganz zusammen. Der einzige Rettungsversuch lag im Läufertausch nebst Dd1—c2, um die Türme zu verbinden, obwohl natürlich auch dann Schwarz ganz überlegen stand, da er nicht nur auf dem Damenflügel das Übergewicht hatte, sondern jetzt auch noch der weiße Königsflügel durch das Avancieren der Bauern schwach geworden ist.

21. .... Sc5—b3
22. f5×g6 h7×g6
23. Ta1—b1 Le5×c3
24. b2×c3 Dc7—c5†
25. e2—e3 ....

Dies liefert auch noch den Punkt d3 in die Hände des Schwarzen. Verhältnismäßig am besten war Tf1—f2. Nach Sd7—e5; 26. Lg4—f3, Se5×f3; 27. Sh4×f3, Lb7×d5; 28. Sf3—d4 konnte Weiß infolge der ungleichen Läufer noch einige Zeit Widerstand leisten.

25. .... Sd7—e5
26. Lg4—f3 Se5—d3

Droht Sd3×f4.

27. Kg1—h1 Lb7×d5
28. Tb1×b3 ....

Führt zu einem Generalabtausch und verliert noch einen Bauern. Sh4—g2 war der einzige Zug.

28.	Sd3×f4
29. Tb3—b1	Te8×e3
30. Sh4—g2	Te3×f3
31. Tf1×f3	Sf4×g2
32. Kh1×g2	Ta8—e8
33. Kg2—f1	Ld5×f3
34. Dd1×f3	Dc5×g5
35. Tb1—e1	Te8×e1†
36. Kf1×e1	Dg5—g1†
37. Ke1—d2	Dg1×h2†

und Weiß gab nach wenigen Zügen auf.

Partie Nr. 20.

Weiß: Capablanca. Schwarz: Aljechin.
Dritte Matchpartie, Buenos Aires 1927.
Unregelmäßig (vgl. S. 81).

1. d2—d4	Sg8—f6
2. Sg1—f3	b7—b6
3. g2—g3	Lc8—b7
4. Lf1—g2	c7—c5
5. 0—0	c5×d4
6. Sf3×d4	Lb7×g2
7. Kg1×g2	d7—d5?

Ein schwerer strategischer Fehler, der, so merkwürdig es klingt, bereits die Partie verliert. Da Weiß in der Entwicklung erheblich voraus ist, mußte Schwarz das Spiel geschlossen halten. Er konnte sich mit g7—g6 und Lf8—g7 nebst Rochade, oder erst Sb8—c6 und dann Rochade, in Sicherheit entwickeln. Es war dann nicht leicht für Weiß, seinen Entwicklungsvorsprung festzuhalten. Nach dem Textzuge jedoch ist Weiß in der Lage, das Spiel sofort zu öffnen, und in dem Angriff, den er in der durch das Fehlen des schwarzen Damenläufers und das Aufziehen des b-Bauern geschwächten Diagonale a4—e8 erhält, ermöglicht der Entwicklungsvorsprung die Konzentration einer entscheidenden Figurenübermacht.

8. c2—c4	e7—e6
9. Dd1—a4†	Dd8—d7
10. Sd4—b5	....

Droht Sb5—c7†.

10.	Sb8—c6
11. c4×d5	e6×d5

12.	Lc1—f4	Ta8—c8
13.	Tf1—c1	....

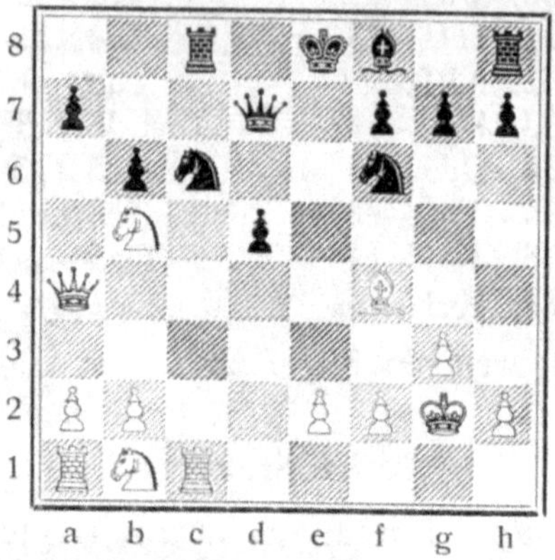

159

Jetzt droht schon Figurengewinn durch Sb5—d4. Deckt Schwarz die Drohung durch Dd7—b7, um Ke8—d7 folgen zu lassen, so gewinnt Weiß mit 14. Sb5—c7†, Ke8—d7; 15. Sc7×d5, Sf6×d5; 16. Tc1—d1 den d-Bauern, worauf der schwarze König so exponiert steht, daß der weiße Angriff schnell durchdringen muß.

Daher entschließt sich Schwarz, zwei Figuren für einen Turm und Bauern herzugeben.

13.	....	Lf8—c5
14.	b2—b4	Lc5×b4
15.	Tc1×c6	Tc8×c6
16.	Da4×b4	Sf6—e4
17.	Sb1—d2	Se4×d2
18.	Db4×d2	0—0
19.	Ta1—d1	....

Der d-Bauer kann dem Weißen auf die Dauer nicht entgehen. Nimmt er ihn gleich, so kann Schwarz nach a7—a6; 20. Sb5—d4, Tc6—c7 die Damen tauschen, worauf das Endspiel nicht leicht zu gewinnen wäre. 20. Sb5—d6 würde den Damentausch zwar zunächst verhindern, doch würde Schwarz durch Db7—d7; 21. e2—e4, Tf8—d8; 22. e4—e5, Tc6—c5 nebst Dd7—e6 etwas Gegenspiel erhalten. Daher konsolidiert Weiß zunächst seine Stellung so gut wie möglich und schreitet dann zum Angriff auf dem Königsflügel, der durch die Erhaltung der Dame ermöglicht ist.

19.	....	Tc6—c5
20.	Sb5—d4	Tf8—e8
21.	Sd4—b3	Tc5—c8

22.	e2—e3	Db7—a6
23.	Dd2×d5	Tc8—c2
24.	Td1—d2	Tc2×a2
25.	Td2×a2	Da6×a2
26.	Dd5—c6	Te8—f8

Die weißen Figuren verhindern den Turm, sich mit der Dame zu verbinden, und Schwarz bleibt daher lediglich auf Verteidigung beschränkt.

27.	Sb3—d4	Kg8—h8
28.	Lf4—e5	f7—f6

Die Drohung war Dc6—d7 nebst Sd4—f5.

29.	Sd4—e6	Tf8—g8
30.	Le5—d4	h7—h6

Schwarz mußte sich gegen die Drohung 31. Se6×g7, Tg8×g7; 32. Dc6×f6 verteidigen. Jetzt würde er darauf Da2—d5† und Dd5—g5 antworten. Mit seinem nächsten Zuge nimmt Weiß der schwarzen Dame das Feld g5, und die Drohung Se6×g7 ist nicht mehr zu parieren.

31.	h2—h4	Da2—b1
32.	Se6×g7	Db1—g6

Tg8×g7 verliert nach 33. Dc6×f6, Db1—h7; 34. Df6—f8, Dh7—g8; 35. Ld4×g7† einen ganzen Turm.

33.	h4—h5	Dg6—f7
34.	Sg7—f5	Kh8—h7
35.	Dc6—e4	Tg8—e8
36.	De4—f4	Df7—f8
37.	Sf5—d6	Te8—e7
38.	Ld4×f6	Df8—a8†
39.	e3—e4	Te7—g7
40.	Lf6×g7	Kh7×g7
41.	Sd6—f5†	Kg7—f7
42.	Df4—c7† nebst Mat in zwei Zügen.	

Partie Nr. 21.

Weiß: Réti. Schwarz: Eduard Lasker.

Gespielt in New York 1924.

Rétis Eröffnung (vgl. S. 82).

1.	Sg1—f3	d7—d5
2.	c2—c4	e7—e6
3.	g2—g3	c7—c6

Aus prinzipiellen Gründen war Sg8—f6 vorzuziehen, um die Wahl zwischen c7—c6 und c7—c5, je nach dem Aufbau von Weiß, vorzubehalten.

4. b2—b3 Sg8—f6
5. Lf1—g2 Sf6—e4

Mein Plan war, durch die Drohung Dd8—f6 bzw. Lf8—e7—f6 Weiß zu d2—d4 zu zwingen, um dadurch den Springer auf e4 zu befestigen. Sofortiges Lc1—b2 gedachte ich mit Dd8—b6; 7. 0—0, d5×c4 zu beantworten, doch hätte wohl darauf Weiß mit 8. Dd1—c2, Se4—d6; 9. b3×c4, Sd6×c4; 10. Lb2—d4, Db6—a6; 11. Dc2—c3, e6—e5; 12. Sf3×e5, Sc4×e5; 13. Ld4×e5, f7—f6; 14. Le5—d4 einen recht unangenehmen Entwicklungsvorsprung erhalten. Auf 11. ...., f7—f6 konnte sich Schwarz wegen Ld4×f6 nebst Dc3×f6 und Sf3—g5 nicht einlassen.

6. Dd1—c2 Lf8—e7
7. Lc1—b2 0—0?

Der logische Zug war hier Le7—f6, wenn auch Schwarz dann noch für lange Zeit an der Einsperrung des Damenläufers gelitten hätte, den er mit dem 2. Zuge unnötigerweise verbaut hatte.

8. 0—0 Sb8—d7
9. d2—d3 Se4—g5?

Schwarz verliert zuviel Zeit. Am besten war Se4—d6, wo der Springer nach beiden Flügeln hin wirkte und ein eventuelles Gegenspiel auf dem Damenflügel unterstützen konnte.

10. Sb1—d2 Sg5×f3†
11. Sd2×f3 Le7—f6

Hier hätte ich den Damenläufer durch b7—b6 ins Spiel bringen sollen.

12. d3—d4 Tf8—e8

Um den Damenläufer durch e6—e5 zu befreien.

13. e2—e4! ....

Sehr stark, weil jetzt der Vorstoß e6—e5 nur auf Kosten eines überlegenen weißen Zentrums durchführbar ist. Auf d5×e4 verbaut Weiß mit Sf3—e5 wieder den schwarzen Damenläufer. Auf d5×c4 erhält er nach 14. b3×c4, e6—e5; 15. d4—d5 einen drückenden Freibauern. Aber dies war noch das kleinere Übel. Mit dem nächsten Zuge benimmt sich Schwarz selbst jede Möglichkeit, seinen Damenläufer auf absehbare Zeit ins Spiel zu bringen, und er gestattet dem Weißen, ihn im Zentrum völlig zu zernieren.

13.	....	Sd7—b6
14.	Sf3—e5	....

Da Schwarz eine Bauernkette auf weißen Feldern hat, kann er seinen schwarzen Läufer nicht hergeben, ohne auf schwarzen Feldern bedenklich schwach zu werden. Daher könnte er aus der nach d5×c4

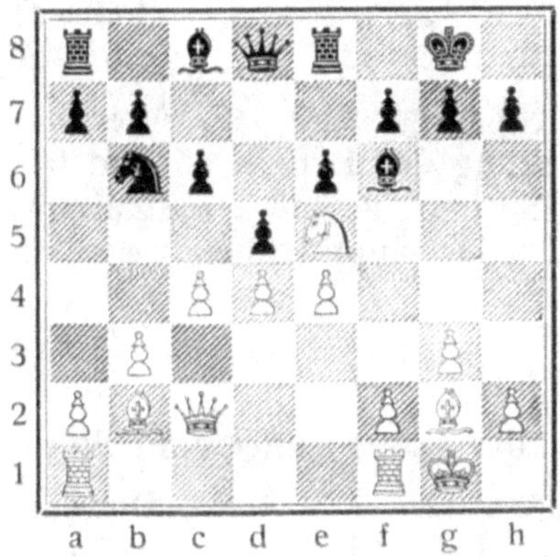

160

und Lf6×e5 entstehenden Zerreißung der weißen Bauern nicht nur keinen Nutzen ziehen, sondern würde durch die Schwäche d6, auf der Weiß einen Turm oder den Läufer aufbauen kann, zugrunde gehen, ehe es überhaupt zum Endspiel kommt. Z. B. 14. ...., d5×c4; 16. b3×c4, Lf6×e5; 17. d4×e5, Lc8—d7; 18. Ta1—d1, Dd8—c7; 19. Td1—d6, Ta8—d8; 20. Tf1—d1, Sb6—c8; 21. Dc2—c3 und Schwarz erstickt.

14.	....	Lc8—d7
15.	Se5—g4!	Ta8—c8

Angenehm war es mir gewiß nicht, den schwarzen Läufer herzugeben, aber die Alternative Lf6—e7; 16. c4—c5 nebst e4—e5 erschien mir noch trostloser, da ich einem Königsflügelangriff nachher nichts entgegenzusetzen hatte.

16.	Sg4×f6	Dd8×f6
17.	a2—a4	Te8—d8

Demoralisiert durch die schauderhafte Stellung mache ich einen schlechten Zug nach dem andern. Hier sollte ich wenigstens Tc8—d8 ziehen, um den Springer über c8 und e7 nach dem Königsflügel zu bringen. Daß Weiß auf d5 einen Bauern gewönne, wäre wegen der dadurch erfolgenden Öffnung der Mittellinien für die schwarzen Türme viel weniger schlimm für Schwarz als die weitere Einengung durch e4—e5.

18.	a4—a5	Sb6—a8
19.	e4—e5	Df6—g6
20.	Dc2—e2	....

Natürlich tauscht Weiß nicht die Dame, denn seine überlegene Stellung verpflichtet zum Angriff, der schon vor dem Endspiel entscheiden soll.

20.	....	Sa8—c7
21.	Lb2—a3	Sc7—a6

Sc7—e8 geht nicht wegen La3—e7. Aber da der Vorstoß c6—c5 wegen der Hängestellung der Bauern d5 und b7 doch nicht durchführbar ist, hat der Springer auf a6 keine Zukunft. Tatsächlich verliert Schwarz die Partie hauptsächlich wegen der Patstellung des Springers.

22.	Tf1—e1	Ld7—e8
23.	La3—d6	f7—f5

Endlich gelangt der Damenläufer zum Spiel!

24.	f2—f4	Dg6—h6
25.	Lg2—f3	g7—g5!

Denn Ld6—e7 wird mit g5—g4 beantwortet, und Schwarz erhält dadurch etwas Bewegungsfreiheit und Remisaussichten.

26.	Ta1—a2	g5×f4

g5—g4 bot wohl doch mehr Aussichten. Aber ich wollte dem Damenläufer nicht die Diagonale h5—d1 verbauen.

27.	g3×f4	Td8—d7

Dh6×f4 geht natürlich nicht wegen De2—g2† nebst Ld6—e7—f6.

28.	De2—e3	Td7—g7†
29.	Ta2—g2	Tg7×g2†
30.	Kg1×g2	....

Auf Lf3×g2 erhält Schwarz durch Le8—h5 und Sa6—b8—d7 noch eine ganz schön spielbare Partie.

30.	....	Le8—h5

Dies ist übereilt. Schwarz mußte sofort Sa6—b8 ziehen, um den Springer aus seiner untätigen Stellung zu erlösen.

31.	Lf3×h5	Dh6×h5
32.	Te1—g1	Kg8—f7
33.	Kg2—h1	Tc8—g8

Der entscheidende Fehler. Hier mußte unbedingt Sa6—b8 versucht werden. Tg1—c1 konnte dann mit Dh5—g6 begegnet werden.

33. ...., Sa6—c7 ging nicht wegen Ld6×c7 und De3—g3. Nach dem Textzuge ist der Springer so gut wie verloren.

34.	Tg1×g8	Kf7×g8
35.	c4×d5	c6×d5
36.	b3—b4	Kg8—f7
37.	De3—d3	....

b4—b5 ging noch nicht wegen Sa6—c7!; 38. Ld6×c7, Dh5—d1† und Dd1—c2† nebst Dc2×c7.

37.	....	Dh5—h4
38.	Dd3—f1!	....

Deckt alle unangenehmen Schachs und zwingt die Dame zum Rückzug.

38.	....	Dh4—d8
39.	Df1—h3	Kf7—g8
40.	Dh3—g3†	Kg8—f7
41.	Dg3—g5	Dd8—c8

Merkwürdigerweise war der Damentausch, der scheinbar wegen des Verlustes des Springers gar nicht in Betracht kommt, noch die beste Chance für Schwarz. Bei richtigem Spiel aber war freilich die Partie in jedem Falle für Weiß gewonnen. Z. B. Dd8×g5; 42. f4×g5, Kf7—g6; 43. Kh1—g2, Kg6×g5; 44. b4—b5, Kg5—f4; 45. b5×a6, b7×a6; und Weiß kann wahrscheinlich nicht gewinnen, da er den Bauern d4 gedeckt halten muß und Schwarz in dem freien f-Bauern eine starke Drohung hat. Aber: 44. Kg2—g3 verhindert die Annäherung des schwarzen Königs an den d-Bauern, und dann ist Schwarz verloren.

42.	b4—b5	Dc8—c1†
43.	Kh1—g2	Dc1—d2†

Die Dame darf den b-Bauer nicht mit Dc1—b2† erobern, da dem König Mat in zwei Zügen droht. Der weiße König entzieht sich jetzt den Schachs und damit ist die Partie zu Ende, die Réti mit feinstem Positionsblick behandelt hat.

44.	Kg2—h3	Dd2—e3
45.	Kh3—h4	De3—e1†
46.	Kh4—h5	De1—e2†
47.	Kh5—h6	De2×h2†
48.	Dg5—h5†	Dh2×h5†
49.	Kh6×h5	Kf7—g7
50.	b5×a6	b7×a6
51.	Ld6—c5	Kg7—f7

52.	Kh5—h6	Kf7—g8
53.	Lc5×a7	Kg8—h8
54.	La7—b6	Kh8—g8
55.	Lb6—d8	Kg8—h8
56.	Ld8—h4	Aufgegeben.

Partie Nr. 22.

Weiß: Aljechin. Schwarz: Eduard Lasker.
Indische Verteidigung (vgl. S. 80).
Gespielt in New York 1924.

1.	c2—c4	Sg8—f6
2.	d2—d4	g7—g6
3.	Sb1—c3	Lf8—g7
4.	e2—e4	d7—d6
5.	f2—f4	....

Ob man sich vier solche Bauernzüge leisten darf, die zwar den Gegner im Zentrum sehr beengen, aber die Figurenentwicklung stark vernachlässigen, ist zweifelhaft.

5.	....	0—0
6.	Sg1—f3	e7—e5

Dieses Bauernopfer ist ein logischer Versuch, das weiße Vorgehen im Zentrum als verfrüht zu beweisen, denn es führt ein offenes Spiel herbei, und nur bei offenem Spiel kann der Entwicklungsvorsprung zur Geltung kommen. Als ich diesen Zug machte, erwartete ich allerdings kaum, daß Aljechin das Opfer annehmen würde, sondern ich setzte voraus, daß er, ähnlich wie in anderen Partien in demselben Turnier, den d-Bauern vorstoßen und auf Terraineroberung auf der Damenseite spielen würde.

So ganz klar war mir der Ausgang der Spielweise 7. d4×e5, d6×e5; 8. Dd1×d8, Tf8×d8; 9. Sf3×e5, Sb8—a6 durchaus nicht; aber ich fürchtete diese Entwicklung nicht, da Weiß nach 10. Lf1—e2, Sa6—c5; 11. Le2—f3, was recht plausibel erscheint, durch Sf6—e8 doch schließlich den Bauern zurückverliert. Bei nachträglicher Analyse fand ich allerdings keine ganz befriedigende Antwort auf 10. Lc1—e3, Sa6—b4, 11. Ke1—f2.

7.	f4×e5	d6×e5
8.	d4—d5	Sb8—d7

Einen Augenblick erwog ich Sf6—d7, um so bald wie möglich f7—f5 zu spielen. Aber das Prinzip der schnellsten Figurenentwicklung lag mir zu sehr im Blute, um der Regung nachzugeben. Die Idee war vielleicht gar nicht schlecht, denn der Zug hätte ebenfalls der Einengung durch c4—c5 vorgebeugt. Doch ist der Springer auf f6 günstig postiert, um Lc1—e3 hintenanzuhalten, was mit Sf6—g4 nebst f7—f5 beantwortet werden würde.

9. Lf1—d3 Sd7—c5
10. Ld3—c2 a7—a5

Jetzt kann Weiß den Springer erst nach umständlichen Vorbereitungen vertreiben, und inzwischen macht sich Schwarz für den Gegenstoß auf den Königsflügel fertig.

11. 0—0 Dd8—d6

Hier steht die Dame etwas aggressiver als auf e7, z. B. droht bei Gelegenheit Dd6—b6, falls Weiß nicht erst den Zug Kg1—h1 macht.

12. Dd1—e1 ....

Ein sehr starker Zug, der den schwarzen Gegenstoß auf dem Königsflügel erschwert. Es droht z. B. De1—h4 nebst Lc1—g5 und Sf3×e5, und Schwarz kann den Springer f6 nicht wegziehen, ehe er Lg5—e7 verhindert.

12. .... Lc8—d7
13. De1—h4 Ta8—e8

Jetzt kann 14. Lc1—g5 mit Sf6—h5 beantwortet werden. 15. g2—g4, Sh5—f4; 16. Lg5×f4, e5×f4; 17. e4—e5, Dd6—b6 und Abzugsschach mit dem Springer. Weiß zieht deshalb seinen König gleich aus der offenen Diagonale, zumal dies auch endlich das

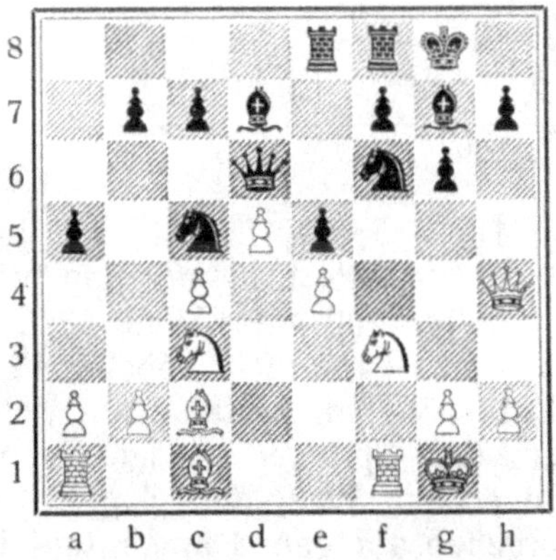

161

Manöver b2—b3 nebst a2—a3 und b3—b4 ermöglicht. Ohne den Königszug würde 14. b2—b3 und 15. a2—a3 an Sc5×b3 nebst Dd6—b6 scheitern.

14. Kg1—h1 h7—h5

Um nach Sf6—h7 zu f7—f5 zu kommen. Vielleicht hätte ich diesen Vorstoß statt mit zwei Zügen besser nur mit einem Zuge, nämlich Sf6—h5, vorbereitet. Die oben angegebene Fortsetzung 15. g2—g4 wäre auch dann kaum gefährlich gewesen, da ich 17. e4—e5 mit Dd6—e7 beantworten könnte (Lg7×e5 würde wegen Sf3—g5 nicht angehen). Auch 15. b2—b3 wäre nicht genügend gewesen, wegen f7—f5; 16. e4×f5, Ld7×f5; 17. Lc2×f5, Tf8×f5; 18. g2—g4, Tf5×f3; 19. Tf1×f3, e5—e4. Nach dem Textzuge kommt Weiß zu dem langersehnten b2—b3.

15. b2—b3 Sf6—h7
16. a2—a3 f7—f5
17. b3—b4 Sc5—a6

Der Abtausch auf b4 wäre nicht gut gewesen, da er dem weißen Damenläufer das Feld a3 zugänglich gemacht hätte. Statt des Textzuges kam jedoch Sc5×e4 stark in Betracht

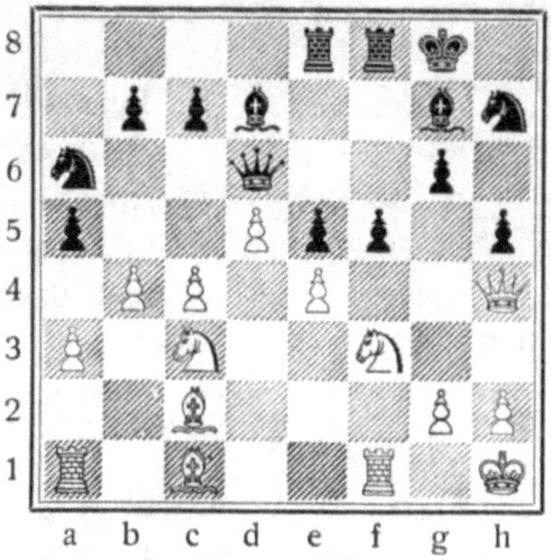

162

mit der Fortsetzung 18. Sc3×e4, f5×e4; 19. Lc2×e4, Ld7—f5; 20. Lc1—e3, a5×b4; 21. c4—c5, Dd6—f6! und beiderseits chancenreichem Spiel. Auf den Textzug hätte Weiß 18. Ta1—b1 antworten können und Schwarz könnte dann nicht a5×b4; 19. a3×b4, Sa6×b4 spielen, wegen 20. Lc1—a3. Am besten wäre wohl noch 19. ...., Sh7—f6 gewesen, um den Springer wieder ins Spiel zu bringen. Merkwürdigerweise übersieht Weiß den Zug Ta1—b1 und kommt durch verfrühtes Vorgehen auf dem Damenflügel in entscheidenden Nachteil.

18. c4—c5? Dd6—f6
19. Dh4×f6 Sh7×f6

Weiß konnte dem Damentausch nicht aus dem Wege gehen, da der Bauer b4 jetzt hängt.

20. c5—c6? ....

Weiß verkombiniert sich. Immer noch war Ta1—b1 angebracht, wenn auch infolge der Hängestellung des weißen Zentrums Bauernverlust kaum mehr zu verhindern war, z. B. 20. Ta1—b1, a5×b4; 21. a3×b4, f5×e4; 22. Sc3×e4, Sf6×e4; 23. Lc2×e4, Ld7—f5; 24. Tf1—e1, Te8—d8; 25. d5—d6, c7×d6; 26. c5×d6, Lf5×e4; 27. Tc1×e4, Td8×d6; 28. Lc1—b2 mit einigen Remischancen.

20. .... b7×c6
21. d5×c6 Ld7×c6
22. b4—b5 Sf6×e4

Dies widerlegt die weiße Kombination.

23. Sc3×e4 f5×e4??

Hiermit gibt aber Schwarz den leichten Gewinn aus der Hand, der mit Lc6×b5 zu haben war. Denn auf 24. Sc4—d2, Lb5×f1; 25. Sd2×f1 folgte e5—e4 mit Angriff auf den Turm a1.

24. b5×c6 e4×f3
25. Lc2—e4 ....

Auf Lc2×g6 könnte f3×g2†; 26. Kh1×g2, Tf8×f1; 27. Kg2×f1. Te8—f8†; 28. Kf1—e2, Sa6—c5; 29. Lc1—e3, Sc5—e6; 30. Lg6×h5, Sc6—d4†; 31. Le3×d4, e5×d4 mit gutem Spiel für Schwarz folgen

25. .... f3×g2†
26. Kh1×g2 Tf8×f1
27. Kg2×f1 Kg8—h7
28. Lc1—e3 Lg7—f8

Um den Springer ins Spiel zu bringen.

29. Ta1—d1 Lf8×a3

Schwarz läßt sich auf diese gewagte Spielweise ein, weil er in dem freien a-Bauern eine Gewinnmöglichkeit sieht. Solider war Lf8—d6; 30. Td1—d5, Te8—b8; 31. Td5×a5, Tb8—b3!.

30. Td1—d5 ....

Dies kommt nur dem Plan des Schwarzen entgegen, der den a-Bauern so schnell wie möglich zur Geltung bringen will. Die Idee war durch Placierung des Läufers auf b4 dem Springer dieses Feld zu nehmen, von dem aus er c6 angreifen kann. Stärker war fraglos Td1—d7.

30. .... La3—b4
31. Td5—d7† Kh7—h8

Nicht Te8—e7; 32. Le3—g5, Te7—g7; 33. Lg5—f6.

32. Le3—g5 ....

Droht Mat in vier Zügen durch Lg5—f6† usw.

32. .... Te8—f8†
33. Kf1—e2 a5—a4

Endlich kommt Schwarz zu seiner Gegendrohung. Zu den nächsten Zügen ist zu bemerken, daß beide Gegner in höchster Zeitnot waren. Weiß hatte etwa 7 Minuten und Schwarz etwa 12 Minuten, um die restlichen 12 Züge in der vorgeschriebenen Zeit zu machen.

34. Le4×g6 ....

Auf Lg5—h6 könnte Schwarz noch Gewinnchancen erhalten durch Tf8—g8; 35. Le4—d5, a4—a3; 36. Ld5×g8, Kh8×g8; 37. Lh6—c1, a3—a2; 38. Lc1—b2, La3—d6.

34. .... Sa6—c5
35. Td7—e7? ....

Wohl nur durch Zeitnot zu erklären, da Schwarz infolge des drohenden Freibauern 36. Lg5—h6 trotz des Textzuges mit Sc5—e6 beantworten kann.

35. .... a4—a3
36. Te7×c7 Sc5—e6
37. Tc7—h7† Kh8—g8
38. Lg5—c1 a3—a2??

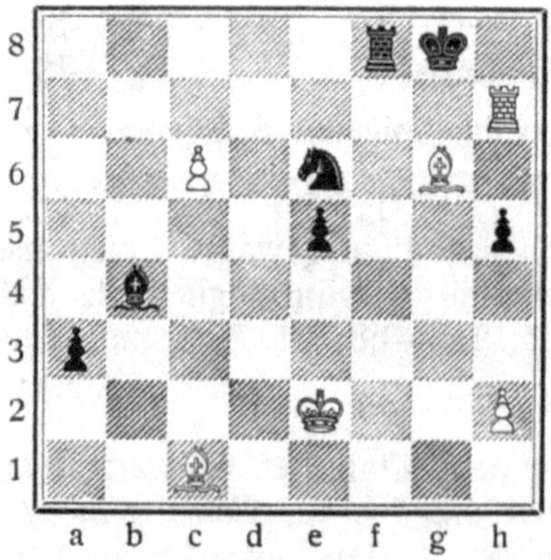

163

Diesmal ist es Schwarz, dem die Zeitnot den Streich spielt. Einfach Se6—d4†; 39. Ke2—d3, Sd4×c6 gewann. Falls dann

40. Lc1—h6, so Tf8—d8†; 41. Kd3—c4, Lb4—f8. Die Folge könnte sein 42. Lh6—c1, a3—a2; 43. Lc1—b2, Lf8—a3; 44. Lb2—a1 oder c3, Td8—d1 usw., geht der König im 41. Zuge nach e4, so gewinnt Td8—d4†; 42. Ke4—f5?, Sc6—e7† oder 42. Ke4—f3, Lb4—f8; 43. Lh6×f8, Kg8×f8; 44. Th7—c7, Td4—f4† nebst a3—a2.

41. Kd3—e2 endlich scheitert ebenfalls an Lb4—f8 nebst a3—a2.

Weiß hat im 40. Zuge nicht viel Auswahl. Kd3—c4, a3—a2; 41. Lc1—b2, Lb4—a3; 42. Kc4—b3? z. B. geht nicht wegen Tf8—f3†; 43. Kb3×a2, Sc6—b4† usw.

Nach dem Textzuge hat Weiß keine Schwierigkeiten mehr, da seinem Turme das Feld a7 zugänglich ist.

39.	Th7—a7	Se6—d4†
40.	Ke2—d3	Tf8—f3†
41.	Kd3—e4	Tf3—f1
42.	Lc1—b2	Sd4×c6
43.	Ta7×a2	Tf1—f4†
44.	Ke4—e3	Lb4—c5†
45.	Ke3—e2	Tf4—f2†

Der 45. Zug ist gemacht, das Gespenst der Zeitüberschreitung ist verscheucht, aber mehr als Remis ist nicht mehr zu erreichen.

46.	Ke2—e1	Tf2×h2

Zwar würde Sc6—b4; 47. Ta2—a5, Lc5—b6 eine Figur gewinnen, aber nicht die Partie, wegen Ta5×e5 und Te5×h5.

47.	Lg6—e4	Sc6—d4
48.	Lb2×d4!	Lc5—b4†
49.	Ke1—f1	Th2×a2
50.	Le4—d5†	Kg8—f8
51.	Ld5×a2	e5×d4
52.	La2—b1	

und der Läufer kann sich jederzeit für den d-Bauern opfern, da das Verwandlungsfeld des schwarzen Eckbauern nicht vom schwarzen Läufer beherrscht ist.

Partie Nr. 23.

Weiß: Torre. Schwarz: Eduard Lasker.

Gespielt in Chicago 1927.

Rétis Eröffnung (vgl. S. 82).

1.	Sg1—f3	d7—d5
2.	c2—c4	d5×c4

Diese Fortsetzung, die wahrscheinlich nicht sehr gut ist, weil sie den Mittelbauern gegen einen Flügelbauern weggibt, wählte ich lediglich, um in möglichst wenig erforschte Pfade einzulenken, da ich fürchtete, daß mein Gegner in den gebräuchlichen Varianten der Réti-Eröffnung so genau orientiert war, daß ich viel mehr Zeit als er in der Eröffnung verbrauchen würde.

3. Sb1—a3 ....

Von Capablanca im New Yorker Turnier 1924 vorgeschlagen und zum ersten Male in diesem Turnier in der Partie Réti-Janowski gespielt; früher war Dd1—a4†, wohl auch zum Vorteil von Weiß, angewandt worden.

3. .... e7—e5

Wenn ich nicht irre, wurde dieser Zug von Spielmann erfunden. Er öffnet das Spiel und gibt Schwarz, wenn Weiß nicht genau mit der Eröffnung vertraut ist, gute Chancen.

4. Sf3×e5 ....

Natürlich nicht Sa3×c4 wegen e5—e4.

4. .... Lf8×a3
5. Dd1—a4† b7—b5!

Die Pointe. Weiß kann diesen Bauern nicht nehmen, da c7—c6; 7. Se5×c6, Sb8×c6; 8. Db5×c6†, Lc8—d7; 9. Dc6—e4†, La3—e7 die Figur retten würde. Allerdings sind die vorgerückten schwarzen Bauern etwas schwächlich, und Schwarz muß mit größter Präzision spielen, um sie zu halten.

6. Da4×a3 Lc8—b7

Notwendig, da sonst Da3—f3 folgt. Es ist jedoch jetzt durchaus nicht leicht für Weiß, eine zwingende Fortsetzung zu finden. Am besten ist vielleicht 7. e2—e3, was den Läufer gegen den Bauern b5

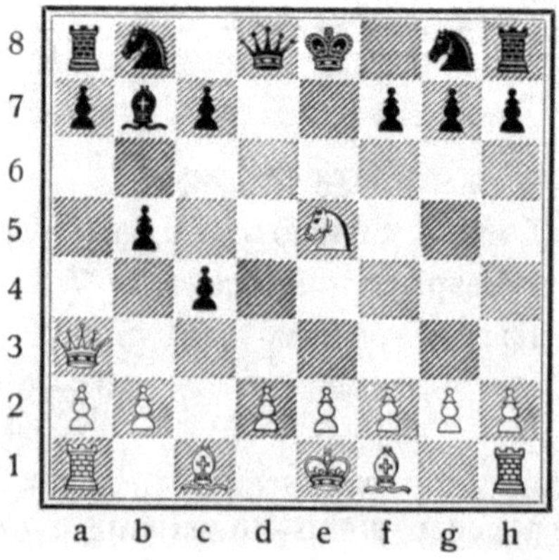

164

mobilisiert und b2—b3 droht. Die Folge könnte sein a7—a6; 8. b2—b3, Dd8—d6; 9. Da3×d6, c7×d6; 10. Se5—f3, d6—d5; 11. a2—a4, Sb8—c6; und nun kann Weiß auf b5 und c4 schlagen und nach Turmtausch Lc1—b2 und d2—d3 spielen. Die beiden weißen Läufer sind dann sehr stark, doch wird Schwarz mit seinem Freibauern noch lange kämpfen können. Eine andere Möglichkeit für Weiß besteht in 7. Da3—g3, Dd8—f6; 8. d2—d3 oder erst a2—a4, a7—a6 und dann 9. d2—d3.

7.	b2—b3	Dd8—d6
8.	Lc1—b2?	....

Merkwürdigerweise übersehen beide Spieler, daß jetzt Schwarz, wie Marshall nachher angab, durch c4—c3! eine Figur gewinnt. Es war die letzte Partie eines anstrengenden Turniers, was die eingetretene Schachblindheit genügend erklärt. Da3×d6 war notwendig.

8.	....	f7—f6?
9.	Da3×d6	c7×d6
10.	Se5—f3	c4×b3

Ich wollte mir nicht mit d6—d5 die Läuferlinie verstellen. Auch hat der Mehrbauer auf dem Damenflügel um so bessere Aussicht, zur Drohung zu werden, je mehr Damenflügelbauern abgetauscht sind.

11.	Sf3—d4!	a7—a6

Schwarz muß natürlich die Damenflügelbauern erhalten. Weiß könnte jetzt zwar durch Sd4—e6 den g-Bauern erobern, aber b3×a2 würde dann dem Schwarzen eine siegreiche Übermacht auf der Damenseite sichern.

12.	a2×b3	Ke8—d7
13.	Sd4—f5	g7—g6
14.	Sf5—e3	Kd7—e6

Macht den Springer g8 beweglich und öffnet das Feld d7 für den andern Springer.

15.	Ta1—c1	Sb8—c6

(Diagramm 165)

Da der Läufer b7 die Entwicklung des weißen Königsflügels stark behindert, wäre vielleicht Sb8—d7 doch vorzuziehen gewesen, obwohl sich Schwarz für die offene Läuferlinie dann das Eindringen des weißen Turmes gefallen lassen mußte. Nach 16. Tc1—c7, Ta8—b8; 17. Se3—c2, Sg8—h6; 18. Sc2—d4†, Ke6—e7 kommt Schwarz doch zur Vertreibung des weißen Turms mit Th8—c8.

Stellung nach dem 15. Zuge von Schwarz.

165

16.	g2—g3	Sg8—e7
17.	Lf1—h3†	Ke6—f7
18.	0—0	h7—h5

Kein Angriffszug, um mit h5—h4 eventuell die h-Linie zu öffnen, sondern ein Verteidigungszug, um den weißen Springer einzuschränken, der nach g4 gehen und den Aufzug des schwarzen f-Bauern provozieren könnte, was eine Lockerung der schwarzen Königsstellung zur Folge hätte. Angreifen will Schwarz natürlich nur auf dem Damenflügel, wo er einen Bauern mehr hat.

19.	Tc1—c2	Th8—d8
20.	Tf1—c1	d6—d5
21.	Tc2—c5	....

Weiß ist um Züge verlegen, die seine Figurenstellung verbessern. Vielleicht war die Idee des Textzuges, das Vorgehen des a-Bauern zu erschweren. Das Manöver stellt sich aber als verfehlt heraus.

21.	....	d5—d4

Der Springer hat weder auf f1, noch auf d1 eine Zukunft. Daher muß er auf g2. Dies ermöglicht aber dem Schwarzen den Abtausch des weißen Läufers, der das Feld c8 unangenehm beherrscht.

22.	Se3—g2	Lb7—c8!
23.	Lh3×c8	Ta8×c8
24.	Sg2—f4	Sc6—a5!
25.	Tc5—c7	....

Lieber als sich nach b3—b4 durch Sa5—c4; 26. Tc5×c8, Se7×c8; 27. Tc1—c2 ganz einschnüren zu lassen, versucht es Weiß mit einem Qualitätsopfer, das Angriff verspricht. Die Stellung gestaltet sich jetzt sehr verwickelt.

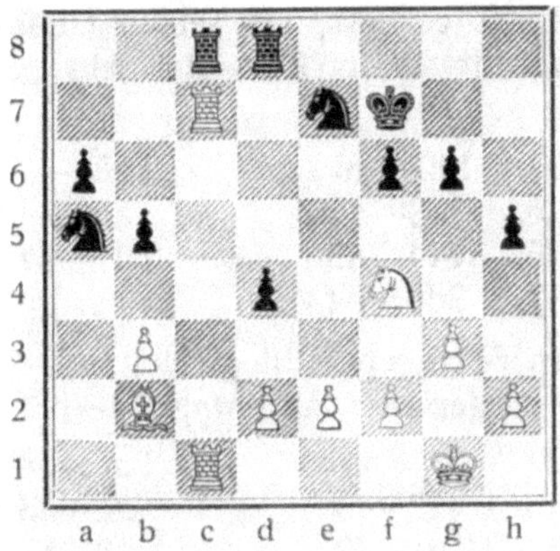

166

25.	....	Sa5×b3
26.	Lb2—a3	Sb3×c1
27.	Tc7×e7†	Kf7—g8
28.	Sf4×g6	....

Die Drohung ist jetzt Te7—a7 nebst Sg6—e7† oder auch La3—e7 mit folgendem Le7×f6 und Ta7—g7 matt. Schwarz kann sich dagegen freilich auf verschiedene Art verteidigen, z. B. mit Tc8—c5 nebst b5—b4, oder, falls Te7—b7, Sc1×e2† nebst Td8—e8, um auf Sg6—e7† die Qualität zurückzugeben. Doch findet er einen viel eleganteren und zwingenderen Gewinnweg.

28.	....	Td8—e8!!
29.	Te7×e8†	Tc8×e8
30.	La3×c1	d4—d3!

Der Bauer darf nicht genommen werden wegen Te8—e1†.

31.	e2—e3	b5—b4
32.	Sg6—f4	Te8—d8
33.	Lc1—b2	a6—a5

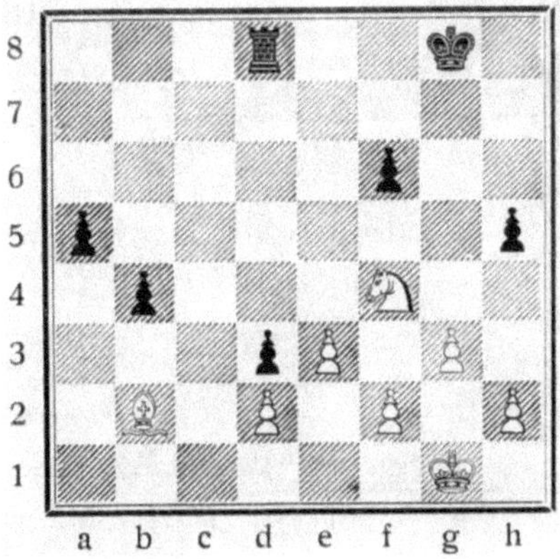

167

Wenn Schwarz Zeit verliert, um seinen f-Bauern mit Kg8—f7 zu decken, so antwortet Weiß Lb2—d4 nebst Sf4×d3, und der Gewinn ist in Frage gestellt.

34.	Lb2×f6	Td8—d7
35.	e3—e4	a5—a4
36.	Sf4—d5	Td7—b7
37.	Sd5×b4	....

Opfert Weiß den Springer nicht gleich, so wird er im nächsten Zuge durch a4—a3 wegen der Drohung b4—b3 dazu gezwungen.

37.	....	Tb7×b4
38.	f2—f3	a4—a3
39.	Kg1—f2	Kg8—f7
40.	Lf6—h8	Tb4—b8
41.	Lh8—d4	....

Wie sich bald herausstellt, wäre Le5 etwas besser gewesen. Schwarz kann zwar in jedem Falle durch Tb1 nebst a3—a2—a1 den Läufer gewinnen, doch erhält Weiß gute Remischancen, wenn er den Bauern d3 erobert, da er dann vier Bauern für den Turm hat.

41.	....	a3—a2
42.	Kf2—e3	Kf7—g6!

Weiß kann den d-Bauern nicht schlagen, weil dann Tb8—d8 nebst Td8×d4 sofort gewinnt. Der Textzug provoziert das Aufziehen des h-Bauern, das den Gewinn für Schwarz erleichtert. Aber auch ohne dieses Aufziehen könnte er einfach mit Tb8—b1 den Gewinn erzwingen, ähnlich wie in dem folgenden Spiel.

43.	h2—h4	Tb8—b1
44.	Ke3×d3	Tb1—g1!

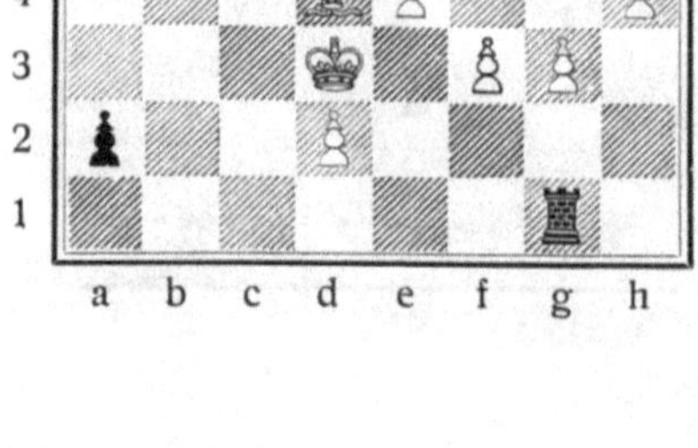

168

Nach a2—a1, 45. Ld4×a1, Tb1×a1 käme der weiße König rechtzeitig nach f2, so daß Weiß den wichtigen g-Bauern nicht gewinnen könnte. Jetzt aber erobert Schwarz diesen Bauern, ohne daß Schwarz dafür etwa mit dem König den a-Bauern aufhalten kann. Denn auf 45. Kd3—c2 folgt nicht Tg1×g3 sondern a2—a1, und der weiße König ist eine Reihe weiter vom g-Bauern weg, so daß er ihn nicht mehr decken kann.

45. Kd3—e3	Tg1×g3
46. Ke3—f4	Tg3—h3

und Weiß gab nach wenigen Zügen auf.

Kritische Bibliographie.

Der Lernende, der unter der großen Zahl der vorhandenen Schachbücher diejenigen auswählen will, in denen er möglichst viele wertvolle Fingerzeige finden kann, ohne dabei viel Unwichtiges mitlesen zu müssen, sollte sich zunächst ausschließlich auf Bücher beschränken, die von Meistern geschrieben sind. Denn in den von Nichtmeistern verfaßten Büchern sind fast immer nur die als Beispiele gebrachten Meisterpartien lehrreich, während die Begründung der von den Meistern gewählten Züge meist falsch ist, sobald es sich nicht lediglich um akute Kombinationen, sondern um positionelle Manöver handelt.

Unter den von Meistern verfaßten Büchern wiederum sind zunächst die vorzuziehen, die sich nicht hauptsächlich mit der Analyse der Eröffnungen beschäftigen, sondern die alle Phasen der Partie in den Kreis ihrer Betrachtungen ziehen. Erst wenn der Lernende durch diese Bücher gründlich mit der mehr positionellen als „kombinatorischen" Denkweise des Meisters vertraut ist, kann er aus den für Vorgeschrittene berechneten Eröffnungs-analytischen Büchern Nutzen ziehen.

Aus letzterer Klasse ragen die von Tartakower und Aljechin geschriebenen hervor, die sich alle durch strenge Sachlichkeit auszeichnen. Dazu schreibt Tartakower einen erfrischend amüsanten Stil, und Aljechins Glossen zeigen auf Schritt und Tritt den feinen Strategen, der seine Motive dem Schüler auf interessante Weise zu erklären imstande ist.

Besonders empfehlenswert sind Tartakowers „Die hypermoderne Schachpartie" und das von Aljechin bearbeitete Buch des 1924 in New York gespielten Großmeisterturniers.

Schwerer ist die Wahl unter den mehr für ungeübtere Spieler

berechneten Lehrbüchern. Am lesenswertesten erscheinen mir Emanuel Laskers „Handbuch des Schachspiels“ und „Mein System“ von Nimzowitsch, das schon recht viel praktische Erfahrung voraussetzt. Auch Capablancas „Chess Fundamentals“ würde ich dem Schüler empfehlen, sowie Tarraschs „Moderne Schachpartie“ und Rétis „Die neuen Ideen im Schach“.

Das schachlich inhaltreichste dieser Bücher, besonders für das Studium des Mittelspiels, ist das von Nimzowitsch. Leider ist der Genuß für den geistig erwachsenen Leser sehr durch den selbstherrlichen Stil und durch Witzeleien getrübt, die auf ganz kindlichem Niveau stehen. Auch ist der Stoff nicht pädagogisch geordnet, indem Leichtes und Schwieriges vermengt ist, statt nach Möglichkeit eine Entwicklung vom Leichten zum Schweren durchzuführen. Nimzowitsch hat große Originalität und Scharfsinn, und da er noch jung ist, ist noch viel von ihm zu erwarten. Wenn er sich einmal zu der Einsicht durchringt, daß die heutige Schacherkenntnis das Resultat der Arbeit vieler Meister ist, das sie in schweren Turnieren errungen haben, dann könnte er eines der besten Schachbücher schreiben, welches er dann allerdings nicht „Mein System“, sondern etwa „Das System des Schachmeisters“ nennen würde.

Das „Handbuch des Schachspiels“ von Emanuel Lasker, den ich für den tiefsten aller Schachdenker halte, ist viel interessantere Lektüre als das Buch von Nimzowitsch, vor dem Lasker eine weit umfassendere Geistesbildung und reifere Darstellungsweise voraushat. Schach-inhaltlich dagegen bietet Laskers Buch dem Schüler weniger, und die Anordnung des Stoffes läßt den systematischen Aufbau vermissen, den man von dem nicht nur im Schach, sondern auch auf andern Gebieten logisch geschulten Autor erwartet hätte. Eine Schwäche Laskers, die auch in seinen philosophischen Büchern zutage tritt, ist die, daß er altbekannte Gedanken in derselben Weise, sozusagen mit derselben Wichtigkeit vorträgt, wie seine eigenen, neuen Gedanken. Der Grund ist nicht wie bei Nimzowitsch eine naive Selbstherrlichkeit, sondern zweifellos eine unvollständige Kenntnis der einschlägigen Literatur. Zur richtigen Einschätzung des relativen Wertes der eigenen Ideen ist aber diese Kenntnis unumgänglich. Auch verliert sich Lasker oft in Hyperfeinheiten, die weit über das Niveau des Durchschnittslesers hinausragen. Dies ist ein pädagogischer Mangel bei einem Lehrbuch, wenngleich es Lesern willkommen sein mag, denen es weniger darum zu tun ist, das Schachspiel zu erlernen, als einige Essays zu gustieren, die die Denkweise des größten Schachmeisters aller Zeiten beleuchten. Eine in die Augen fallende Überlegenheit des Buches von Lasker gegenüber dem von Nimzowitsch ist die wissenschaftlich objektive Art der Glossierung von Partien. Man hat bei Laskers Glossen fast stets das Gefühl, daß sie sorgfältig durchprüft und daher richtig sind, während Nimzowitschs Glossen manchmal unsachlich sind und daher den Eindruck zweifelhafter Richtigkeit hinterlassen.

Die Objektivität, Klarheit und Richtigkeit der Partieglossen ist auch das, was Capablancas Buch „Chess Fundamentals" lesenswert macht. Inhaltlich ist das Buch weder mit dem von Lasker noch mit dem von Nimzowitsch zu vergleichen, da es im Grunde nur eine verhältnismäßig magere Zusammenstellung von Beispielen ist, die die bekannten Prinzipien der Schachstrategie illustrieren, ohne etwas Neues in der Methode zu bieten. Capablanca ist eben, wie alle Schachmeister amerikanischer Schulung, mehr praktischer Spieler als abstrakter Denker und Schriftsteller, und vom pädagogischen Standpunkte begeht er oft den Fehler apodiktischer Behauptungen, die zwar zweifellos richtig sind, die aber dem Leser erklärt werden müßten.

Rétis Büchlein „Die neuen Ideen im Schach" ist sehr unterhaltend. Der Autor läßt sich von der Begeisterung über die künstlerische Seite des schöpferischen Schach-Denkens dazu hinreißen, die Unumstößlichkeit eines der allgemeinen strategischen Gesetze anzuzweifeln, die schon zu den „alten" Ideen gehörten. Darin begeht er einen verzeihlichen Irrtum. Wenn ein Schachkünstler eine neue Art des Partieaufbaus erfindet, die allen Analysen standhält, obwohl sie scheinbar den allgemeinen strategischen Gesetzen widerspricht, so muß man nicht das strategische Gesetz anzweifeln, sondern man muß festzustellen suchen, inwiefern das Gesetz früher nicht richtig interpretiert wurde. Logische Gesetze sind niemals Fesseln, von denen sich der große Künstler unbewußt oder gar bewußt freizumachen sucht. Im Gegenteil. Seine Inspiration ruft einen um so größeren ästhetischen Genuß hervor, je einfacher, klarer, zwangloser sie aus der logischen Anschauungsform des menschlichen Geistes hervorquillt.

DRUCK VON
METZGER & WITTIG
IN LEIPZIG

Der Weg zur Meisterschaft. Anleitung zur musterhaften Führung von Schachpartien auf neuer Grundlage. Von **Franz Gutmayer.** Vierte, völlig umgearbeitete und verbesserte Auflage. Mit Titelbild (Paul Morphy), 7 Abbildungen im Text und vielen Diagrammen. Oktav. VIII, 182 Seiten. 1923. 4.—, geb. 4.80

„Lebhafter Stil, originelle Zugbemerkungen gestalten das Buch zu einer interessanten Lektüre, und für den, der Schachtalent besitzt, weist es in der Tat: den Weg zur Meisterschaft." *Bremer Volksblatt.*

Turnierpraxis. Ein Buch für ernstes Spiel. Von **Franz Gutmayer.** Mit vielen Diagrammen und einem Bildnis. Oktav. VII, 134 Seiten. 1922. Geb. 4.20

„Gutmayers „Turnierpraxis" ist ein Buch, das ich nur loben und in die Hände aller Strebsamen wünschen kann. Es will das Handeln, den „ersten Faktor" im Schach, fördern. Das gelingt dem Buche, unterstützt von ausgezeichneten Diagrammen, in vorzüglicher Weise." *Bremer Volksblatt.*

Schachminiaturen. Eine Problemsammlung. Von Dr. phil. **Oscar Blumenthal.** Erster Teil. Zweite Auflage. Mit 360 Diagrammen. VIII, 147 Seiten. 1921. 4.—

„Uns ist kein anderes Buch der Aufgabenliteratur bekannt, das in gleicher Weise geschmackbildend zu wirken vermöchte." *Die Quelle.*

Böhmische Schachminiaturen. 100 ausgewählte Aufgaben böhmischer Problemkomponisten. Von **Friedrich Dedrle.** Oktav. VIII, 100 Seiten. 1922. 2.40

Diese Blütenlese gesellt sich würdig zu den früher erschienenen Schachminiaturen Blumenthals.

Die Wiener Partie. Eine schachtheoretische Abhandlung. Von **Curt von Bardeleben.** Oktav. 80 Seiten. 1893. 3.—

Schachprobleme. Mit einer Einführung in die Theorie des Schachproblems. Von **Philipp Klett,** Major a. D. Oktav. VI, 227 Seiten. 1878. 5.—

Der kleine Problemfreund. Eine Sammlung leichter zweizügiger Schachaufgaben nebst einer Anleitung zur Lösung. Von Pastor **H. Adolphi.** Mit zahlreichen Diagrammen. Oktav. 48 Seiten. 1896. 1.—

Radio-Schach. Leichtfaßliches Lehrbuch für Funkhörer. Von **Edmund Nebermann,** Erster Schachfunkleiter, Berlin. Mit Schachspiel. Oktav. VIII, 62 Seiten. 1926. In Leinen geb. 3.—

„Durch sechzehn Vorträge, die der Verfasser auf Grund seiner Erfahrungen als Schachfunkleiter unter Berücksichtigung der Anregungen seiner Hörer zusammengestellt hat, erreicht er sein Ziel, ein Schrittmacher der Schachspielkunst zu sein. Das Werk ist ein ausgezeichnetes Lehrbuch des Spiels, natürlich auch für Nichtfunkhörer. Wir wünschen dem Buch weite Verbreitung." *Hamburger Fremdenblatt.*

150 Schachkuriositäten. Gesammelt von **Problematicus.** Mit 151 Diagrammen. Groß-Oktav. IV, 80 Seiten. 1910. 2.30

Eine Sammlung von 150 Schachaufgaben.

Lachschach. Von **Paul Schellenberg.** Mit zahlreichen Diagrammen. Zweite, veränderte Auflage. Klein-Oktav. IV, 157 Seiten. 1921. 2.50, geb. 3.—

Biographien / Erinnerungen

Die nachstehenden Biographien und Erinnerungen vermitteln ein unschätzbares Schachwissen sowie die Überlieferung feinster, subtilster Schachkultur und Schachtradition. Sie sind Lehrbücher in einer besonderen Form! Nicht systematisch liegt der Inhalt da, sondern vielfältig, wie die Situationen beim Schach es eben sind; und über allem liegt das Persönliche der Meisterspieler, von dem aus allein ihre große Kunst zu verstehen ist.

Paul Morphy. Sammlung der von ihm gespielten Partien. Mit ausführlichen Erläuterungen. Von **Géza Maróczy.** Mit einem Titelbild, 7 Abbildungen im Text und vielen Diagrammen. Zweite, völlig umgearbeitete Auflage. Groß-Oktav. X, 290 Seiten. 1925. 8.—, geb. 9.50

„Das Bemerkenswerteste an der Maróczyschen Arbeit ist die lebendige, überaus anregende Schilderung des Werdegangs, der Kämpfe, Triumphe und des schließlichen tragischen Geschickes des geistvollen und doch so bescheidenen Amerikaners. Der Leser verfolgt jede Phase mit gespanntestem Interesse. Die ebenso sorgfältigen wie tiefgründigen Erläuterungen des Meisters Maróczy bieten dem Anfänger wie dem erfahrenen Schachfreund reiche Belehrung und Anregung.“ *Das Echo.*

Adolf Anderssen, der Altmeister deutscher Schachspielkunst. Sein Leben und Schaffen. Von Dr. **Hermann von Gottschall,** Justizrat. Mit 17 Bildnissen, 3 Beilagen und zahlreichen Diagrammen. Lexikon-Oktav. VIII, 545 Seiten. 1912. 14.—, geb. 15.50

Ein in großem Stile gehaltenes Werk, durch welches dem Andenken des gefeierten deutschen Schachmeisters, dem die deutsche Schachspielkunst ihr hohes Ansehen verdankt, endlich ein würdiges Denkmal gesetzt wird. Den unermüdlichen Nachforschungen des Herausgebers ist es gelungen, zahlreiche der Vergangenheit anheimgefallene und überhaupt noch nicht in weiteren Kreisen bekanntgewordene Partien neu zu entdecken.

Schacherinnerungen des jüngsten Anderssen-Schülers. Von **Fritz Riemann,** Stadtrat a. D. in Erfurt. Mit vielen Diagrammen im Text und einem Bildnis des Verfassers. Lexikon-Oktav. VI, 514 Seiten. 1925. 17.—, geb. 20.—

„Die Partien sind mit sorgfältigen Anmerkungen versehen, die nicht bloß auf starke Spieler berechnet sind. Sehr angenehm ist es, daß bei fast jeder Partie ein besonders bemerkenswerter Augenblick durch ein „Stellungsbild“ veranschaulicht wird; zuweilen sogar zwei solche. Jeder Schachfreund muß an diesen Partien seine Freude haben und kann Belehrung daraus schöpfen.“ *Deutsche Literaturzeitung.*

Meine sechs Partien mit Dr. Tarrasch. Gespielt im Herbst 1916 zu Berlin. Mit ausführlichen Erläuterungen. Von Dr. **Emanuel Lasker.** Oktav. 20 Seiten. 1917. 1.—

Probleme, Studien und Partien 1862—1912. Von **Johann Berger.** Mit 458 Diagrammen und dem Bildnis des Verfassers. Groß-Oktav. XII, 254 Seiten. 1914. 6.50

Meine hundert besten Partien. Von **A. Aljechin.** Erscheint im November 1928.

Wettkämpfe / Turniere / Kongresse

Wettkämpfe, Turniere und Kongresse sind die Hochfeste, die Olympiaspiele des großen Schachlebens. Die auf ihnen gespielten Partien behalten für alle Zeiten ihren Wert: immer wieder holen sich Schachspieler aus ihnen Rat und Anregung, neue Gesichtspunkte und neue Erkenntnisse, und immer haben sich die Berichte der Wettkämpfe, Turniere und Kongresse als ein besonders wichtiges Gebiet einer gepflegten Schachbücherei erwiesen.

Mein Wettkampf mit Capablanca. Von Dr. **Emanuel Lasker.** Mit 6 Diagrammen. Oktav. VI, 38 Seiten. Zweiter, unveränderter Neudruck. 1926. 1.60

Der Schachwettkampf Tarrasch—Mieses im Herbst 1916. Mit ausführlichen Erläuterungen herausgegeben von Dr. **S. Tarrasch.** Nebst einer Abhandlung über die französische und schottische Eröffnung. Mit einem Titelbild. Oktav. VI, 102 Seiten. 1916. 3.—

Der Schachwettkampf Schlechter—Tarrasch auf dem Jubiläumskongreß des Kölner Schachklubs im Sommer 1911. Herausgegeben und erläutert von Dr. **S. Tarrasch.** Nebst ausgewählten Partien der beiden Hauptturniere, erläutert von Professor Dr. Deichmann. Mit einem Titelbild. Oktav. XII, 138 Seiten. 1912. Geb. 6.20

Der Schachwettkampf Lasker—Tarrasch um die Weltmeisterschaft im August-September 1908. Mit einem Anhang: Neue Untersuchungen über Turmendspiele. Von Dr. **S. Tarrasch.** Oktav. 148 Seiten. 1908. 5.—

Der Schachwettkampf Lasker—Marshall im Frühjahr 1907. Mit Erläuterungen herausgegeben von Dr. **S. Tarrasch.** Oktav. IV, 56 Seiten. 1907. 2.50

Das internationale Schachturnier Moskau 1925. Im Auftrage des Turnier-Komitees bearbeitet von **E. Bogoljubow.** Mit einem Bildnis und vielen Diagrammen. Oktav. XII, 223 Seiten. 1927. 10.50, geb. 12.—

Das New-Yorker Schachturnier 1927. Von **A. Aljechin.** Erscheint im Oktober 1928. 6.50, geb. 7.50

Das Großmeister-Turnier New York 1924. Im Auftrage des Turnier-Komitees bearbeitet von **A. Aljechin (Alekhine).** Mit 11 Bildnissen und vielen Diagrammen. Groß-Oktav. XX, 337 Seiten. 1925. 12.50, in Leinen geb. 14.—

Mitteldeutsche Schachturniere 1923. Herausgegeben von Dr. **F. Palitzsch.** Mit einem Gruppenbild und vielen Diagrammen. Groß-Oktav. VII, 160 Seiten. 1924. 4.50

Das Champion-Turnier zu Ostende im Jahre 1907. Sammlung sämtlicher Partien mit ausführlichen Anmerkungen. Mit Genehmigung des Turnier-Komitees herausgegeben von Dr. **S. Tarrasch.** Groß-Oktav. 136 Seiten 1907. 4.—

Das große Schachturnier zu Nürnberg 1896. Sammlung sämtlicher Partien. In zweiter Auflage herausgegeben von Dr. **S. Tarrasch.** Oktav. XXX, 296 Seiten. 1921. 9.—

MIX
Papier | Fördert gute Waldnutzung
FSC® C083411

Kolibri 360 GmbH
Ferdinand-Jühlke-Straße 7
99095 Erfurt, Deutschland
produktsicherheit@kolibri360.de